HELEN REBANKS

DIE FRAU DES FARMERS

Mein Leben in einem Tag

AUS DEM ENGLISCHEN VON NASTASJA S. DRESLER

KLETT-COTTA

MIX
Papier | Fördert gute Waldnutzung
FSC® C083411

Klett-Cotta
www.klett-cotta.de
J. G. Cotta'sche Buchhandlung Nachfolger GmbH
Rotebühlstraße 77, 70178 Stuttgart
Fragen zur Produktsicherheit: produktsicherheit@klett-cotta.de

Die Originalausgabe erschien unter dem Titel »The Farmer's Wife. My Life in Days« im Verlag Faber & Faber Limited, The Bindery, 51 Hatton Garden London EC1N 8HN.

Cover: Rothfos & Gabler, Hamburg
unter Verwendung einer Abbildung von © akg-images/Glasshouse Images
Illustrationen: © 2023 Eleanor Crow
Gesetzt von C.H.Beck.Media.Solutions, Nördlingen
Gedruckt und gebunden von CPI – Clausen & Bosse, Leck
Lektorat: Doreen Fröhlich, Chemnitz
ISBN 978-3-608-96673-2
E-Book ISBN 978-3-608-12478-1

Die Deutsche Nationalbibliothek verzeichnet diese Publikation in der Deutschen Nationalbibliografie; detaillierte bibliografische Daten sind im Internet über http://dnb.d-nb.de abrufbar.

Für James, Molly, Bea, Isaac und Tom

Doch der Einfluss ihres Lebens auf die Menschen um sie herum war unglaublich weitreichend: So hängt das wachsende Wohl der Welt zum Teil von unhistorischen Taten ab; und dass die Dinge für mich und dich nicht so schlecht stehen, wie sie es hätten sein können, ist zum großen Teil denjenigen zu verdanken, die ein redliches Leben im Verborgenen geführt haben und nun in einsamen Gräbern ruhen.

George Eliot, *Middlemarch*

INHALT

REZEPTE

MORGENGRAUEN

Der Hahn kräht. Es ist 5.30 Uhr: Ich ziehe mir die Decke über den Kopf und versuche, die Nacht noch ein klein wenig länger andauern zu lassen. Wenn ich an manchen Tagen morgens aufwache und noch im Halbschlaf bin, vergesse ich, in welchem Abschnitt meines Lebens ich mich gerade befinde, vergesse ich, dass ich Mutter und Ehefrau bin und tausend Dinge erledigen muss. Ich hatte diese Rollen nicht immer inne, aber gekannt habe ich sie gut. Ich bin auf einem Bauernhof aufgewachsen, auf dem es drunter und drüber ging. Mein Zimmer war im Dachgeschoss. In Jugendtagen lag ich morgens manchmal im Bett und starrte durch die Dachluke in die Wolken, den Kopf voller Ideen, wie ich dem Alltag auf dem Hof entkommen könnte. Küchengeräusche drangen die Treppe hinauf. Der Teekessel kochte. Hunde bellten. Türen schlugen. Meine Mutter rief, dass ihr jemand bei der Arbeit helfen oder ich mich für die Schule fertig machen solle. Ich träumte von einem Leben als Künstlerin, davon, auf Reisen zu gehen, ich träumte von einem Leben, das gefüllt war mit Tagen, an denen ich viel Zeit zum Lesen und Nachdenken hatte. Auf keinen Fall wollte ich Bäuerin sein. Die Frauen und Mädchen arbeiteten im Haus und rochen nach Seife. Ihre Arbeit fand kein Ende: Waschen, Bügeln, Kochen und Putzen. Die Männer und Jungen arbeiteten draußen und rochen nach Dreck. Ihr Tagesablauf folgte einer schmutzigen, nassen und kalten Routine des Melkens, Fütterns und Hütens, und sie sprachen kaum über etwas anderes. Auf keinen Fall wollte ich später so an den Hofalltag gebunden sein.

Und doch sitze ich, meiner damaligen Vorstellung zum Trotz, nun hier, auf meinem eigenen Gehöft auf einem Hügel im Lake

District, nur an die zehn Kilometer davon entfernt, wo ich aufgewachsen bin. Ich lebe mit meinem Mann James zusammen, wir haben vier Kinder – Molly, Bea, Isaac und Tom. Außerdem haben wir sechs Hunde, zwei Ponys, 20 Hühner, 500 Schafe und 50 Rinder, um die wir uns kümmern müssen. Ich bin eine Bäuerin geworden, und dies ist meine Geschichte.

Mein Vater sagt oft: »Wie man sich bettet, so liegt man.« Jedes Mal, wenn ich das höre, schrecke ich auf, weil er dies meist dann von sich gibt, wenn ich mit etwas zu ringen habe. Ich finde das nicht gerade nett von ihm und auch nicht sonderlich hilfreich. Ich weiß, was er damit meint – dass wir alle so leben, wie wir uns entschieden haben, und einen Preis dafür zahlen. Es stimmt natürlich, »man kann nicht alles haben«. Aber dieses unerbittliche, alte Sprichwort lässt einem keine Möglichkeit, etwas zu ändern. Es impliziert, dass ein Bett – beziehungsweise ein Leben – einmal gemacht wird und dann unveränderlich bis in alle Ewigkeit so steht. Es impliziert, dass man niemals wachsen und sich nicht verändern kann, sondern die Dinge, wie sie dann eben sind, erleiden und aushalten muss. Ich denke hingegen, dass wir uns jeden Tag aufs Neue betten – das Leben ist ein ständiger Prozess des Gestaltens und Umgestaltens von uns selbst und der Art, wie wir unsere Tage verbringen. Ich bin pausenlos auf der Suche nach neuen Möglichkeiten, »mich zu betten«, und nach Wegen, um nicht stecken zu bleiben.

Eine Fliege schwirrt surrend ans Fenster. Ich stehe auf und öffne den Griff, um sie hinauszulassen. Der Ruf eines Kuckucks hallt durch das grüne Tal. James ist schon hinausgegangen, um nach einer kalbenden Kuh zu sehen, und der Rest des Hauses schläft noch, unbeeindruckt vom Remmidemmi draußen.

Ich schlüpfe in meinen hellblauen Morgenmantel und trage drei Tassen die Treppe hinunter, die die Kinder haben stehen lassen. Auf dem Teppich sehe ich eine verräterische Spur Krümel von stibitzten Keksen.

Ich gehe mit meinem Wasserkessel aus Edelstahl zur Spüle, kippe ihn aus und fülle ihn auf, zünde das Gas auf dem Herd an und bringe ihn zum Kochen. Dann drehe ich eine Runde durch die Küche, den Raum, in dem wir leben, arbeiten, kochen und essen. Nachdem ich die Kissen zurück in ihre ursprüngliche Form geschüttelt habe, platziere ich sie wieder ordentlich auf dem grauen Samtsofa. Ich lese Spielzeugdinosaurier und achtlos zur Seite geworfene Socken vom Boden auf und räume einen Stapel mit Papieren und die Post von gestern auf. Die Blumen aus unserem Garten sind verwelkt, also bringe ich sie nach draußen und stelle die alte Vase meiner Großmutter in die Spüle, um sie später abzuwaschen. Heute wäre ihr Geburtstag gewesen. Ich wische den Tisch ab und rücke die Holzstühle zurecht. Unter meinen nackten Füßen spüre ich die kalten Steinfliesen, also suche ich nach meinen Hausschuhen. Floss, unser Collie im Ruhestand, liegt noch immer in ihrem Bett und hat keine Lust, so früh aufzustehen. Sie wedelt sachte mit dem Schwanz, als ich sie streichle. Ich bereite mir einen Tee in meiner Lieblingstasse zu, umfasse sie mit beiden Händen und spüre, wie der Dampf in mein Gesicht steigt. Ich mache es mir auf meinem Stillsessel gemütlich, den ich in die Nähe des Kamins gestellt habe, neben die Rundbogentüren, die auf die Terrasse vor dem Haus führen. Ich brauche diesen Schaukelstuhl nicht mehr, aber er bleibt für mich ein heimeliges Plätzchen inmitten unseres chaotischen Haushalts und hektischen Familienalltags. Beim Hin- und Herschaukeln denke ich wehmütig an die Tage und Nächte, in denen ich meine Babys gestillt habe, und bin zugleich erleichtert, dass ich kein kleines Kind mehr an meiner Brust hängen habe oder in seinen unruhigen Phasen in den Schlaf wiegen muss. Die auszehrenden Tage mit einem Säugling liegen hinter mir, und die schönsten Erinnerungen daran trage ich fortan in meinem Herzen.

Die Sonnenstrahlen dringen durch die Blätter der Bäume, während ein rotes Eichhörnchen oberhalb der Gartenmauer entlanghüpft, ohne zu merken, dass es beobachtet wird. Ich nehme ein Buch vom Schemel am Fenster und versuche zu lesen, doch meine Gedanken schweifen von den Zeilen ab.

Ich liebe diese ruhige Zeit im Haus. Bald wird es laut werden und alles durcheinandergehen.

Von oben höre ich Tom »Mama« rufen. Als ich in sein Zimmer komme, rollt er sich auf die andere Seite und schläft noch mal ein. Ich lese einen Haufen schmutziger Wäsche vom Treppenabsatz auf, sortiere sie und stecke eine Ladung in die Maschine. Die nassen Sachen von der letzten Wäsche hänge ich auf den Ständer, die trockenen falte ich in einem Korb zusammen. Durch die Glastür des Hauswirtschaftsraums kann ich sehen, wie unsere beiden Sattelschweine im büscheligen Gras dösen. Sie haben in einem Stückchen Boden herumgewühlt, in dem ich kommendes Jahr Gemüse anbauen möchte. Sie wackeln mit den Ohren und liegen auf der Seite, eines an das andere geschmiegt.

Dann höre ich den vertrauten Laut eines blökenden Lamms und lasse von der Wäsche ab. Eine Woche lang etwa habe ich es im Schafstall gefüttert, weil die Mutter bei schlechter Gesundheit war und wenig Milch gab. Mittlerweile hat sich die Mutter erholt, und die beiden sind wieder zusammen draußen auf der Weide, aber Milch gibt sie noch immer nicht genug, also helfe ich weiter nach. Das Lämmchen glaubt jetzt, es habe zwei Mütter. Ich gehe in die Küche, mische Schafsmilchpulver aus einem Becher neben dem Waschbecken mit warmem Wasser und fülle es in eine Nuckelflasche mit Gummisauger. Die Kleine hat sich durch das Gartentor gezwängt und wartet laut mähend an der Küchentür.

Ich sitze draußen auf der Holzbank, füttere sie in meinen Hausschuhen und lausche den Vögeln, die um mich herum zwitschern. Das Lamm braucht nicht lange, um die Flasche leer zu trinken, und schlägt sie mir beinahe aus der Hand, bevor es sich davonmacht, um seine etwas verärgerte Mutter ausfindig zu machen, die es schon erwartet. Die Blüte der rosaroten Rosen hebt sich von dem blauen Lakeland-Stein unseres Hauses ab. Ich laufe die Gartentreppe hinunter, Floss ist mir dicht auf den Fersen. Ich streife den Lavendel in den Hochbeeten am Tor. Bald bin ich unten auf der Weide vor unserem Haus angelangt und stapfe mit meinen Hausschuhen durch Brennnesseln und Ampfer, um mir einen Weg zu bahnen. Ich lasse die Hühner aus ihrem Stall, werfe einen Blick in die Nistkästen und fülle meine Kitteltaschen mit fünf tiefbraunen Eiern. Ich tauche den Wassereimer der Hühner in den Bach und lasse ihn von der Strömung füllen. Zurück im Stall, kommen die Hühner angerannt und recken ihre Schnäbel nach dem Wasser. Sie legen ihre Köpfe in den Nacken, damit es ihre Kehlen hinabfließen kann. Floss beschnüffelt den Boden; wahrscheinlich war ein Fuchs in der Nacht hier. Um mich herum gackern die Hühner, und ich werfe ein wenig von ihrer Futtersaat auf den Boden, da ich gerade keine Küchenabfälle bei mir habe. Ständig bin ich damit beschäftigt, jemanden oder etwas zu füttern oder zu tränken.

Die frische Morgenbrise in meinem Haar fühlt sich gut an. Ich sage mir, dass ich nicht den ganzen Tag im Haus bleiben darf. Es passiert schnell, dass ich mich in die Hausarbeit vergrabe. Es liegt an mir, die Last aufzuteilen. Die Kinder müssen lernen, Aufgaben selbst zu übernehmen. Ich muss meine Familie dazu bringen, die ganze unsichtbare Arbeit zu sehen und wertzuschätzen.

Manchmal sehe ich nur den Haufen Schmutzwäsche auf dem Boden und verliere die in einem ständigen Wandel begriffene Welt da draußen aus dem Blick. Gäste und Besucher halten unser Leben immer für ausgesprochen idyllisch, weil sie an einem sonnigen Tag vorbeikommen, wenn alles grün ist und das Tal atemberaubend anzusehen ist, und wir alle lächeln, doch wir sind wie jede andere Familie auch: Wir müssen hart arbeiten, um unsere Rechnungen zu bezahlen, und die Stimmung eines jeden von uns wechselt wie das Wetter.

Eine Stunde später sind alle anderen aufgestanden, das Haus brummt von elektrischen Zahnbürsten und Geplapper. Das Quad-Bike röhrt in die Einfahrt, Bea springt herunter und kommt ins Haus gelaufen, um ihre Bauernstiefel widerwillig gegen die Schulschuhe einzutauschen. Sie war oben im Stall, um den Welpenwurf von Bess zu füttern – nächstes Wochenende werden sie in ihr neues Zuhause umziehen. Es gelingt mir, das Heu von Beas Pullover zu bürsten, während sie sich auf den Weg zum Auto macht. »Schnell, du kommst sonst zu spät zum Bus«, sage ich. Ich reiche James meine halbe Toastscheibe, als er sich umdreht und ihr zum Auto folgt. »Ich brate dir etwas Speck. Wenn du wieder da bist, ist er fertig.« Ich höre, wie die Mädchen darüber streiten, wer die Schubkarre mit dem Mist hat stehen lassen, ohne sie auszuleeren. Sie müssen versuchen, sich von ihrem Zuhause, der Arbeit auf dem Bauernhof, darauf umzustellen, den ganzen Tag in einem Klassenzimmer zu verbringen, und ich weiß natürlich, was von beidem ihnen lieber ist. Molly steht kurz vor ihren Prüfungen und kann es kaum erwarten, die Schule zu beenden. So wie ich das sehe, gibt es nichts, was sie dort noch halten könnte.

Ich jage Tom durch die Küche hinterher, um ihn anzuziehen. »Ich muss dir das jetzt überziehen, damit du in den Kindergarten kannst – du kannst nicht im Schlafanzug gehen!« Er kichert, als ich ihn packe und kitzle. »Ich will zu Hause bleiben und mit meinen Dinosauriern spielen«, sagt er. »Ja, ich weiß, aber um die Mittagszeit bist du wieder hier, heute ist es nur ein Vormittag. Oma holt dich ab und bringt dich nach Hause. Ich verspreche dir, dass ich deine Spielsachen auf dem Boden nicht anrühren werde. Wenn du zurückkommst, wird alles genauso daliegen wie vorher.« Er verrenkt seinen Körper in alle möglichen Richtungen, um mir das Anziehen zu erschweren. Sobald er seine Socken anhat, führt er halb nackt einen Tanz auf und ist fest entschlossen, den Rest selbst zu machen. Er verheddert sich in seinen langen Ärmeln, als er versucht, seinen Arm durch den Kopfausschnitt seines Oberteils zu stecken.

Nachdem ich ihm geholfen habe, schlage ich drei Eier in einer Schüssel auf, schmelze etwas Butter in der Pfanne und rühre die Eier mit einem Holzlöffel um. Isaac ist damit beschäftigt, seinen eigenen Toast zu buttern. »Stecke bitte eine Scheibe für mich ein«, sage ich und löffle ihm etwas von dem gekochten Ei auf einen kleinen Teller. »Hier, iss, das macht satt.« Tom setzt sich am Tisch auf, als ich ihm eine Schüssel mit Joghurt und sein Lieblingsmüsli mit den »rosa Stückchen« bringe.

Die Grundschule, in die die Jungs gehen, liegt eine Viertelstunde entfernt an der Seestraße. Stunden gehen dafür drauf, diese Strecke zu fahren. An Tagen, an denen ich es als lästige Pflicht empfinde, rufe ich mir in Erinnerung, dass es eine der landschaftlich reizvollsten Straßen in ganz Großbritannien ist. Sobald wir das Dorf hinter uns lassen, eröffnet sich das Bergpanorama, und unter uns glitzert der See in der Sonne. Tom drückt den Knopf des Autofensters, während wir die Straßen hinunterkurven. Er lässt uns wissen, dass er »den Wind der Veränderung« auf seinem Gesicht spüren wolle, und bringt mich und Isaac mit seinem Unfug zum Lachen. Ich kann sehen, wie seine pummeligen Finger die Fensterscheibe umgreifen, weil sie sich nicht vollständig herunterfahren lässt, und wie er seine kleine Nase an die Scheibe presst. Ich bitte die Jungs, mir ein Wort zu nennen, mit dem sich das Wasser heute beschreiben lässt – Tom sagt »tief« und Isaac »glitzernd«.

Ich kenne diese Straße wie im Schlaf. Ich kenne ihre toten Winkel, weiß, wo ich langsamer fahren muss und wo ich beschleunigen kann. Nachdem ich sie zwei- oder dreimal am Tag fahre, ist mir die Strecke in Fleisch und Blut übergegangen. Ich halte Ausschau nach Tommy auf seinem Traktor oder Adam in seinem Pick-up, wenn ich um den großen Felsbrocken fahre, der in einer bestimmten Kurve hervorragt. Dann erreichen wir pünktlich die Schule, und die Jungs stürmen in ihre Klassen, ohne sich noch mal umzublicken. »Ich liebe euch … bis später!«, rufe ich in den Wind. Bei meiner Rückkehr zum Auto spüre ich die seltsame Mischung aus Erleichterung, Freiheit und erdrückender Leere, wie sie wohl jede Mutter kennt.

Auf dem Weg zurück komme ich an Leuten vorbei, die am Ufer stehen und Fotos machen. Ein Paar ist gerade dabei, ein Kajak vom Dach seines Autos herunterzulassen. Der Mann, der jeden Tag die Schwäne in der Glencoyne Bucht füttert, kniet auf seinem Paddelbrett, von den weißen Vögeln umschwärmt. Das Wasser sieht ruhig aus. Ich fahre weiter und erspähe eine Lücke auf einer Rasthaltestelle unweit eines meiner Lieblingsplätze, also halte ich an. Der Boden unter den Bäumen ist übersät mit einem Teppich aus Glockenblumen, der sich von der Straße bis zum Ufer erstreckt. Ich laufe durch das Meer zarter Blüten. Noch vor ein paar Wochen hatten sich die Blumen schlafend unter dem gefrorenen Boden verborgen. Im Frühjahr kamen sie hervor und haben über ihre Blätter die Energie der Sonne aufgenommen, jetzt sind sie aufgegangen und blühen. Und wenn die Blütezeit vorbei ist, werden sie sich in ihre Zwiebel zurückziehen und den Zyklus wiederholen. Wie schön es doch ist, dass etwas so Kleines und Hübsches so widerstandsfähig sein kann.

Ich laufe hinab und lasse mich auf einen Felsen am Ufer nieder. Ich blicke über den Ullswater zu den kleinen, felsigen Buchten und dem Gestrüpp auf den Hallin Fell hinüber. Es ist so friedlich hier. Die Urlaubssaison hat gerade erst begonnen. Das Wasser ist für die Touristen noch zu kalt, um darin zu baden, der Wind zu scharf, um am Ufer zu grillen. Der See umspült sanft die Steine zu meinen Füßen. Über mir sprießen die Äste mit leuchtend grünen Trieben und Blättern.

Ich kann mir diese Pause, diesen Moment des Innehaltens gönnen, weil wir gerade die anstrengende Lämmersaison hinter uns gebracht haben. Es waren sechs arbeitsintensive Wochen im

Team, in denen unsere eigenen Bedürfnisse hinter denen der Schafe standen. Die Lämmerzeit führt unsere Kinder nah an den Kreislauf von Leben und Tod heran. Bei unseren drei Ältesten kann ich bereits ein tiefes Verständnis dafür erkennen, was es bedeutet, sich um Vieh und Land zu kümmern. Sie wissen, dass die Welt größer ist als jeder Einzelne von uns und die Natur unsere Anführerin.

Mein Telefon klingelt, ich erkenne die Nummer des Buchhalters, der mir wegen einiger Formulare, die wir bereits unterschreiben und zurückschicken hätten sollen, im Genick sitzt. Ich stecke das Telefon zurück in meine Tasche und habe ein schlechtes Gewissen. Sobald ich zu Hause bin, werde ich ihn anrufen.

Ich fahre zurück zum Hof, die kurvenreiche Straße hinauf, vorbei am Gowbarrow Fell und durch den Ort, und biege in unsere Gasse ein. Ein Lieferwagen kommt heraus. »Ist Ihr Mann da?«, fragt mich der Fahrer.

Ich schaue ihn einen Moment lang an. Er trägt Hemd und Krawatte, mit einem Firmenlogo auf dem Ärmel seines Blazers.

»Warum?«, erwidere ich.

»Nun, ich wollte mit ihm über einen Straßenbelag für Ihre Fahrbahn sprechen – ich könnte ihm ein gutes Angebot machen.«

»Wie viel pro Tonne soll der kosten?«, frage ich, leicht gereizt, weil er mit meinem Mann sprechen will und nicht mit mir. In der Ferne sehe ich James auf dem Traktor, der gerade eine Heuraufe zurück auf den Hof fährt. Er kann Verkäufer nicht ausstehen. Den Mann im Lieferwagen überrascht meine Frage. Er schaut auf ein Klemmbrett mit Notizen und ist um eine Antwort verlegen. Ich komme ihm zuvor und sage: »Die letzte Bestellung, die ich bei Ihnen aufgegeben habe, hat nichts getaugt«, und füge hinzu: »Die hat furchtbar gestaubt, und sehen Sie mal, die Schlaglöcher hat sie auch nicht ordentlich ausgefüllt.«

»Hier haben Sie meine Nummer«, sagt er hastig. Ich nehme seine Karte durch mein Fenster entgegen und werfe sie in den Fußraum.

Dann fahre ich die Straße hinauf zum Haus. Die Hühner picken in den Hochbeeten nach Schnecken, und Floss wartet vor der Tür auf mich.

Ich kann mir nie ganz sicher sein, wie sich mein Tag so entwickeln wird. An manchen Tagen bleibt mir nichts übrig, als in den Kampfmodus zu gehen. Verschiedene Vorkommnisse, die Wetterlage, die Bedürfnisse der Tiere oder meiner Familie nehmen mich ordentlich in die Mangel. Manchmal wird mir das alles zu viel, aber ich versuche, jeden Tag als einen neuen Anfang zu werten und mehr darin zu sehen als nur Hausfrauenarbeit. Ich halte Ausschau nach der Schönheit der Welt um mich herum, versuche, jeden Tag etwas Neues zu lernen. Und ich rufe mir in Erinnerung, dass dieses arbeitssame Leben, das wir uns aufgebaut haben, aus unserer Liebe füreinander entstanden ist. Ich weiß, dass wir schwere Dinge gemeinsam bewältigen können.

I

Das große, rechteckige Bauernhaus liegt auf einem Hügel mit Blick auf die nächstgelegene Stadt. Es ist von 120 Hektar fruchtbarem Land umgeben, deren Erde eine tiefrote Farbe hat. Meine Großeltern sind 1946 hierhergekommen, den Pachtvertrag haben sie kurz vor ihrer Hochzeit unterschrieben. Großvater war ein großer, breitschultriger Mann, der immer ein einfaches Hemd und eine Jacke trug, dazu eine graue Hose, die von zwei Hosenträgern gehalten wurde, die sich über die beiden Seiten seines üppigen Bauchs spannten. Ich habe ihn nie in schmutziger Kleidung gesehen. Landwirte erwarben sich ihr Ansehen und den Respekt ihrer Mitmenschen zu jener Zeit durch die Qualität der Tiere, die sie züchteten, etwas, das jeder auf den ersten Blick erkannte, auch wenn er vielleicht nicht erklären konnte, woran er es genau festmachte. Man sah es am glänzenden Fell der Pferde, an der Größe und Gesundheit der Rinder und den Prachtexemplaren, die sich am Verkaufstag unter den Schafen fanden. Großvater war ein gestandener Landwirt, aber vor allem war er ein Pferdemensch. Er war weit und breit bekannt für die Zucht von reinrassigen und preisgekrönten Clydesdale-Pferden. Jeden Donnerstag putzte meine Großmutter das Silber in der Vitrine im Wohnzimmer. Sie war voller Trophäen, darunter eine für den Titel des männlichen Siegerpferds bei der Royal Highland Show, das den Namen Bell Mount Ideal trug. Einmal kam ein Mann am Bahnhof an und trug einen Koffer voller Geld den ganzen Weg bis zum Hof. Er kaufte eine Stute, mit der er zurück nach Neuseeland wollte. In den 1950er- und 1960er-Jahren exportierte Großvater Pferde nach Kanada. Er reiste zur Wintermesse in Toronto und sah sich in der Arena die Pferde an ihren Gespannen an.

Großmutter erzählte uns immer von den weit entfernten Orten, an denen sie gemeinsam gewesen waren, doch sie klang traurig darüber, dass sie die Städte und Ortschaften selbst nie wirklich besucht und keine der Sehenswürdigkeiten zu Gesicht bekommen hatten. Stets sind sie direkt zu den Ausstellungen oder Viehauktionen und dann schnurstracks wieder nach Hause gefahren – nur wenn es unbedingt notwendig war, machten sie Halt in einem Hotel.

Großmutter war eines von acht Kindern und ist auf einem kleinen Hof aufgewachsen, auf dem auch Pferde gehalten wurden. Sie erinnerte sich daran, wie sie in den nächsten Ort gerannt war, um den Arzt zu holen, als ihre Mutter ihre jüngste Schwester zur Welt brachte. Der Arzt kam mit seinem Pferdewagen, um bei der Geburt zu assistieren, und traf gerade noch rechtzeitig ein, um das Kind zu retten. Meine Urgroßmutter war klein und trug ihr graues Haar zu einem Dutt; auf den alten Schwarz-Weiß-Fotos trägt sie eine kleine Brille mit kreisförmigen Gläsern. Die Kinder halfen alle auf dem Hof mit, sie melkten die Kühe, stellten Butter und Käse her, hackten und ernteten Kartoffeln, wuschen und kochten. Großmutters Traum war es gewesen, Lehrerin zu werden. Doch dann entschied sie sich für die Ehe: Großvater tauchte auf der Bildfläche auf, als sie 30 war, und bewahrte sie davor, »eine alte Jungfer« zu werden. Zwei ihrer Geschwister waren unverheiratet geblieben; sie übernahmen den Hof der Familie und lebten den Rest ihres Lebens zusammen. Großvater war sehr still, als er Großmutter das erste Mal begegnete. Alle sagten, er sei sehr schüchtern und nicht gerade ein Romantiker gewesen, aber er konnte ihr eine solide Zukunft bieten. Innerhalb weniger Jahre bekamen sie drei Kinder.

Mit der Landwirtschaft ließ sich in den 1950er- und 1960er-Jahren gutes Geld verdienen, und Großmutter gefiel es, den Status einer namhaften Bäuerin zu haben. Bald konnten sie es sich leisten, das Haus einzurichten, das zum Zeitpunkt ihres Bezugs noch leer gestanden hatte. In den 1960ern besuchten sie Tanzveranstaltungen, sie besaßen ein großes Auto und verbrachten die Tage mit Freunden bei Pferderennen. Großmutter trug einen Nerzmantel und funkelnden Modeschmuck, und Großvater sah groß und elegant in seinen Anzügen aus. Ich bekam nur das Ende ihrer glorreichen Tage mit, und als ich älter wurde, wurde mir klar, dass er nicht immer nett zu ihr war. Es war keine große Liebesgeschichte. Jeder wusste, wie schwer das Zusammenleben mit ihm war. Er saß in der Küche und ließ sich von ihr bedienen, und er trank viel. Familie und Freunde waren ihr Rettungsanker; jeden Dienstag, wenn er auf einer Auktion und später in der Kneipe war, erledigte sie die Einkäufe und aß mit ihren Freundinnen und Schwägerinnen zu Mittag. Als Kinder nannten wir diese Damen alle »Tantchen«, unabhängig davon, ob sie mit uns verwandt waren oder nicht. Tantchen Doris, Tantchen Edna, Tantchen Renee, Tantchen Marian, Tantchen Peggy. Zwischen diesen leidgeprüften Landfrauen bestand eine Art von Schwesternschaft. Großmutter traf sich auch regelmäßig mit ihrer besten Freundin Mary Muir, die roten Lippenstift trug und ihre Zigaretten in einer schicken Zigarettenspitze rauchte. Sie tranken Brandy und spielten Karten zusammen. Es macht mich glücklich, wenn ich zurückblicke und daran denke, dass es auch gute Freundschaften und etwas Spaß und Glamour in ihrem Leben gab.

Dad kann sich an die Geburtstagspartys all seiner Cousins erinnern. Sie spielten Spiele, die Tische bogen sich vor Essen. Dad war das jüngste von drei Kindern und ging mit 15 Jahren von der

Schule ab, um auf dem Hof zu arbeiten. Nachdem sein älterer Bruder Norman an Arthritis erkrankt war und noch vor seinem zwanzigsten Geburtstag erblindete, hatte er keine andere Wahl. Das war für alle ein Schock gewesen. Großmutter kümmerte sich um Onkel Norman, und er lebte bei ihnen, als sein Gesundheitszustand sich verschlechterte und die Arthritis ihn an den Rollstuhl fesselte. Obwohl Dad den Hof mehrere Jahre lang geführt und die ganze Arbeit erledigt hat, behandelte Großvater ihn nicht besser als die angestellten Hilfskräfte. In seinen Augen war Dad der Knecht, und er war der Boss. Schon in meinen frühesten Erinnerungen hatte ich den Eindruck, dass sie sich nicht mochten. Großvater kritisierte Dad, wenn die Dinge nicht nach seinen Vorstellungen liefen, und suchte immer nach irgendwelchen Fehlern. Mum und Dad hinter seinem Rücken über den mürrischen alten Mann schimpfen zu hören, bildet den Soundtrack meiner Kindheit.

Wir hatten eine Herde schwarz-weißer Friesenkühe, die zu Dads ganzem Stolz wurden. Jeden Morgen stand er in aller Herrgottsfrühe zum Melken auf, und ging am Nachmittag noch mal zu ihnen. Zum Abendessen war er stets um 18 Uhr zurück im Haus. Er stand mitten in der Nacht auf, um nach einer Kuh zu sehen, wenn sie kalbte, und wich ihr erst von der Seite, wenn er sicher sein konnte, dass alles in Ordnung war. Das Jahr folgte einem festen Ablauf: Fütterung der Schafe und Rinder in den Ställen in den Wintermonaten, Ablammen und Kalben im Frühjahr, Herstellung von Silofutter im Mai, Heuzeit im Juli, Verkaufszeit im Herbst. Dad hielt eine Herde von 100 Truthähnen, die er an Weihnachten verkaufen würde. Seit meinem siebten Lebensjahr etwa half ich beim Abwiegen der Truthähne und beim Organisieren der Bestellungen. Nachdem sie im Stall getötet, gerupft, aufgehängt und ausgenommen worden waren, legten wir die ofenfertigen Vögel auf große Sandsteintische im kühlen Keller unseres Bauernhauses. Von der Küche führte eine schmale Steintreppe ins Untergeschoss, und ich hatte immer Angst hinzufallen, weil es so dunkel war und kein Geländer gab. An den drei Tagen vor Weihnachten pflegte Großvater mit den Bauern, die die Truthähne abholten, zusammenzusitzen und Whisky zu trinken. Die Männer vergaßen die Zeit, tranken vergnüglich einen Whisky nach dem anderen und tauschten mit Großvater Geschichten aus. Die Ehefrauen standen derweil in unserer Küche herum und sagten Dinge wie: »Wir können nicht lange bleiben …«. Sie unterhielten sich mit Mum darüber, wie viel sie zu Hause zu tun hatten, behielten ihre Mäntel an, ereiferten sich über das Geschwätz ihrer Männer und machten einen ziemlich frustrierten Eindruck. Es gab eine Tasse Tee nach der anderen und hausgemachte Mince Pies, in der Spüle türmte sich der Abwasch. Und ich erinnere mich an eine Tupperdose, die in einer Schublade der Kommode aufbewahrt und in die das ganze Geld gestopft wurde. Am Ende des Tages öffnete Großvater diese, faltete die Pfundnoten zusammen und steckte sie in seine Jackentasche. Mum beschimpfte ihn wüst und schlug die Tür zu. Sie und Dad machten die ganze Arbeit, und er nahm sich das Geld.

Am liebsten habe ich die Kälber im Freien gefüttert. Ich rührte ihr Milchersatzpulver mit warmem Wasser an und fand es toll, wie sie mit ihren rosafarbenen Schnauzen schnupperten und ihre Zungen die grauen Metalleimer ausschlürften. War es ungewohnt für sie, aus einem Eimer zu trinken, steckte ich meine Finger hinein und ließ sie daran lutschen, bis sie das Prinzip verstanden hatten. Was ich gar nicht mochte, war, wenn wir sie enthornen mussten und Dad einen Gasbrenner auf ihre winzigen Hornknospen drückte. Manchmal hielt ich ihre Köpfe fest, doch ich hasste den brennenden Geruch.

Als ich drei Jahre alt war und wir auf den Hof zogen, gab es nur noch eine Stute. Sie stand auf der vorderen Wiese, und ich beobachtete sie gern, aber sie war groß und überragte mich, sobald ich mich in ihre Nähe wagte, und ich traute mich nicht, sie zu bürsten. Als sie fohlte, wurde sie verkauft, weil Großvater zu alt geworden war, um sich noch um die Pferde zu kümmern. Dad mochte keine Pferde – er meinte, sie fielen einem nur zur Last, wenn es echte Arbeit zu tun gäbe. Als ich jedoch acht oder neun war, wollte ich unbedingt ein Pony haben. Jeden Abend legte ich ein Buch mit dem Titel *Show Pony* unter mein Kopfkissen. Ich träumte davon, bei einer regionalen Pferdeschau auf dem Siegerpony zu reiten, wie alle in einem schicken Reiterdress. Ich brachte Stunden damit zu, Geschichten über Mädchen zu lesen, die Abenteuer auf dem Rücken eines Pferds erlebten. Aber ich konnte meine Eltern nicht dazu überreden, Reitstunden nehmen zu dürfen. Dad sagte immer, dass er Pferde nicht leiden könne. Erst als ich wesentlich älter war und über all das nachdachte, wurde mir klar, dass dies vielleicht mit dem schmerzhaften, traurigen Umstand zu tun hatte, dass Großvater immer so nett zu den Pferden war und so grob zu ihm.

Nachdem er ein Jahr lang mein inständiges Bitten und Betteln vernommen hatte, stimmte Dad schließlich zu, ein Pony zu überwintern. Wir liehen es uns für ein paar Monate von Dads Cousin, der in der Nähe ein Trekkingzentrum betrieb. Das Pony hörte auf den Namen Pearl. Ich bürstete es mit großer Begeisterung und versuchte verzweifelt, sein wuscheliges Fell zu bändigen, aber es sah irgendwie immer zerzaust aus, egal was ich tat. In diesem Winter ritt ich mit Pearl nur ein paarmal auf unserem Hof auf und ab. Dad führte mich, bevor er zum Melken musste.

Im Familienalbum gibt es ein Foto von mir mit meinem Großvater. Ich bin ein Baby, das in dem Moment, in dem das Foto aufgenommen wurde, eingewickelt in eine Decke auf seinem Schoß sitzt, er lächelt gequält. Ich kann mich nicht daran erinnern, dass er jemals so richtig Notiz von mir genommen oder etwas Nettes zu mir gesagt hat, und war auch nicht besonders traurig, als er starb. Ich war mir nicht sicher, ob ich bei seiner Beerdigung weinen sollte – niemand sonst vergoss auch nur eine Träne. Dass sein eigener Vater gestorben war, als er acht Jahre alt war, erfuhr ich erst viel später. Erst jetzt, als Mutter, stelle ich mir meinen Großvater als kleinen Jungen vor, wie er seinen Vater verlor, und ich weiß, wie schwer das für seine Mutter gewesen sein muss. Als Junge hatte er auf kalten Feldern Rüben geerntet, den Boden gepflügt, indem er hinter einem Gaul herstapfte, und Schweinen die Kehle durchtrennt, um das Blut in Pfannen aufzufangen, woraus seine Mutter dann Blutwurst zubereitete. Bauernjungen wie er mussten harte Arbeit leisten. Er war rasch zu einem starken Arbeiter herangewachsen und stolz darauf, einen eigenen Hof zu besitzen und mit seinen Pferden Turniere zu gewinnen. Das Familienleben schien ihm fremd zu sein. Er verstand viel von Landwirtschaft, aber vielleicht nicht viel von der Liebe.

Bis zu meinem dritten Lebensjahr wohnten wir in einem Bungalow, der etwas mehr als einen Kilometer vom Hof entfernt lag. Meine Eltern sprachen die ganze Zeit über den Hof, wobei Mum und ich eigentlich nicht sehr oft dort waren. Sie spielte viel mit mir und meinem kleinen Bruder, wir machten Kaffeekränzchen und Picknicks und backten in den Blumenbeeten Schlammkuchen. Es machte viel Spaß mit ihr. Der Garten hinter dem Bungalow war vielleicht 70 Fuß lang, aber er kam mir so groß vor, dass ich mich nicht bis zum anderen Ende traute. Einmal schreckte Mum einen schlafenden Fuchs im Gartenschuppen auf. Ein anderes Mal rettete sie eine Brieftaube mit einem gebrochenen Flügel, und wir fütterten sie mit Vogelfutter, das wir in der Tierhandlung gekauft hatten. Sie hielt die Taube ein oder zwei Wochen lang auf der Veranda, doch wir hatten eine schwarz-weiße, flauschige Katze namens Dandy, die Mum im Verdacht hatte, sie könnte den Vogel töten, wenn wir die Verandatür öffneten, also stauchte sie jeden zusammen, der rausging, ohne dass sie die Katze vorher in ein anderes Zimmer bringen konnte. Die Taube erholte sich vollständig, und Mum machte anhand der Nummer auf dem Ring den Besitzer ausfindig.

Der Bungalow war das erste Haus von Mum und Dad, doch irgendwie war es doch nicht ihr Haus, denn es gehörte zum Hof. Der Plan war, dass meine Großeltern dort ihren Lebensabend verbringen würden, also musste alles gemeinsam und in Abstimmung entschieden werden. Familienbetriebe funktionieren oft so – jeder geht jeden etwas an. Als wir schließlich das Haus mit meinen Großeltern tauschten, hatte es nach außen den Anschein, als wäre Dad jetzt der Chef, doch Großvater hatte noch immer das Sagen. Jeden Morgen saß er am AGA-Herd in unserer Küche und erkundigte sich, wie viele Lämmer wir bekommen hätten, ob Dad den Mist verteilt oder Truthähne bestellt hätte. Dad war so damit beschäftigt, Auskunft zu geben, dass er kaum sein Frühstück essen konnte. Wenn Großvater da war, ging ich ihm aus dem Weg.

Mums Leben gehörte nicht mehr ihr; den Hofbetrieb zu managen und die Landarbeiter und uns Kinder zu verköstigen, war ein Fulltime-Job. Außerdem musste sie sich um einen großen Garten kümmern. Die frisch ausgegrabenen Kartoffeln und Möhren mussten geschrubbt, die Erbsen geschält und Himbeeren, Rhabarber, Pflaumen und Äpfel zügig verarbeitet werden, die alle zur gleichen Zeit reif waren. Kohlköpfe wurden in die Küche gebracht, von denen jemand die zappelnden kleinen grünen Raupen auflesen musste. Mum meinte, sie habe schon immer Bäuerin werden wollen, aber ich glaube, ihre Vorstellung war eher die, ein paar Hühner zu halten und im Freien zu arbeiten; die Gartenarbeit kam dem noch am nächsten. Die Arbeiten auf dem Hof wurden ausschließlich von den Männern erledigt. Meine Mutter hatte keine andere Möglichkeit, als eine Hausfrau in Vollzeit zu sein.

MARMELADE

Ich stehe am Tisch auf einem Stuhl und trage eine marineblaue Cord-Schürze mit bronzefarbenen Schnallen, die meine Großmutter für mich genäht hat, dazu eine flaschengrüne Strumpfhose, meine langen T-Shirt-Ärmel sind hochgekrempelt. Mum stellt eilig Sachen auf den Tisch. Ich drehe am Griff des Fleischwolfs, während sie Stückchen einer Orangenschale und die weiße Innenhaut in die Öffnung steckt. Ich versuche es ihr nachzumachen. »Steck' deine Hand da nicht rein!«, schimpft sie. In der Küche herrscht das reinste Chaos. Der Fleischwolf ist an einer Kante des Tischs festgeschraubt. Damit er keine Spuren auf dem Tisch hinterlässt, ist darüber und darunter Zeitungspapier mit einer Klammer befestigt. Der Rest des Tischs ist mit einem alten, abwaschbaren Wachstuch eingedeckt. Braun lasierte Schüsseln von Mason Cash sind gefüllt mit zerkleinerten Schalen und dem gewürfelten Fruchtfleisch von Orangen. In den Saftschüsseln liegen mit Kernen und Orangenhaut gefüllte und in Mulltuchbinden verschnürte Bündel. Gleich ist es Zeit, mit dem Einkochen zu beginnen. Wenn wir Marmelade machen, müssen alle anderen Arbeiten und das Essen warten.

Ich erinnere mich an diesen Nachmittag, als wäre es gestern gewesen. Es war ein paar Wochen nach Weihnachten, aber die Kisten mit dem Weihnachtsschmuck standen immer noch am Treppenabsatz. Mum hatte alle Zimmer im Haus hektisch geputzt, angefangen von oben bis ganz nach unten. Jeden Dienstagmorgen stellte sie das Putzen ein, und wir fuhren zum Gemüseladen in die Stadt, um nachzusehen, ob die Orangen eingetroffen waren. An diesem Morgen waren wir mit etwas Verspätung aufgebrochen, weil Dad ihre Hilfe beim Kalben einer Kuh gebraucht hatte und erst spät zum Frühstücken gekommen war. Zur Kaffeezeit rief Großmutter an und sagte: »Ich habe meine Orangen bekommen, habt ihr eure schon geholt?« Aufgeregt drängte Mum uns zum Aufbruch und sagte, sie hoffe, nicht zu spät dran zu sein, da sie von ihrer Schwiegermutter nicht »vorgeführt« werden wolle. Als wir beim Gemüseladen ankamen, reihten wir uns in eine Schlange mit ein paar anderen ungeduldigen Frauen ein. Mum beruhigte sich, als sie den Stapel mit den frisch gelieferten Kartons auf dem Boden stehen sah; sie zeigte in die Ecke und sagte leise zu mir: »Darum sind wir hier.« Der Gemüseladen war ein schmaler kleiner Laden, der von einem Ehepaar geführt wurde, das intuitiv zu wissen schien, was man wollte, schon wenn man zur Tür hereinkam. Ihre Tage verbrachten sie damit, alten Damen zwei oder drei Birnen in Papiertüten zu stecken und die Tüten auf magische Weise zu drehen und zu wenden, ohne dass ihnen Früchte herausfielen. Ich fand es toll, ein paar Kirschen in meine braune Papiertüte zu bekommen, und während wir durch die Stadt liefen, um den Rest der Einkäufe zu erledigen, spuckte ich die Steine zurück in die Tüte. An diesem Tag verließen wir den Laden triumphierend mit drei Kisten voller noch fest und hart aussehenden Orangen, die eine knorrige und unebene Schale hatten und an denen noch ein oder zwei Blätter hingen. Sie sahen nicht besonders ansprechend aus und waren für den Verzehr zu bitter. Als Kind wusste ich nicht, woher diese Orangen kamen. Der Aufdruck »Sevilla-Orangen« auf der Verpackung sagte mir nichts. In den Kartons befanden sich auch noch eine Handvoll Zitronen und ein paar Packungen Zucker, die wir im Supermarkt gekauft hatten.

Mum zog noch nicht einmal ihren Mantel aus, als wir von unserem Ausflug in die Stadt zurückkamen; sie meinte, Großmutter würde »gleich hier sein«, also versuchte sie stets, ihr einen Schritt voraus zu sein. Sie ging direkt zum Schrank unter der Treppe, schob den Weihnachtsschmuck beiseite und durchkramte Puzzles, Spiele und alte Mäntel, bis sie eine klappernde Schachtel mit Gläsern hervorholte. Dann eilte sie zurück in die

Küche und wusch alle Gläser mit heißem Seifenwasser aus, während ich mit meinen Fingernägeln die Etiketten vom letzten Jahr abkratzte. Im Anschluss stellte sie diese in Schüsseln, um sie im Ofen zu sterilisieren, während sie sich an die Arbeit machte. Die Gläser wurden jedes Jahr wiederverwendet, und Mum hatte ihre Favoriten. Es gab eine Vielzahl von Formen und Größen, und wenn sie ein abgefülltes Glas von ihrem kostbaren, orange leuchtenden Schatz verschenkte, wurde von den Leuten erwartet, dass sie das Glas zurückgaben. Wer das nicht tat, bekam auch keines mehr.

Großmutter kam mit ihren eigenen Kisten voller Orangen an und machte sich ebenfalls an die Arbeit. Die beiden würfelten, hackten, zerschnitten und entkernten die Früchte, und ich half dabei, den Zucker abzuwiegen und die Zitronen auszupressen. Spritzte der Saft gelegentlich in meine Augen, zuckte ich zusammen. Es geschahen so viele verschiedene Dinge auf einmal. Großmutter hatte das Sagen und wies Mum an, was sie als Nächstes tun solle. Ich war der kleine Helfer in dieser großen, geheimnisvollen Angelegenheit. Man trug mir auf, eine Untertasse in den Gefrierschrank zu stellen, ohne dass ich so recht verstand, warum. Die beiden sprachen nicht viel miteinander; es ging nur darum, voranzukommen. Großmutter war nett zu mir und brachte mir all die Fähigkeiten bei, die sie im Lauf der Jahre erworben hatte. Sie war eine Expertin im Umgang mit Nadel und Faden und zeigte mir, wie man stickt und alle möglichen Dinge aus Stoff herstellt, oft unter geringem Materialaufwand. Doch als ich älter wurde, nahm ich auch eine ganz andere Seite an ihr wahr: Sie war ziemlich herrisch und sehr gut darin, alle um sie herum dazu zu bringen, das zu tun, was sie wollte. Während sie in den ersten Tagen, als meine Mum den Hof übernahm, nett zu ihr zu sein schien, wurde mir später klar, dass es da einen unausgesprochenen Verhaltenskodex gab, dem sie sich zu beugen hatte.

Nach einer Weile wurde ein Löffel der sehr heißen, goldenen Flüssigkeit auf die gefrorene Untertasse geschöpft und für ein oder zwei Minuten zum Abkühlen nach draußen auf die Fensterbank gestellt. Dann kam der Moment der Wahrheit ... Großmutter schabte mit ihrem Finger über die Unterfläche und schob den Klecks vorsichtig auf. Ihre Finger waren kurz und stummelig wie meine, und sie trug einen schlichten goldenen Ehering; ihre kräftigen Hände waren es gewohnt zu arbeiten. Die Marmelade hatte eine Haut gebildet: Das Gelee war fest geworden, es war fertig. Mum schöpfte es mit einer Kelle aus dem Topf und goss diese durch einen Trichter in die abgekühlten Gläser. Ich bat darum, die weißen Klebeetiketten beschriften zu dürfen, aber Mum übernahm das selbst und notierte fein säuberlich das Datum. Stattdessen zeigte mir Großmutter, wie man die kleinen runden Wachsscheiben auflegt, und erklärte mir, dass damit der Deckel versiegelt werde, damit keine Luft an das Obst gelangt und es nicht schimmelt. Wie meine Großmutter, benutzte auch meine Mutter immer dünne Marmeladendeckel aus Kunststoff und Gummibänder, um die Gläser zu verschließen, und nicht den Gingham-Stoff, den ich in den Geschäften bewundert hatte und der mit einer Zackenschere in Kreise geschnitten wurde, um einen gefalteten Rand zu erhalten.

Sobald die Gläser abgekühlt waren, wurden sie in den Vorratsregalen aufgereiht. Die Arbeit für ein weiteres Jahr war gemacht.

Bis ich in meinen Zwanzigern war, habe ich Marmelade gar nicht so viel abgewinnen können. Vielleicht lag es daran, dass ich als Kind so viel davon gegessen habe – endlos viele knatschige, klebrige Marmeladensandwiches in meinen Schulpausen. Für mich bedeutete Marmelade immer reichlich Arbeit und zudem eine Menge Stress – hatte meine Mutter eine weitere von Großmutters Bewährungsproben in der Bauernküche bestanden? Erst viel später in meinem Leben brachte ich sie mit der köstlichen, würzigen Konfitüre in Verbindung, wie sie in den

Feinkostläden verkauft wird. Die Herstellung von Marmelade war für mich kein Vorgang, der Spaß machte und dessen Wissen man weitergeben konnte. Wenn ich jetzt eine gute Marmelade probiere, sehe ich mich sofort wieder in dieser Küche an der Seite dieser beiden Hoffrauen stehen.

GRANNY PYPERS MARMELADE

Wollen Sie Marmelade mit etwas mehr Biss haben, hobeln Sie auch die Schale einer Zitrone oder einer anderen Zitrusfrucht in Streifen und mischen Sie sie unter die Orange.

Zutaten:
1,4 kg Sevilla-Orangen
3 Zitronen
3 l kaltes Wasser
3 kg Zucker (570 g auf 570 ml)

Vorbereitungszeit:
1 Stunde 30 Minuten
Kochzeit: 1 Stunde
Ergibt 12 Gläser (je 454 g)

Zubehör:

Ein großer Topf, eine Auswahl von 12 Gläsern mit Deckeln oder eine Packung Zellophan-Deckel mit Wachsscheiben und Etiketten (erhältlich in der Konservenabteilung im Supermarkt oder im Internet) – ein Mullbindetuch, etwas Schnur, ein Holzlöffel, ein Messbecher, eine große Schüssel, ein Fleischwolf oder ein Schneidebrett sowie ein Messer, ein Sieb, eine Untertasse oder ein kleiner Teller.

Zubereitung:

1. Die Gläser in heißem Seifenwasser waschen, gut ausspülen und 10 Minuten lang im Ofen bei 180 °C/Umluft bzw. Gas Stufe 3 erwärmen, um etwaige Keime abzutöten. Die Gläser vor dem Abfüllen nochmals aufwärmen; kochend heiße Marmelade kann ein kaltes Glas zum Bersten bringen.
2. Die Orangen mit einem Messer oder einem Handschäler schälen

und halbieren. Die Zitronen ebenfalls halbieren, ohne sie jedoch zu schälen.

3. Den Saft der Orangen und Zitronen auspressen und in einen Krug oder eine Schüssel sieben.
4. Kerne und Fruchtfleisch aus dem Sieb nehmen und in ein Mullbindetuch geben, dann mit einer Schnur zusammenbinden.
5. Die weiße Innenhaut von den ausgepressten Orangenhälften abziehen und durch einen altmodischen Fleischwolf drehen oder in Scheiben schneiden und kleinhacken. Je nach Vorliebe für einen intensiveren oder milderen Geschmack grob oder fein hacken.
6. Die Zitronenhälften, die Orangenschale und den Mullbindebeutel mit den Kernen zusammen mit dem abgesiebten Saft in einen Topf mit Wasser geben. Den Inhalt über Nacht ziehen lassen oder gleich mit dem nächsten Schritt fortfahren.
7. Die Mischung zum Kochen bringen und ca. 40 Minuten köcheln lassen (einschließlich des Stoffbeutels mit den Kernen).
8. Abkühlen lassen und grobe Stücke, falls gewünscht, mit einem Schaumlöffel abschöpfen.
9. Sobald der Inhalt abgekühlt ist, den Beutel mit den Kernen über der Pfanne ausdrücken, um das Pektin (ein natürliches

Verdickungsmittel) freizusetzen. Das Pektin mit einem Löffel oder Messer abschaben und zurück in die Mischung rühren.

10. Eine Untertasse oder einen kleinen Teller in den Gefrierschrank legen.
11. Die Mischung in einem Messbecher abmessen und auf 570 ml Flüssigkeit, die in den Topf zurückgegeben wird, 570 g Zucker hinzufügen.
12. Die Mischung erneut zum Kochen bringen und 10 Minuten lang umrühren.
13. Einen Teelöffel der Flüssigkeit auf die kalte Untertasse geben, um zu prüfen, ob sie fest wird. Eine Minute lang ruhen lassen. Beim Eindrücken mit dem Finger sollte sich eine faltige Haut bilden. Wenn das nicht der Fall ist, den Teller wieder in den Gefrierschrank stellen und die Marmelade weitere 5 Minuten kochen lassen. Auf diese Art weiterverfahren, bis die Marmelade auf dem Teller Falten wirft.
14. Die Marmelade in vorgewärmte, sterilisierte Gläser füllen, eine Wachsscheibe auf den Glasrand legen und entweder mit einem Stoff- oder Zellophandeckel – diese sind normalerweise in der Packung mit den Wachsscheiben und Gummibändern enthalten – oder einem Marmeladendeckel verschließen.
15. Die Gläser mit dem Einmachdatum beschriften. Wenn die Marmelade richtig sterilisiert und versiegelt und an einem kühlen, trockenen Ort aufbewahrt wird, ist sie über ein Jahr haltbar.

Als ich klein war, ging Großmutter ständig in unserer Küche ein und aus. Kurz vorher war es natürlich ihre Küche gewesen. Aber sie und Mum arbeiteten nicht Seite an Seite, abgesehen von der Zubereitung der Marmelade oder des Weihnachtskuchens, der jedes Jahr gebacken wurde. Damals wusste ich noch nicht, dass meine Mutter diese Art von Arbeit noch nie gemacht hatte. Sie war hier in einer Welt angekommen, in der alle Frauen all die Dinge zu wissen schienen, die Frauen wie sie wissen sollten, doch irgendwie hatte sie dies nie eingeschüchtert. Sie verfügte über so gut wie keinerlei Kochkenntnisse, ihre Mutter hatte ihr nichts dergleichen beigebracht. Durch eine Mischung aus schnellem Lernen und Improvisation hatte sie die ersten Jahre auf der Farm gut überstanden. Ich hörte sie oft vor sich hingrummeln, wenn Großmutter mit ihren gut gemeinten Ratschlägen über das Ziel hinausgeschossen war. Als ich dann im Teenageralter war, hatte Mum gelernt, einen besseren Weihnachtskuchen zu backen als Großmutter, und alle liebten ihre Marmelade. Jedes Jahr im Januar stand sie oft bis spät in die Nacht in der Küche, und wenn Großmutter sie fragte: »Hast du deine Orangen schon bekommen?«, erschien sie mit ein paar Gläsern, die sie in der Woche zuvor eingemacht hatte, und sagte beiläufig: »Ja, möchtest du welche?«

Mein Vater hat nie etwas selbst gekocht – außer einen Pudding, von dem er behauptete, er könne ihn besser als meine Mutter. Er hatte gelernt, sich diesen einmal in der Woche selbst zuzubereiten, denn immer dienstags, wenn meine Großmutter zum Einkaufen ging und sich mit ihren Freundinnen in der Stadt traf, setzte sie den Männern ein kaltes Mittagessen vor. Großvater verzog sich in der Zeit für gewöhnlich ins *Agricultural Hotel* und kippte sich einen hinter die Binde, irgendwann fuhr sie ihn nach Hause. Daher kam dienstags immer ein Teller mit Brot, kaltem Schinken, Rindfleisch oder Käse mit einer halbierten Tomate auf den Tisch, alles kräftig mit Salz und Pfeffer gewürzt. Im Anschluss gelüstete es die Männer noch nach einem Stück Kuchen oder Obst aus der Dose mit Pudding, damit es eine »gescheite Mahlzeit« wurde.

PUDDING

HAUSGEMACHTER PUDDING

Zutaten:
570 ml Vollmilch
200 ml Schlagsahne (Doppelrahmstufe)
1 TL Vanillezucker oder eine Vanilleschote
4 große Eigelb
3 EL Speisestärke
100 g Feiner Zucker

Vorbereitungszeit: 10 Minuten
Kochzeit: 25 Minuten
Ergibt ca. 800 ml

Zubereitung:

1. Milch und Sahne in einen Topf gießen und die Vanille hinzufügen. Bei Verwendung einer Vanilleschote die Schote mit einem scharfen Messer aufschneiden und das Mark auskratzen, beides zusammen in die Milch-Sahne-Mischung geben.
2. Das Milchgemisch bei mittlerer Hitze erwärmen. Zum Köcheln bringen, aber nicht aufkochen.
3. In einer Schüssel Eigelb, Speisestärke und Zucker miteinander verquirlen.
4. Das Milchgemisch kurz vor dem Aufkochen für 2 Minuten von der Herdplatte nehmen. Falls eine Vanilleschote verwendet wurde, diese vorsichtig herausnehmen; wenn man sie wäscht und trocknet und in ein Glas mit Zucker gibt, lässt sich nebenbei noch Vanillezucker herstellen.
5. Das Milchgemisch über die Paste aus Ei, Speisestärke und Zucker gießen und unter Rühren etwa 20 Minuten lang erwärmen, bis die Masse eindickt. Sofort servieren oder die Schüssel mit Frischhaltefolie abdecken, damit sich keine Haut bildet. Abkühlen lassen und abgedeckt bis zu drei Tage im Kühlschrank aufbewahren.

PUDDING AUS PUDDINGPULVER

Ergibt ca. 570 ml

Zutaten:
570 ml Vollmilch
2 gehäufte EL Puddingpulver
1 EL Zucker

Zubereitung:

1. Die Milch in einen Topf gießen.
2. In einer Schüssel das Puddingpulver und den Zucker mit 2 bis 3 EL der Milch aus dem Topf zu einer Paste verrühren.
3. Die Milch zum Kochen bringen, bis sie im Topf aufsteigt, dann von der Herdplatte nehmen und unter raschem Rühren in die Paste in der Schüssel gießen. Der Inhalt sollte zügig eindicken.
4. Vor dem Servieren 2 bis 3 Minuten ruhen lassen.

MAKRONEN (ZUR VERWENDUNG DES EIWEISS)

Zutaten:
2 Eiweiß
125 g gemahlene Mandeln
175 g Feiner Zucker
1/2 TL Mandel- oder Vanilleessenz

Vorbereitungszeit:
20 Minuten
Backzeit: 10 Minuten
Ergibt 24 Stück

Zubereitung:

1. Den Backofen auf 170 °C/Umluft bzw. Gas Stufe 2 vorheizen.
2. Das Eiweiß in einer sauberen, trockenen Schüssel zu einem steifen Schnee aufschlagen.
3. Die gemahlenen Mandeln, den Zucker und das Aroma mit einem Löffel unterheben, bis alles gut vermischt ist.
4. Auf ein mit Backpapier ausgelegtes Backblech in gleichmäßigen

Abständen aus der Mischung Kleckse à 12 g geben und im Ofen 10 Minuten lang backen, bis sie leicht gebräunt sind und sich fest anfühlen. Die Kruste härtet beim Abkühlen aus.
5. Abkühlen lassen und in einer luftdichten Dose aufbewahren.

Die Mahlzeiten waren ein fester Bestandteil im Tagesablauf. Da sie keinerlei Erfahrungen mitbrachte, musste Mum sich in dem großen Bauernhaus irgendwie zurechtfinden und alle anfallenden Arbeiten meist selbst erledigen. Sie hatten kein Geld, um ein Dienstmädchen zu bezahlen, das auf dem Dachboden wohnte, wie es zu Großmutters Zeiten der Fall gewesen war. Das Leben änderte sich. Mum weigerte sich irgendwann, den Männern jeden Tag um zwölf Uhr mittags ein gekochtes Essen auf den Tisch zu stellen. »Genug ist genug«, hörte ich sie sagen. Sie teilte den Landarbeitern mit, dass sie sich selbst Lunchpakete mitbringen sollten, und wies meinen Großvater an, sein Essen zu Hause zu sich zu nehmen. Dad bekam ein Käsesandwich und einen Pudding (falls er sich selbst welchen gemacht hatte). Als Nächstes teilte sie meinem Großvater mit, dass er nicht einfach so in »ihre« Küche kommen und so lange, wie er wollte, neben dem Herd sitzen könne. Ich war froh darüber, denn ich mochte es nicht, ihn im Haus zu haben. Ein paar Jahre später kam Großmutter nur noch freitags vorbei, um sich von Mum die Haare machen zu lassen. Während sie sich mit einem Handtuch um die Schultern über die Küchenspüle beugte, schüttete Mum ihr eine Schüssel mit Wasser über den Kopf und rieb Shampoo in ihr graues, lockiges Haar. Großmutter wirkte auf mich immer viel älter, wenn sie sich mit nassen Haaren zu mir umdrehte. Ärgerte sich Mum über sie, konnte das Wasser versehentlich zu heiß oder zu kalt sein. Im Anschluss kämmte und fixierte sie ihr Haar auf Lockenwickler und ließ es von einem Haartrockner föhnen, der auf der Kante des Küchentischs auf seinen Einsatz gewartet hatte und nun wie ein Weltraumhelm ihren Kopf umgab. Großmutter saß unter dem Trockner und blickte oft finster drein, während sie Mum bei der Arbeit zusah. Und während sie unter dem ohrenbetäubenden Gebläse hockte, bedachte Mum sie mit allen möglichen Begriffen, als Antwort auf ihre nicht abreißen wollende Kritik und ihre Kommentare. Immerhin brachte Großmutter in der Regel frische Backwaren mit, und wir waren gespannt darauf, was sie in ihren Dosen und Schachteln hatte – Apfelkuchen, Ingwerkekse, Madeleines und Lebkuchen. Am liebsten mochte ich ihre Kokosnuss- und Marmeladentörtchen. In den Augen meiner Mutter kam diese ganze Backerei jedoch einer Beleidigung gleich, da sie damit ja schließlich andeuten wollte, dass ihr werter Sohnemann in diesen lottrigen Verhältnissen andernfalls vor die Hunde gehen würde.

KOKOSNUSS- UND MARMELADENTÖRTCHEN

Zutaten für den Blätterteig:
400 g Mehl, zusätzlich Mehl zum Bestäuben
½ TL Salz (sofern keine gesalzene Butter verwendet wird)
200 g kalte, ungesalzene Butter (oder 4 g Schmalz und 3 g Butter)
1 ½ TL Feiner Zucker
5–8 EL kaltes Wasser
Bei Bedarf kann auch fertiger Teig verwendet werden, aber das Schöne an der Herstellung eines eigenen Teigs ist, dass er keine versteckten Zutaten enthält.

Zutaten für die Füllung:
2 Eier
125 g Feiner Zucker
50 g geschmolzene Butter
1 TL Vanilleessenz
225 g Kokosnussraspeln
175 g Himbeermarmelade (ein schnelles, selbst gemachtes Rezept findet sich auf S. 216)

Vorbereitungszeit: 20 Minuten
Backzeit: 20 bis 25 Minuten
Ergibt 24 kleine Törtchen

(es müssen zwei Lagen hergestellt werden, es sei denn, es sind 2 Muffinbleche verfügbar).

Zubereitung:

1. Den Teig herstellen. Falls eine Küchenmaschine verfügbar ist, Mehl, Salz, Butter und Zucker zu einer krümeligen Masse vermengen. Alternativ die Butter in einer Schüssel mit den Fingerspitzen mit Mehl, Salz und Zucker verkneten.
2. Nach und nach 1 EL Wasser hinzufügen und die Mischung im Mixer verquirlen, oder das Wasser mit einer Gabel einrühren, bis man eine Teigkugel erhält.
3. Den Teig aus dem Mixer oder der Schüssel auf eine saubere, fein bemehlte Fläche geben und den Rest mit der Hand verkneten.
4. Aus der Kugel eine abgeflachte Scheibe formen, abdecken und 30 Minuten lang kaltstellen.
5. Den Backofen auf 190 °C/Umluft bzw. Gas Stufe 3–4 vorheizen.
6. Für die Füllung die Eier mit einem Schneebesen gut verquirlen. Zucker, geschmolzene Butter, Vanillezucker und Kokosnussraspeln zu den geschlagenen Eiern geben und verrühren.
7. Die Muffinformen einfetten und mit Mehl bestäuben.
8. Den Teig auf eine Dicke von ½ cm oder so dünn wie möglich ausrollen, 24 Kreise von 8 cm Durchmesser herausschneiden und die Teigkreise in die Form drücken.
9. Einen knappen TL Himbeermarmelade in jede Vertiefung der Backform geben.
10. Die Marmelade mit 2 EL der Kokosnussfüllung bedecken. Die Mischung leicht verteilen, um gleichförmige Törtchen zu bekommen, oder strukturiert lassen.
11. Etwa 20 bis 25 Minuten backen, bis sie leicht goldbraun sind.
12. Vor dem Herauslösen aus der Form abkühlen lassen (die Restwärme in der Form trägt dazu bei, dass der Teigboden knusprig wird).

Im gesamten Bauernhaus war es eiskalt, außer in der Küche am AGA. Wenn ich zu Bett ging, kuschelte ich mich in meine Decken ein. Oft kauerte ich mich auf mein Kopfkissen, weil ich Angst vor dem Einschlafen hatte – ich träumte immer wieder von Hühnern am Fußende des Betts, die mir in die Zehen pickten, auch wenn wir gar keine Hühner hatten. Im Winter bildeten sich auf der Innenseite meines Schlafzimmerfensters in hübschen Mustern Eiskristalle. Mit elf Jahren setzte meine Monatsblutung ein, und in den ersten Monaten stieg ich mitten in der Nacht mit schrecklichen Bauchkrämpfen die Treppe hinunter. Ich setzte mich mit dem Rücken zum warmen Ofen, weinte leise vor Schmerzen und klammerte mich an eine Wärmflasche, um mir etwas Gutes zu tun.

Unter Mums Ägide wurde das in die Jahre gekommene Bauernhaus renoviert. Sie wollte ihr eigenes Geld verdienen, unabhängig vom Hofbetrieb, und so richteten sie und Dad zwei Bed & Breakfast-Zimmer ein und ließen im früheren, zu einem der vorderen Schlafzimmer gehörenden Ankleidezimmer ein eigenes Duschbad einbauen. Um Platz für diese Neuerungen zu schaffen, wurden wir aus dem guten Teil des Hauses verdrängt. Ich musste mir die Haare in der sogenannten »Hinterküche« waschen, einem Raum nahe der Hintertür, wo stinkende Stiefel hineingestellt und feuchte Mäntel abgeworfen wurden, bevor die Männer die warme Hauptküche betraten. Unter dem Fenster stand eine große Gefriertruhe mit Fleisch, und in der Ecke lagerte ein Kohlenvorrat.

Ich schiebe leere Konservendosen mit Hundefutter und schmale Überreste von eingetrockneter Fairy-Seife beiseite, während ich auf einem wackeligen Holzschemel stehe und meinen Kopf über das versiffte Waschbecken aus Metall beuge. Die Wasserhähne sind schmutzig von den Händen der Männer. Ich stecke die beiden Enden des Gummiduschschlauchs auf die Warm- und Kaltwasserhähne und überprüfe, ob sie auch fest sitzen,

damit sie nicht abrutschen, wenn ich die Hähne aufdrehe. Es ist schwierig, die richtige Temperatur einzustellen, und Mum mahnt mich immer, dass ich nicht viel heißes Wasser verwenden darf. Der einfache Kunststoffduschkopf reicht kaum aus, um mein schulterlanges Haar richtig nass zu machen, aber ich schäume es mit einem Zwei-in-Eins-Shampoo ein und spüle es schleunigst wieder heraus, bevor irgendjemand das heiße Wasser an einer anderen Stelle im Haus anzapft und dafür sorgt, dass mein Wasser kalt wird.

Das »Hauptbadezimmer« im Obergeschoss ist in einem makellosen Zustand, darf von uns aber nicht benutzt werden. Die weiße Keramikwanne und das Waschbecken sind mit einem Handtuch trockengewischt und aufpoliert, die silbernen Wasserhähne glänzen. Ein unbenutztes Stück Seife liegt frisch ausgepackt auf dem Waschbecken. Das Toilettenpapier ist zu einem V gefaltet. Mum hat die Fußbodenmatte fein säuberlich in eine Richtung gesaugt, sodass sie aussieht wie ein Fußballfeld im Fernsehen, und flauschige Handtücher hängen an der warmen Stange.

Während der B&B-Saison gerieten die Essenszeiten unserer Familie durcheinander. Mum war bereits im Morgengrauen auf den Beinen, um das Frühstück für die Gäste zuzubereiten. Oft war sie schon dabei, die Betten abzuziehen, noch ehe die letzten Besucher das Ende unserer Auffahrt erreicht hatten, und putzte die Zimmer gründlich durch. Sie verfluchte das Telefon, dessen Geklingel eine potenzielle Buchung verhieß, wenn sie oben beim Bettenmachen war und hinunterrennen musste, um den Anruf entgegenzunehmen. Sie stellte frische Milch in Kannen und Kekse auf Teetabletts auf die Zimmer, bevor die Gäste kamen, und brachte Stunden damit zu, Laken, Bettbezüge und Kissenbezüge zu waschen, zu trocknen und zu bügeln. Sie plauderte aus Höflichkeit stundenlang mit alten Urlaubsehepaaren, die alle Zeit der Welt hatten. Sie verwendete viel Zeit darauf, sich mit sehr speziellen Fragen zu beschäftigen, zum Beispiel, welche Teelöffel in die Schälchen mit Konfitüre und Marmelade gehören. Sie schimpfte mit uns, wenn sie zu erschöpft war und alles zu viel wurde. Am Nachmittag hatte sie keinerlei Kraft mehr, sich noch zu überlegen, was es zum Abendessen gab.

Einmal, als ich mich nach dem Haarewaschen auf Zehenspitzen durch das Haus stahl, hörte ich meine Mutter an der Haustür in ihrem vornehmsten Ton sagen: »Oh, tut mir leid, wir haben heute Abend nichts frei, aber ich kann meine Freundin anrufen und fragen, ob sie ein Zimmer hat.« Keine freien Zimmer? Beide Zimmer waren leer. Ich war versucht, wieder nach unten zu rennen und zu rufen: »Doch, wir haben eins!«, aber ich hielt mich zurück. Mum hatte ein eigenes System, nach dem sie das B&B betrieb, und wir anderen hatten damit nichts zu tun. Später fragte ich sie in Gegenwart meines Vaters: »Warum hast du sie nicht aufgenommen?« Sie schnauzte mich an, dass die Kissenbezüge noch nicht gebügelt seien, das Zimmer noch nicht gesaugt worden wäre und sie nicht genügend Pilze für das Frühstück im Kühlschrank habe. Für mich ergab das alles keinen Sinn, denn ich fand die Zimmer völlig in Ordnung. Dad sagte: »Wir brauchen das verdammte Geld!«, aber Mum hatte ihre eigenen Regeln. Sie erledigte keinen Papierkram, bezahlte keine Rechnungen und verstand nichts von den Finanzen des Hofbetriebs. Um all das kümmerte sich Dad, indem er einmal im Monat eine überquellende Schublade aus der Kommode auf den Küchentisch ausleerte und bis spät in die Nacht Schecks ausfüllte.

Im Teenageralter verbrachte ich die meiste Zeit auf meinem Zimmer im Dachgeschoss. Mum ließ sich im dritten Stockwerk kaum noch blicken. Sie hatte genug damit zu tun, ihre Aufmerksamkeit auf diejenigen Teile des Hauses zu richten, die andere Leute zu Gesicht bekamen. Neben meinem Zimmer befanden sich noch ein paar weitere leere Räume unter dem Dachstuhl, die zur Zeit meiner Großeltern als Schlafzimmer für die Hausangestellten gedient hatten. Zwei Bauernjungen und eine Magd namens Nelly hatten hier gewohnt. Alle Nahrungsmittel waren im Bauernhaus aus eigener Herstellung, sodass Anbau, Ernte, Zubereitung, Konservierung und Lagerung zusammen mit dem Kochen zu einer niemals endenden Angelegenheit wurden – genauso wie das Waschen und Putzen ohne moderne Maschinen und Geräte. Großmutter hatte Nellys Hilfe gebraucht, um das alles zu bewältigen. Gemeinsam ernährten sie die fünfköpfige Familie, zwei Landarbeiter und einen ständigen Besucherstrom noch dazu, vor allem zur Zeit des Ablammens, des Beschneidens und der Heuernte. Als Nelly ging, stellte Großmutter eine junge Frau namens Joyce ein. Sie kam ein paar Tage in der Woche, um Arbeit im Haushalt zu erledigen, und passte häufig auf meinen Vater auf, als er noch klein war. Mittlerweile existierten all diese Personen nur noch als Geister der Vergangenheit, aber den Dachboden hatten sie mir hinterlassen. Ich habe oft über Mädchen nachgedacht, die in solchen Häusern auf dem Dachboden gelebt haben, und ob sie von Bäuerinnen wie meiner Großmutter gut behandelt worden waren. Niemand hat jemals von ihrem Schicksal erzählt. Die Geschichten, die mir zu Ohren gekommen sind, handeln von den großen Männern wie meinem Großvater oder von den Pferden und Rindern, die bei den Auktionen und Ausstellungen Rosetten gewannen.

Als ich älter wurde, wurde von mir erwartet, dass ich mehr Aufgaben übernahm und meiner Mutter half. Nach der Schule holte ich Anzündhölzer aus dem Schuppen, um das Feuer im Wohnzimmer zum Brennen zu bringen. Zum Abendessen deckte ich den Tisch und räumte ihn wieder ab. Ich hatte die Arbeitsfläche aufzuräumen, den Abwasch zu erledigen und Sachen zurück in die Vorratskammer zu bringen. Und wenn Mum die Wäsche von der Leine über dem Herd abnahm und zusammenfaltete, trug ich diese die Treppe hinauf. Mein Bruder wurde nie gebeten, im Haushalt zu helfen. Das machte mich wütend, und ich habe mich immer wieder darüber beschwert, dass er mit Nichtstun davonkam. Er erledigte auch keine Arbeit auf dem Hof, wie es früher von Jungen erwartet wurde, und daher verstand ich nicht, warum er nicht zumindest einmal darum gebeten wurde, die Einkäufe wegzuräumen oder das Geschirr zu spülen. Es schien, als könne er einfach tun, was er wollte. Als ich eines Tages nach der Schule gebeten wurde, für Großmutter den Haartrockner aus dem Badezimmerschrank zu holen, rastete ich aus und sagte »Nein«. Das Ganze mündete in einen furchtbaren Streit – meine Mutter schimpfte mit mir, weil ich keinen Respekt vor meiner Großmutter hätte, und für den Rest des Abends wurde ich auf mein Zimmer geschickt.

Gäste im Haus zu haben, war mir regelrecht verhasst. Wir mussten auf Zehenspitzen umherschleichen und durften keine Tür zuschlagen oder laute Musik spielen. Und mir war unbegreiflich, warum Mum nicht wenigstens versuchte, nachdem sie aus unserem Zuhause einen Geschäftsbetrieb gemacht hatte, mehr Geld damit zu verdienen. Die fehlende Fokussierung darauf machte mich wahnsinnig. Alles, was sie tat, wirkte willkürlich und unstrukturiert; sie verlor sich in unwichtigen Details, die ausschließlich eine repräsentative Funktion hatten. Für mich schien die Sache ganz einfach: In der Zeit, in der wir geöffnet hatten, von Ostern bis September also, sollte jedes Bett jede Nacht belegt sein.

CARBONARA (VARIANTE)

Es ist 17 Uhr, die Schule schon lange aus. Wir sind alle hungrig, und Mum ist nirgends zu finden. Im Fernseher auf dem Küchenregal läuft *Ready Steady Cook.* Ich klebe an dem kleinen Bildschirm und sehe zu, wie die prominenten Köche hinter der Arbeitsfläche umherflitzen, Steaks oder Fisch grillen, Bohnen, Kirschtomaten und Schalotten in eine frisch angerührte Vinaigrette schütten. Dann zerdrücken sie Baisers, schlagen Sahne und heben sekundenschnell Himbeeren unter, um einen einfachen Nachtisch zuzubereiten.

Ich kann keine Sekunde länger warten. Ich nehme meinen Holzstuhl mit in die Speisekammer, um draufzusteigen und die Schränke zu durchforsten. Der Raum ist bitterkalt, so kalt, dass ich meinen Atem sehen kann. Ich schaue mich um und sehe überall Lebensmittel, aber nichts, was ich gern essen würde. Ich brauche irgendetwas, woraus ich mir eine Mahlzeit zubereiten kann. Die Schränke reichen vom Boden bis zur Decke und glänzen von in vielen Schichten aufgetragener grüner Farbe. Ich stehe vor Hunderten von Konservendosen mit Birnenhälften in Sirup. Es sieht aus, als hätte meine Mutter Obstkonserven für eine Apokalypse gehortet, doch in Wirklichkeit handelt es sich dabei um die Überreste eines Unfalls. Als ein Lastwagen in der Nähe unseres Hofs seine Ladung auf der Straße verlor, waren meine Großeltern schnell zur Stelle, um einen Anhänger mit den beschädigten Waren zu beladen. »Das wird sonst nur weggeworfen«, meinten sie. In den letzten Jahren haben wir uns langsam durch die verbeulten Dosen mit den übersüßen Früchten gefuttert, und es liegt noch ein langer Weg vor uns.

Zwischen den Birnen sehe ich Packungen mit Mehl, Zucker, Haferflocken und Käsecrackern. Puddingpulver in verschiedenen Geschmacksrichtungen, einen Tortenboden und drei Dosen gebackene Bohnen. Packungen mit Alufolie und Tupperdosen fallen beim Durchstöbern zu Boden. Es ist nichts dabei. Links von der Tür befindet sich ein großer Steintisch, eine Müllablage für Essensreste: eine Schüssel mit gekochtem Hackfleisch, ein halber Biskuitkuchen, der schon bessere Zeiten gesehen hat, leere Keksdosen und ein Teller mit dem Abendessen von gestern, das eigentlich an den Hund verfüttert hätte werden sollen. Ich versuche es im Kühlschrank. Dort findet sich eine große Packung Speck, nachlässig verpackte Käsestücke und ein paar fast leere Behälter mit geschnittenem Brot. Und noch weitere Schüsseln gefüllt mit Resten – Kartoffelpüree, Brühe und Salat in verschiedenen Stadien des Verderbens. Im Gemüsefach liegen eine halbe, glibberige Gurke, ein paar schlaffe Karotten, ein Brokkoli-Kopf und jede Menge Pilze und Tomaten, die ich nicht anrühren darf, weil sie »für die Gäste« sind.

> Grundnahrungsmittel für die Vorratskammer und das Gefrierfach siehe S. 379

Ich bin immer noch auf der Suche nach etwas Schmackhaftem und einer Idee, was ich kochen könnte, als ich höre, dass Dad vom Melken der Kühe in die Küche kommt. »Wo ist deine Mutter?«, fragt er meinen Bruder, der inzwischen die Hoheit über den Fernseher übernommen und seine Spielekonsole angeschlossen hat. Keine Antwort. Ich höre den Wasserhahn laufen und das bekannte Geräusch des siedenden Wasserkochers, während Dad sich einen Kaffee kocht. Ich komme mit Milch und ein paar anderen Dingen, die ich aufgestöbert habe, herbei. Meine kleine Schwester unterbricht ihr Spiel mit ihrer *Cabbage-Patch-*Puppe und blickt zu mir auf. »Ich habe Hunger«, sagt sie.

Ich nehme einen der Brokkoli-Köpfe, etwas Speck, ein paar der verbotenen Pilze, Sahne und Nudeln, stelle meine Zutaten auf den Küchentisch und mache mich an die Arbeit. Dad liest in der Zeitung, und mein Bruder spielt auf dem winzigen Fernsehbildschirm *Sonic the Hedgehog*. Ich fühle mich in meiner Familie ein bisschen wie ein Alien; ganz sicher bin ich mir nicht, ob mich überhaupt irgendjemand von ihnen wahrnimmt.

Ich gebe den Brokkoli und die Nudeln in einen Topf mit kaltem Wasser, und es dauert einige Zeit, bis es kocht. Dann brutzle ich den Speck – zerschneide ihn mit einer Schere, wie es im Fernsehen immer gemacht wird –, gebe die Pilze mit einem Teelöffel Senf in die Bratpfanne und rühre die Sahne ein. Der Rahm fängt an zu blubbern, und das seidene Weiß verwandelt sich in eine Art Schlammfarbe. Ich lasse die Nudeln und den Brokkoli abtropfen, rühre alles in der Pfanne unter und serviere es mit ein paar Stückchen gerösteter Brotkruste. Das ist nicht einfach nur ein Essen, das ist mein Essen, und es zu kochen, macht mich unabhängig, gibt mir das Gefühl, nicht mehr unter der Kontrolle meiner Mutter zu stehen. Dieses einfache kleine Gericht aus Nudeln mit Soße ist ein Akt der Rebellion, und die Zubereitung macht mir richtig Spaß. Mein Bruder Stuart wirft einen Blick auf das Angebot und entscheidet sich dann lieber für Toast und Käse. Meine Schwester Alison nimmt sich von den Nudeln, fängt jedoch an, den Brokkoli auszusortieren. Als wir fast fertig sind, kommt Mum mit schmutzigen Handschuhen und einem Eimer voll Unkraut aus dem Garten. »Oh, es ist höchste Zeit – ich habe die Uhr aus den Augen verloren …« Sie schöpft den Rest der Mischung aus der Pfanne auf ihren kalten Teller und isst wie ein Scheunendrescher.

Von da an übernahm ich die Aufgabe, regelmäßig für die Familie zu kochen. Ich sah mich selbst als diejenige, die den Vorratsschrank mit Verstand zu füllen wusste, und so machte ich ihn regelmäßig sauber, sortierte die Regale neu und ergänzte Posten auf Mums Einkaufliste. Ich hatte genügend Kochsendungen gesehen – und war selbstbewusst genug –, um mir zuzutrauen, aus bestimmten Sorten von Fleisch, Gemüse und Nudeln, Reis oder Kartoffeln Mahlzeiten zuzubereiten. Ich wollte meiner Mutter zeigen, wie einfach das alles sein konnte. Ich hatte genug von ihrem Essen und hatte keine Lust, viermal in der Woche gräuliches, klumpiges Kartoffelpüree auf dem Teller zu haben. Oder ein saftloses Lammkotelett. Oder ein zähes geschmortes Steak mit dunkler, stückiger Soße. Oder, noch schlimmer, das neueste Angebot aus dem Tiefkühlregal: die Crispy Pancakes von Findus, gefüllt mit gummiartigen Schinkenwürfeln und einer salzigen Käseschmiere.

Ich hatte keine Lust mehr, meine Mutter nach der Schule zu suchen und zu fragen: »Was gibt es zum Abendessen?« Mir war schleierhaft, warum sie nicht wusste, wie man etwas Leckeres zubereitete, warum sie nicht in der Küche stehen und kochen wollte, mit frischen Kräutern aus dem Garten, und warum sie nicht mit uns zusammen sein wollte.

Als Kind hatte ich keine Vorstellung davon, wie viel Arbeit sie zu bewältigen hatte und warum der Garten wahrscheinlich ihr Fluchtraum vor allen häuslichen Angelegenheiten war, dass das ihre Art war, alles durchzustehen. Heute weiß ich, wie glücklich sie die Gartenarbeit macht.

> Gerichte, die uns kein schlechtes Gewissen machen sollten, siehe S. 381–384

Ich wollte die Verantwortung für die Küche übernehmen, wollte Brathuhn mit Couscous und Zitrone oder mit Honig glasierte Schweinekoteletts und knusprig gebratene Kartoffeln essen. Es ist mir nicht immer gelungen, so zu kochen wie in den Fernsehsendungen, aber manches davon war wirklich köstlich. Und es hat mich gefreut, wenn meine Scones schön aufgegangen sind und sie mit Butter und Marmelade allen geschmeckt haben, oder wenn ich zum ersten Mal einen Braten zubereitet habe und das Rindfleisch in der Mitte noch rosa war und nicht trocken und zäh. Und vielleicht wollte ich auch diesen kleinen, gemeinen Nervenkitzel, als Jugendliche etwas besser zu machen als meine Mutter.

Als ich 14 war, nahm ich einen Job in einem nahe gelegenen Café an. Hier lernte ich, wie man eine Küche effizient führt, wie beispielsweise die Herstellung großer Kuchenbleche oder üppiger Mengen von Suppen und Aufläufen, und wie man diese einfror. Ich sah, wie Gerichte optisch ansprechender wurden und besser schmeckten. Aber Mum interessierte sich nicht für meine Ideen. Sie wollte nur meine Hilfe beim Aufräumen und dass ich das Frühstück ins »Esszimmer« trug. In meinen Teenager-Augen erschien das alles wie ein einziger Betrug, der den Gästen vorgaukelte, alles sei in bester Ordnung, während hinter den Kulissen völliges Chaos herrschte. Mum brach ständig auf, um »in die Stadt zu gehen« und irgendeine Kleinigkeit zu besorgen, manchmal mehrmals am Tag. Sie kam immer zu spät, um uns von der Schule abzuholen. Nie schien sie eine Mahlzeit zu planen oder machte sie mal einen Großeinkauf, um sich zu bevorraten. Wenn wir Frühstücksgäste hatten, schaute sie wie ein Falke auf die Uhr, und hörte sie um acht Uhr noch keine Schritte auf der Treppe oder das Knarren der Esszimmertür, wurde ich hochgeschickt, um an die Schlafzimmertür der Gäste zu klopfen und mit lauter, höflicher Stimme zu sagen: »Das Frühstück ist fertig.« Die Gäste bekamen geräucherten Speck und Eier aus Freilandhaltung serviert, während wir uns mit Pop-Tarts und Coco Pops selbst verpflegen mussten.

Meine Mutter machte aus ihrer Vergangenheit kein Geheimnis, sie hat nur nicht viel darüber gesprochen. Wenn ich genau darüber nachdenke, haben wir in unserer Familie eigentlich nie offen über etwas gesprochen. Zwischen meiner Mutter und mir herrschte entweder Geschrei oder Schweigen. Sie geriet in Panik, wenn Gäste im Anmarsch waren, und trug mir auf, ein bereits in einem tadellosen Zustand befindliches Zimmer zu saugen, und ich sagte: »Das ist doch bescheuert, es muss gar nicht gesaugt werden.« Sie wurde wütend und schrie mir auf der Treppe hinterher, ich solle das jetzt gefälligst erledigen, und ich brüllte zurück, dass ich das ganz sicher nicht tun würde. Und dann schwiegen wir uns an. Ich lernte, einfach mein eigenes

Ding zu machen, machte mir aber zunehmend Gedanken über meine Mum. Ich fragte mich, warum wir ihre Mutter, meine Großmutter, die in Schottland lebte, nie besuchten, und allmählich fing ich an, mich für ihr früheres Leben zu interessieren.

Der salzige Wind bläst mir ins Gesicht, als ich die Metalltreppe hinuntersteige und die Rampe der Fähre betrete. Autos strömen an mir vorüber, ihre Scheinwerfer beleuchten das Schild »Toutes Directions«. Ich ziehe mir meine Kapuze über und lehne mich zurück, um meine Umgebung in Augenschein zu nehmen. Ich bin 16 Jahre alt und gerade in der Bretagne angekommen, wo ich bei einer französischen Brieffreundin namens Sandie wohnen werde. Meinen riesigen Rucksack habe ich fest auf den Rücken geschnallt; wenn ich mich zu weit nach vorn beuge, werde ich auf dem Boden landen und wie eine Schildkröte aussehen. Ich halte die kleine Tasche mit dem Geld, die ich vor mir trage, fest umklammert und ziehe den Schal hoch, um mein Gesicht zu bedecken. Ich folge dem steten Strom der Passagiere, die alle zu wissen scheinen, wo es langgeht, und dann kann ich den Parkplatz vor mir erkennen. Beim Näherkommen sehe ich einen Mann und ein Mädchen mit glänzendem, dunklem Haar, das im Wind weht, mir lächelnd zuwinken. Ich habe es geschafft. Sie sind wirklich gekommen, um mich abzuholen.

Kurz nach Weihnachten betonten unsere Lehrer, wie wichtig es sei, einen guten Praktikumsplatz für unsere Berufsorientierungswoche im April zu finden. Letztes Jahr hatte ich mich für eine Tätigkeit bei unserer Lokalzeitung entschieden, weil ich mir gut vorstellen konnte, einmal Journalistin zu werden, doch es sollte die langweiligste Woche meines Lebens werden. Ich bekam die Aufgabe zugewiesen, mich um die Rubrik »Geburten/Hochzeiten/Todesfälle« zu kümmern, was irgendwie ganz lustig war, da meine Großmutter und ihre Freundinnen eifrige

Leserinnen waren und sie mir immer mit betroffener Miene die Bekanntmachungen auf dieser Seite unter die Nase hielt – »Frau Strong ist gestorben«, als ob ich wüsste, wer das war. Ein furchtbar langweiliger Mann brachte mir bei, wie man die in der Zeitungsredaktion eingegangenen Meldungen für die jeweilige Wochenausgabe maschinell erfasste. Die Leute zahlten pro Anschlag, also musste alles exakt so dastehen, wie sie es haben wollten, aber eben im Layout der Zeitung. Man gab mir einige Beispiele und sagte mir, ich solle ausschließlich das vorgegebene Format verwenden – Fakten, Daten und alles in der richtigen Reihenfolge.

Dafür brauchte ich am ersten Morgen ganze zwei Stunden, und dann hatte ich nichts mehr zu tun. Ich lungerte herum, kopierte ein paar Seiten von irgendetwas und ging dann mit einem Reporter zum Amtsgericht, um das Urteil über eine Straftat wegen Trunkenheit und begangener Ordnungswidrigkeit zu hören. Der Rest der Woche verlief nach dem gleichen Muster. Jeden Mittag saß ich eine Stunde lang in der Stadtbibliothek, aß heimlich ein Sandwich und las am Heizkörper sitzend einen Liebesroman.

Dieses Jahr wollte ich etwas Ambitionierteres, Abenteuerlicheres, Aufregenderes machen. Nachdem ich im Februar einen Plan geschmiedet hatte, weihte ich Mum und Dad ein. Ich kann mich nicht erinnern, wie sie reagierten, vielleicht auch deswegen, weil ihre Meinung mich nicht sonderlich interessierte. Ich teilte ihnen mit, dass ich für zwei Wochen nach Frankreich gehen würde, um in einer französischen Schule Englisch zu unterrichten.

Sie hielten mich nicht auf.

Die Reise beginnt mit einer achtstündigen Zugfahrt von meinem Zuhause in Penrith nach Plymouth mit Umstieg in Birmingham. Um am frühen Morgen die Fähre zu erwischen, muss ich in Plymouth in der Nähe des Fährübergangs übernachten.

Durch einen Anruf bei der Touristeninformation in Plymouth finde ich ein B&B mit Blick auf den Hafen.

Ich steige aus dem Zug und schaue mich um. Noch nie war ich allein so weit von zu Hause weg gewesen. Ich werfe einen Blick auf meine Karte: Um zum B&B zu kommen, muss ich nur drei Kilometer durch die Stadt und an einer Hauptstraße entlanglaufen. Das ist zu schaffen. Ich schnalle meinen Rucksack fest auf den Rücken und mache mich auf den Weg, in der Hoffnung anzukommen, bevor es dunkel wird.

Mein Herz klopft, als ich die Schnellstraße erreiche. Ich möchte meinen Schritt beschleunigen. Autos rasen an mir vorbei, als ich innehalte und überlege, ich welche Richtung ich gehen sollte. Meine Intuition führt mich in eine nach Urin riechende Unterführung, die mich auf die andere Seite bringt. Ich gehe mit eingezogenem Kopf und hoffe, dass niemand im Schatten lauert. Als ich den freien Himmel wieder über mir sehe, verspüre ich Erleichterung und überquere die Straße, um den Straßenlaternen zu folgen.

Ich bin hungrig, doch alle Geschäfte und Cafés liegen nun hinter mir. In meiner Manteltasche finde ich ein verirrtes Minzbonbon und lutsche es, um mich zu beruhigen. Ich bleibe stehen, um meine kleine Karte der Touristeninformation im schwächer werdenden Licht zu studieren; es sieht so aus, als sei ich am äußersten Ende der Straße angelangt, nach der ich suche, also atme ich tief durch in dem Wissen, dass es jetzt nichts anderes zu tun gibt, als immer weiter geradeaus zu laufen. Die Gebäude, die hier stehen, sind große, cremefarbene Villen mit Erkerfenstern und zugezogenen Gardinen. Schließlich erblicke ich ein Schild, das den Namen meines Ziels trägt und im Wind schwingt. Ich halte an, gehe die Treppe hinauf und drücke entschlossen die Klingel. Ein Mann mit Goldkettchen und einem zu weit aufgeknöpften Hemd öffnet die Eingangstür. Ich quetsche mich an ihm vorbei, um hineinzugelangen.

Zigarettengeruch schlägt mir entgegen, als er mich bittet, mich mit meinem Namen und meiner Anschrift in das Buch einzutragen. Er teilt mir mit, dass das Bad gegenüber von meinem Zimmer im zweiten Stock sei und dass es um acht Uhr morgens Frühstück gäbe.

Ich entspanne mich etwas, als ich den Kopf seiner Frau durch die Tür am Ende des Flurs auftauchen sehe. Sie begrüßt mich in einem sanftmütigen, einladenden Ton und fragt mich, von woher ich gekommen sei. Ich sage, aus dem Lake District. »Allein, meine Liebe?«, antwortet sie mit überraschter Stimme.

Ich nicke und sage, dass ich um 7.30 Uhr eine Fähre nach Frankreich nehmen müsse und daher kein Frühstück benötige. Der Mann bietet mir an, ein Taxi zu bestellen, das um 6.45 Uhr vor der Tür warte, und wünscht mir eine gute Reise. Ich fühle mich plötzlich sehr jung und habe ein wenig Angst.

Mein Zimmer, die Nummer 5, ist mit Blumentapeten verziert, in der Mitte des Raums steht ein Einzelbett mit einer rosafarbenen Candlewick-Bettdecke. In der Ecke befindet sich ein Waschbecken mit Spiegel, auf der Kommode steht ein Teetablett, wie es meine Mutter den Gästen zu Hause auch immer hinstellt. Es gibt einen Wasserkocher, eine Tasse, etwas H-Milch und ein paar Mini-Packungen mit Keksen, die ich sofort verschlinge. Ich streife meinen Rucksack ab, ziehe Mantel und Stiefel aus und lasse mich auf dem Rand des Betts nieder, um nichts durcheinanderzubringen. Als mein Blick die glänzende Messinglampe streift, frage ich mich, warum ich das alles für eine gute Idee gehalten habe. Ich wünschte, ich hätte den Mann gefragt, ob ich sein Telefon benutzen könnte, um zu Hause anzurufen, aber es wird wohl das Beste sein, wenn ich heute Abend nicht Mums Stimme höre.

Ich packe kaum etwas aus außer meine Zahnbürste und meinen Schlafanzug und lege meine Kleidung für den nächsten Morgen auf den einzigen Stuhl im Zimmer. Ich kontrolliere mein Fährticket und stecke es ordentlich gefaltet in meine Manteltasche. Dann krabbele ich ins Bett, doch die Bettdecke rutscht immer weg, wenn ich mich bewege, also bleibe ich so liegen und beobachte das Licht der Straßenlaterne durch den Gardinenspalt. Das Miauen einer Katze in der Nähe hält mich wach. Türen werden geöffnet und geschlossen, Toiletten werden gespült, Duschen laufen. Ich lausche auf Schritte vor meiner Tür. Ich habe Angst, die Fähre zu verpassen, wenn ich einschlafe.

In der Nacht werfe ich immer wieder einen Blick auf die Uhr. Punkt 6.20 Uhr stehe ich auf und ziehe mich an. Ich packe meine Sachen zusammen und schließe leise meine Tür, da der Rest des Hauses noch schläft. Vor dem B&B hält ein Typ in seinem Auto und fragt mich durch das heruntergelassene Fenster mit einem sympathischen Akzent: »Zur Fähre, Liebes?« Ich lächle und nicke. Ich steige mit meiner Tasche auf den Rücksitz seines Ford Sierra, und er rast die leeren Straßen entlang, nur einen Milchwagen überholt er. Ich zahle ihm ein paar Pfund und winke ihm, als er losfährt, als gehöre er zur Familie, dann reihe ich mich in die kleine Schlange ein, in der die Passagiere darauf warten, einsteigen zu können. Es dauert zehn Minuten, bis mein Ticket kontrolliert wird, dann bin ich auf dem Schiff. Erster Halt: Frühstück. Seit der gestrigen Zugfahrt – für die Mum mir Schinkensandwiches und ein Stück Obstkuchen mitgegeben hat – habe ich nichts mehr gegessen und nun einen Bärenhunger.

Ich nehme ein Tablett und lade mir eine Schüssel mit Müsli, Milch und einer Banane auf, bestelle im Anschluss ein komplettes warmes Frühstück mit Orangensaft, Toast und Kaffee und drehe dann noch eine Runde, um mir etwas von den raffinierten Backwaren zu nehmen, die als »Pain au Chocolat« ausgewiesen sind. Ich wickle diesen seltenen Leckerbissen für später in eine Serviette ein.

Ich laufe die Fähre einmal im Kreis ab auf der Suche nach einem bequemen Stuhl an einem ruhigen Ort, bevor ich mich im Aufenthaltsraum niederlasse, in dem ein paar alte Leute vor sich hindösen. Ich verstaue meinen Rucksack unter den Füßen, lehne mich in die Kopfstützen zurück, blicke aus dem Fenster auf das weite graue Meer und schlafe ein. Es ist drei Uhr nachmittags, als ich aufwache und die Leute um mich herum ihre Sachen zusammenpacken. Ich gehe noch rasch auf die Toilette und erfrische mein Gesicht mit Wasser, bevor die Passagiere eine Schlange bilden, um das Schiff zu verlassen.

Sandies Haus ist nur etwa 20 Autominuten vom Fährhafen von Roscoff in der Bretagne entfernt. Beim Hineingehen fällt mir auf, dass es einen warmen und einladenden Eindruck macht. Ihre Mutter spricht kein Englisch, aber sie umarmt mich zur Begrüßung. Sie zeigt mir das Badezimmer und hat das Beistellbett in Sandies Zimmer nett für mich hergerichtet, mit weißem Laken und einer hübschen, rosa gemusterten Bettdecke. Wir sind seit etwas mehr als einem Jahr Brieffreundinnen, und mein Französisch ist gut genug für eine einfache Unterhaltung. Sandies Mutter scheint beeindruckt und erkundigt sich nach meiner Familie, ich packe die Geschenke aus, die ich von zu Hause mitgebracht habe: Toffee und Karamellbonbons und ein mit Schafen bedrucktes Lake-District-Geschirrtuch.

Ich bitte darum, das Telefon benutzen zu dürfen, um zu Hause Bescheid zu geben, dass ich gut angekommen bin. »Ich bin da«, sage ich. »Ja, die Fähre war okay«, und meine Mutter erzählt mir das Neueste über die Lämmer und was Großmutter wieder zu ihr gesagt hat, das sie verärgerte, als sie ihr wie jeden Freitag die Haare gemacht hat. Ich unterbreche sie mit den Worten: »Dieses Telefonat kostet wahrscheinlich viel Geld – ich rufe dich am Wochenende an. Tschüss.«

Jeden Morgen um 6.30 Uhr tauchen wir Baguettes in tiefe französische Schüsseln mit heißer Schokolade, die mit Milch und Kakao in einer Pfanne zubereitet wird. Sandies Mutter räumt die Küche auf, bevor sie in die Bank muss. Ihr Vater setzt uns an der Schule ab, bevor er in seinem Blaumann zur Arbeit geht. Um 7.30 Uhr sind wir alle vor der Tür versammelt. Das französische Gymnasium sieht modern aus, mit großen Fenstern. Die Schüler stehen alle herum und rauchen, bevor sie in den Unterricht gehen; sie bieten auch mir eine Zigarette an, aber ich lehne ab. Ich lausche ihrem Geplauder und versuche zu verstehen, worüber sie reden. Ich ernte ein paar neugierige Blicke von den Jungen. Als ich meinen Platz im hinteren Teil des Klassenzimmers einnehme, reichen mir die Lehrer netterweise ein paar Arbeitsblätter mit dem aktuellen Lernstoff, doch nichts davon ergibt wirklich einen Sinn für mich. Ich bringe mich in den Englischunterricht ein, indem ich den Schülern vorlese und ihnen helfe, die Wörter richtig zu schreiben oder besser Sätze zu formulieren.

KAKAO UND HEISSE SCHOKOLADE

Heiße Schokolade und heißer Kakao sind zwei unterschiedliche Getränke. Bei heißer Schokolade in ihrer einfachsten Form handelt es sich um geschmolzene Schokolade in heißer Milch – cremig und lecker. Wenn ein leichteres Getränk gewünscht wird, lässt sich Kakaopulver mit Zucker süßen und in heiße Milch einrühren. Beide Getränke können auch mit einer Vielzahl von Zutaten wie Orange, Minze, Karamell, Chili oder Gewürzen wie Zimt und Muskatnuss geschmacklich verfeinert werden.

HEISSE SCHOKOLADE DELUXE

Zutaten:

100 g hochwertige Schokolade (Milchschokolade mit 30 bis 40 % Kakaoanteil, dunklere Schokolade verleiht einen intensiveren, bitteren Geschmack)
1 große Tasse Vollmilch

Zubereitung:

Eine kleine Tafel Schokolade in einem Topf mit heißer Milch zerhacken oder raspeln, bis sie vollständig geschmolzen ist, und im Anschluss in eine Tasse gießen.
Mit Schlagsahne und Schokosplittern garnieren.

KAKAO

Ideal für Kinder, da sie auf diese Weise ein warmes Schokoladengetränk ohne den Zuckerzusatz von abgepacktem Kakaopulver bekommen.

Zutaten:
1 Becher Vollmilch
2 EL ungesüßtes Kakaopulver
½ TL Zucker (mehr oder weniger, je nach Bedarf)
Eine Prise Salz (ebenfalls nach Bedarf)

Zubereitung:

1. Die Milch in einen kleinen Topf gießen und auf mittlere Hitze stellen.
2. Das Kakaopulver mit dem Schneebesen einrühren und Zucker und Salz (falls verwendet) sowie etwaige Geschmacksstoffe hinzufügen.
3. Erhitzen, damit sich der Zucker auflöst, aber nicht kochen.
4. In einer Tasse servieren und mit etwas Kakaopulver bestreuen.

Die Mittagspause ist das Highlight des Tages. Als wir die große Kantine betreten, nehmen wir uns ein Tablett, und Sandie instruiert mich, dass ich als Erstes einen kalten Salat nehmen und dann an die warme Theke gehen muss, um mir einen Teller mit dampfendem Rindfleisch, Schweinefleisch oder Brathuhn zu holen, beträufelt mit köstlichen Soßen, dazu Kartoffeln in Rahm oder mit Kräutern gebraten; es gibt auch Couscous oder Tagliatelle mit grünen Bohnen und Babykarotten. Die Desserts sind in einer Kühltheke angerichtet. Apfeltarte oder Schokoladenkuchen und Crème caramel. Ich bin im Schlaraffenland. Ich weiß gar nicht, was ich mir aussuchen soll, weil alles so gut aussieht. Im Lauf der nächsten zwei Wochen arbeite ich mich durch das Menü. Die Mittagspause ist lang. Niemand hat ein Pausenbrot dabei, und es gibt keine silbernen Tabletts mit fettigen Pommes, panierten Hähnchenstücken, fragwürdig aussehenden Hot Dogs oder tiefgekühlten Burgern mit gummiartigem Käse.

Nach dem Sport am Nachmittag und ein bisschen Herumhängen im Park mit Sandies Freunden gehen wir nach Hause. Wir essen Baguette mit Nutella und salzige Chips. Sandies Mutter kocht jeden Abend. Ihr Essen ist wie im Restaurant, wird aber sehr einfach serviert. Wir verschlingen mittelgroße, dünn geschnittene Steaks mit Pasta und einen grünen Salat in einer leckeren Vinaigrette; oder panierte Kalbsschnitzel mit Pommes; Cassoulet; oder irgendeine Sorte von Fisch, mit Lauch gedünstet und Anna-Kartoffeln – in Scheiben geschnittene, in Butter gegarte Kartoffeln.

DAUPHINOISE-KARTOFFELN

Diese Beilage lässt sich leicht im Vorfeld zubereiten. Sie können die Kartoffeln entweder warmhalten oder abkühlen lassen, im Kühlschrank aufbewahren und bei Bedarf aufwärmen. Dauphinoise-Kartoffeln sind eine Abwechslung zu Kartoffelpüree oder Bratkartoffeln und passen gut zu den meisten Gerichten mit gebratenem Fleisch. Bei uns gibt es Dauphinoise-Kartoffeln zu Lammkeulen, Schinkenspeck, Schweinshaxe, Rumpsteak oder Schweinebraten.

Zutaten:
570 ml Schlagrahm
570 ml Vollmilch
3 Knoblauchzehen, geschält und zerdrückt
8–10 große Kartoffeln (mehligkochend)
Salz und Pfeffer
50 g geriebener Käse (nach Bedarf)

Vorbereitungszeit: 20 Minuten
Kochzeit: 55 Minuten
Für 6–8 Personen

Zubereitung:

1. Den Backofen auf 180 °C/Umluft bzw. Gas Stufe 3 vorheizen.
2. Die Sahne, die Milch und den Knoblauch in einem großen Topf bei mittlerer Hitze erwärmen.
3. Die Kartoffeln schälen und in 3–4 mm dicke Scheiben schneiden.
4. Die Kartoffeln in den Topf mit der warmen Milch und der Sahne geben und 5 Minuten köcheln lassen, dabei gelegentlich umrühren, damit sie nicht zusammenkleben. Gut mit Salz und Pfeffer würzen.
5. Mit einem Schaumlöffel die Kartoffeln vorsichtig in eine große, gebutterte Auflaufform (ca. 2 Liter Fassungsvermögen) geben und mit dem restlichen Milch-Sahne-Gemisch übergießen. Bei Bedarf den Käse darüberstreuen.
6. Das Blech in den Backofen schieben und 40–45 Minuten backen, bis der Teig goldbraun ist.

Am Wochenende fährt uns Sandies Mutter in die Stadt zum Samstagsmarkt, und wir helfen beim Tragen der Einkaufstaschen, die voll sind mit Gemüse, Eiern, Fisch, Fleisch und Käse aus der Käserei. Wir kaufen knusprige Schinken-Baguettes zum Mittagessen und warme Rosinenbrötchen. Ich bin nach Frankreich gekommen, um Englisch zu unterrichten, aber jetzt interessiere ich mich viel mehr für das Essen.

Bei meiner Rückkehr nach Hause können meine Freunde nicht glauben, dass ich den ganzen Weg allein zurückgelegt habe. Ich lasse mir nicht anmerken, wie viel Angst ich manchmal dabei hatte. Mum und Dad waren mit den Rindern beschäftigt, die an Rauschbrand erkrankt waren, und einige sind sogar gestorben. Sie sind so gestresst, dass sie kaum merken, dass ich wieder zurück bin. Ich wohne immer noch in ihrem Haus, fühle mich aber wie eine Fremde. Ihre Welt ist nicht die meine: Ich bin weg gewesen, habe ein anderes Leben gesehen, und es hat mir gefallen.

Dann stehen meine Abitur-Prüfungen bevor, und ich kaufe mir einen kastanienbraunen Wollblazer, den ich an einem Modell im Schaufenster von Benetton sehe.

Durch meine Reise nach Frankreich habe ich ein Selbstvertrauen gewonnen, das ich zuvor nicht gehabt habe. Ich lasse den Gedanken zu, ein bisschen anders zu sein. Ich habe mich nie als hübsch empfunden, in der Grundschule bin ich wegen meiner roten Haare gnadenlos gemobbt worden. Mein Gesicht und meine Arme waren über und über voll mit Sommersprossen, und meine Ohren standen so weit ab, dass meine Mutter, nachdem ich mich ständig darüber beklagt habe, vorgeschlagen hat, sie operativ anlegen zu lassen. Meine käsebleichen Beine und Arme leuchteten im Sommer zwischen der gebräunten Haut meiner Freunde auf. Im Freibad liefen die anderen Kinder in der Sonne herum, während – falls ich mich mal in einen Badeanzug wagte – meine Haut rot wurde und brannte. Dies führte dazu, dass ich den Sommer regelrecht hasste; und ich hasste mich selbst.

Je älter ich werde, desto mehr erkenne ich die Verlogenheit von Selbstbräunern und Dauerwellen, mit denen die Mädchen experimentierten. Ich habe nicht mehr den Wunsch, auszusehen und zu sein wie alle anderen. Ich kaufe mein Baguette in dem neuen Sandwichladen in der Stadt, treffe mich mit einer Freundin, und wir hängen in der Wohnung ihres Freunds ab.

SCHINKENSANDWICHES

Es ist 19 Uhr an einem regnerischen Donnerstagabend. Meine Freundin Helen ruft an. Sie will ausgehen, und ich soll in 20 Minuten fertig sein. »Es ist die Abschiedsfeier von zwei jungen Bauern, sie gehen nach Australien – komm schon, das wird lustig.« Sie weiß, dass ich nicht so scharf darauf bin, aber ich sage ihr nicht, dass ich lieber zu Hause bleiben und lesen würde. Mein Freund geht jetzt zur Uni, und Helen denkt, ich sei einsam. Sie hat gerade ihre Fahrprüfung bestanden und findet immer irgendeinen Grund, Party zu machen. »Okay«, sage ich, »bis dann.«

Ich habe einen Teilzeitjob in einem Auktionscafé, wo ich kellnere und Schinkensandwiches zubereite, und obwohl ich die Leute, mit denen ich zusammenarbeite, und die Arbeit mag, gefällt es mir nicht, von angehenden Bauern umgeben zu sein. Die Jungs benehmen sich meistens wie Idioten, fordern sich gegenseitig heraus, wer am meisten trinken kann, und machen dann dämliche Stunts. Die Mädchen tun so, als wäre das alles sehr lustig, trinken ebenfalls viel und versuchen, mit den coolen Jungs ins Bett zu gehen. Sie bilden eine ganz eigene Clique, der ich mich nicht zugehörig fühle. Die meisten von ihnen finden mich ohnehin seltsam und halten mich mit meinem kastanienbraunen Blazer, meinem Vorhaben, Abitur zu machen, und meinem unausgesprochenen, aber offensichtlichen Wunsch, diese Stadt zu verlassen, für eingebildet. Sie wissen, dass ich mich nicht für Traktoren interessiere oder für die ganzen Geschichten darüber, wer letztes Wochenende mit wem gevögelt hat, und dass ich eine ziemliche Außenseiterin bin, obwohl ich wie sie alle auch auf einem Hof lebe. Es ist mir egal, für wen die Verabschiedung ist – ich fahre einfach mit, um meiner Freundin Gesellschaft zu leisten.

> Bacon siehe S. 383

Ich bürste mir die Haare, tupfe mir etwas glänzenden Lidschatten auf die Augen und denke, auch wenn es mir nichts bedeutet, dorthin zu gehen, dass ich mir etwas Mühe geben werde. Es ist ein guter Vorwand, um meinen neuen schwarzen Rollkragenpullover mit meiner High-Waist-Jeans zu tragen. Helen holt mich ab, und wir fahren in ihrem kleinen hellblauen Flitzer zu einem Pub am Stadtrand.

Wir treten ein, es ist rappelvoll. Ein paar Gesichter kenne ich. Ich drängele mich zur Bar und kaufe Helen eine Cola und für mich einen halben Cider. Sie plaudert mit dem einen oder anderen, und wir stehen herum, wobei ich versuche so auszusehen, als sei ich ganz zufrieden damit, hier zu sein. Dann bemerke ich den älteren Bruder eines Mädchens, mit dem ich zusammenarbeite. Er steht an der Bar, und alle um ihn herum lachen über etwas, das er gerade gesagt hat. Ein anderer Freund klopft ihm auf die Schulter und reicht ihm einen Drink, und mir wird klar, dass er einer der beiden Jungs sein muss, die nach Australien gehen. Ein paarmal bin ich ihm über den Weg gelaufen, als ich bei seiner Schwester übernachtet habe, und ab und zu auch auf den Auktionen. Die ersten Male, als ich dort war, hat er mich nicht wirklich beachtet – er war meistens in die Arbeit an der Seite seines Vaters involviert oder saß auf einem Stuhl in der Küche und las ein Buch, was für die Bauernjungen, die ich kannte, ziemlich ungewöhnlich war. Aber als ich das letzte Mal vorbeikam, schloss er sich unserem Scrabble-Spiel an. Seine Schwester konnte es nicht leiden, wenn sie geschlagen wurde, und ging vor uns zu Bett, während wir bis weit nach Mitternacht weiterspielten. Und jetzt steht er an der Bar und blickt zu uns herüber, und ich kann den Blick nicht von ihm abwenden. Er hat strohblondes Haar und wundervolle blaue Augen. Er lächelt mich an und nickt mir zu, und ich gehe rüber, um ihm alles Gute für die Reise zu wünschen. Ich frage, von wo aus sie morgen fliegen, und lache, als er mir verrät, dass er noch gar nicht gepackt habe.

Er gibt mir einen Drink aus und schlägt vor, dass wir uns an einen Tisch in der Ecke setzen. Helen blickt grinsend zu uns herüber, und ich versuche, sie zu ignorieren. Wir quatschen den restlichen Abend miteinander. Er ist nicht wie die anderen Jungs. Ich spüre, dass er sich bei solchen Dingen genauso unbeholfen fühlt wie ich, aber er kann es besser verbergen, indem er sich dumm stellt.

Der Abend geht schnell vorüber. Ich kann mich nicht daran erinnern, dass am Ende sonst noch jemand im Pub war. Oder daran, wie und wann ich nach Hause gekommen bin. Nur eines weiß ich sicher: Es wird eine Ewigkeit dauern, bis er im nächsten Februar zurückkommt.

Wir haben uns an diesem Abend nicht geküsst, aber ich liege wach und wünsche mir, wir hätten es getan, und hoffe, dass er so viel an mich denkt wie ich an ihn.

Ein paar Wochen später, im Dezember, werde ich 18 und mache mit meinem langjährigen Freund Schluss. In der Schule ziehe ich mein eigenes Ding durch. Meide alle Sportstunden. Ich hasse es, diese superkurzen Schulsportröcke und -shorts zu tragen, die meine nackten weißen Beine zeigen. Beim Laufen kann ich einfach nicht mit den anderen Mädchen mithalten. Hockey finde ich furchtbar. Die Mittagspausen verbringe ich immer im Kunstsaal und erledige meine Hausaufgaben.

Dann, kurz vor Weihnachten, bekomme ich eine Postkarte aus Adelaide. Mum und Dad lesen sie, bevor ich dazu komme. »Warum schickt *er* dir eine Postkarte?«, wollen sie wissen, während ich sie ihnen aus der Hand reiße. Sie erkennen seinen Namen, sie kennen seine Eltern und erzählen mir, dass unsere Großmütter gute Freundinnen sind. Er hat sie auf einer Tribüne beim Grand Prix von Australien geschrieben. »Brumm … brumm«, heißt es da, und er beschreibt den Lärm und die Motorsportfans um ihn herum. Er erzählt, dass er mit Surfern am Bondi Beach gewesen sei und ein Schinkensandwich als Weihnachtsessen gehabt habe. Unterschrieben ist die Karte mit »Alles Liebe, James«.

Ich zähle die Tage, bis er zurück ist.

Ich trage mein schönstes Kleid, ein silbernes, tief ausgeschnittenes, richtig fesches Teil, in dem ich mich großartig fühle, dazu schwarze Strumpfhosen, Stiefel und meine schicke Jeansjacke. Ich bin mit ein paar Freunden in der Stadt unterwegs. Seine Schwester hat im Gemeinschaftsraum der Oberstufe verlauten lassen, dass er heute Abend ausgeht. Im Pub ist es laut und voll. Ich beuge mich nach vorn und gebe ihm zur Begrüßung einen Kuss auf die Wange. Er weicht nicht zurück, und ich schaue ihm in die Augen und spüre, wie es zwischen uns funkt. Einer der Jungs pfeift kindisch im Hintergrund. Die sind alle so was von dumm; ich werde rot, hole mir schnell etwas zu trinken und unterhalte mich mit ein paar anderen Leuten, die ich kenne. Er schaut ein paarmal rüber, was eine meiner Freundinnen mitbekommt. »Was läuft da zwischen euch?«, fragt sie. »Nichts«, sage ich. Er trägt ein graues T-Shirt, und mir fallen seine von der Arbeit im australischen Outback frisch gebräunten, muskulösen Arme auf, versehen mit ein paar Kratzern. Seine Hände sind rissig und rau. Seine Freunde scharen sich um ihm, um Geschichten über Kängurus und die Ananas-Ernte zu hören, aber er will nicht wirklich über seinen Trip sprechen. Er scheint glücklich, wieder unter ihnen zu sein, lacht und scherzt. Keiner von den Jungs hat eine Freundin, also gehen sie jedes Wochenende gemeinsam aus. Sie sind mir schon vorher aufgefallen, zum Spaß tragen sie die Anzüge ihrer Väter aus den 70ern. Dann richtet sich alle Aufmerksamkeit auf einen seiner Kumpels, der in den Pub gerannt kommt, um der Gruppe zu erzählen, dass die »Bullen« einen Bekannten wegen einer Schlägerei auf die Wache mitgenommen haben.

Alle strömen aus dem Pub, um zu sehen, was da los ist. James hält eine Bierflasche in der Hand, und ich stehe einen Moment lang allein da, mein Glas ist leer. Er fragt mich, ob ich noch eins möchte, und ich nicke: »Okay«. Er geht zurück zum Tresen, während die Gruppe in den nächsten Pub weiterzieht. Ich sage zu meinen Freunden: »Wir sehen uns später, ich nehme nur noch einen Drink«, und folge ihm nach drinnen. Abseits der anderen unterhalten wir uns über seine Reise, und er fragt, wie es in der Oberstufe läuft. Ich bedanke mich für die Postkarte.

Schließlich folgen wir der Gruppe in den Nachtclub. Die anderen sind alle ziemlich betrunken, die Mädchen tanzen überwiegend, und die Jungs glotzen ihnen hinterher. Ich frage ihn, ob er frische Luft schnappen will, und wir halten uns eine Weile im Freien auf und küssen uns am Rand des Clubs.

Helen kommt heraus, um mich zu suchen. Sie hat uns ein Taxi gerufen, weil sie meiner Mutter versprochen hat, dass wir nicht zu spät nach Hause kommen – ich muss morgen arbeiten. Auf dem Heimweg lacht sie mich aus und sagt: »Du hast gesagt, du stehst nicht auf Bauern.«

»Ja, aber dieser hier ist anders«, sage ich und lächle.

EINE SCHALE MIT CHIPS

James holt mich in der nächsten Woche ab, und wir fahren in ein Pub auf dem Land, in das seine Freunde nicht gehen. Er bringt mir bei, wie man Poolbillard spielt, und wir teilen uns eine Schale Chips, die er kurz vor Küchenschluss bestellt. Nachdem ich ihm erzählt habe, dass ich gerade *Sturmhöhe* für das Abitur vorbereiten würde, und er mir sagt, dass er es unterwegs gelesen hat, weiß ich, dass ich mehr als alles in der Welt mit ihm zusammen sein will. Spät in der Nacht fährt er mich über die kurvigen Landstraßen nach Hause. An den Wochenenden gehen wir zusammen spazieren, steigen die Hügel hoch oder laufen über die

weiten Wiesen in der Nähe des Hofs seines Großvaters. Ich fahre auf seinem Traktor mit, wenn er arbeiten muss. Er zeigt mir Vogelnester in den Hecken und nimmt mich mit, um die Lachse zu beobachten, die in den Bächen laichen, während Fackellicht die Dunkelheit durchdringt. Er liest mir russische Gedichte vor und tut so, als würde er sich für die französischen Arthaus-Filme interessieren, die ich im Original mit Untertiteln sehen will. Wir liegen zusammen spät abends im Haus seiner Eltern auf dem durchgesessenen Samtsofa vor dem Fernseher. Die meiste Zeit schenken wir dem Film gar keine Aufmerksamkeit. Seine Schwester spricht danach kaum noch ein Wort mit mir.

Wir wollen übers Wochenende wegfahren. Er schlägt Schottland vor und leiht sich das Auto seiner Eltern aus. Wir flanieren durch Edinburgh, essen an einem bitterkalten Tag ein Eis und übernachten in einem Hotel, bevor wir nach Norden bis nach Inverness fahren und in einem winzigen B&B in Drumnadrochit übernachten. Am Morgen setzen wir uns an einen ordentlich gedeckten Tisch, auf dem Tassen mit Untertassen bereitstehen. Die Besitzerin schenkt mir Tee ein und geht mit einem finsteren Blick davon. James starrt aus dem Fenster auf Loch Ness. Das Wasser ist still, die Berge spiegeln sich darin. Ihre missbilligenden Blicke in meine Richtung bekommt er nicht mit. Sie stellt uns zwei gekochte Frühstückseier hin und lächelt nicht, weil sie offenbar denkt, dass ich zu jung für einen Paarurlaub bin.

Zu James' 21. Geburtstag schreibe ich einige seiner Lieblingsgedichte in ein ringgebundenes Notizbuch mit grünem Samtbezug und illustriere sie mit kleinen Bildern von Brombeeren und Schwalben. Ich weiß, dass ich den Rest meines Lebens mit ihm zusammen sein will. Ich versuche ihn mit meinen Kochkünsten zu beeindrucken; ich möchte nicht, dass er denkt, dass wir zu Hause nur Eintopf und Püree essen, also lade ich ihn einmal, als meine Eltern nicht da sind, zum Essen zu mir ein.

Das erste Gericht, das ich für uns koche, ist ein spanischer Hühnereintopf mit roten Zwiebeln, Peperoni, Paprika und Tomaten. Ich finde, er sieht köstlich aus. Auf die Oliven verzichte ich, weil es mir irgendwie verschwenderisch erscheint, ein ganzes Glas zu kaufen, um dann nur ein paar zu verwenden. Auf dem Tisch steht eine Schale mit Zuckerschoten aus dem Garten, ein Korb mit frischem Brot und eine Schüssel mit dampfendem Reis. Dann hebe ich den Topfdeckel mit dem köstlichen Eintopf. Ich frage ihn, ob er sich selbst etwas nehmen möchte, und verspüre Erleichterung, als er schnell zugreift. Doch die Portion auf seinem Teller ist klein. »Bist du nicht hungrig?«, frage ich, und er murmelt nur in seinen Bart hinein, nimmt sich noch etwas Brot und bestreicht die Scheibe mit Butter. Nachdem wir gegessen haben, sammelt er rasch die Teller ein, bevor ich dazu komme, ihm noch mehr anzubieten, und hilft mir beim Abwasch.

Erst ein paar Wochen später finde ich heraus, dass das, was seinen Essensgewohnheiten und Geschmacksvorlieben am nächsten kommt, wahrscheinlich eine Packung Krabbenchips ist. Er hat mir nichts davon erzählt, dass er sich hauptsächlich von Käsesandwiches und Chips ernährt. Er ist ein sehr pingeliger Esser. Wir gehen zusammen aus, und nach und nach bringe ich ihn dazu, von meinen Gerichten zu probieren, und nach und nach wird er experimentierfreudiger – wahrscheinlich vor allem aus Angst, unhöflich auf mich zu wirken.

SPANISCHER HÜHNEREINTOPF

Zutaten:
Olivenöl zum Braten
500 g Hühnerschenkel/-brüstchen
50 g Chorizo, in Stücke geschnitten
5 Knoblauchzehen, gehackt
2 Zwiebeln, in Scheiben geschnitten
1 rote, grüne oder gelbe Paprika, stückig geschnitten (oder gemischt)
1 Fenchelknolle, geputzt, oder 1 Zucchini, geschnitten (oder beides)
400 g Tomatenpassata oder eine Dose stückige Tomaten
1 EL Tomatenmark
Frische Thymianzweige oder 1 TL getrockneter Thymian
1 Dose Cannellini- oder Butterbohnen (400 g), abgetropft
1 TL Paprikapulver, süß
280 ml Hühnerbrühe
8 entsteinte grüne oder schwarze Oliven, ganz oder halbiert (bei Bedarf)
Salz und Pfeffer nach Belieben
Balsamico- oder Sherry-Essig zum Servieren
Frische Kräuter zum Garnieren

Vorbereitungszeit: 15 Minuten
Kochzeit: 1 Stunde 10 Minuten
Für 4 Personen

Hinweis: Wenn keine frische Paprika verfügbar ist, kann auch gegrillte, eingelegte Paprika aus dem Glas verwendet werden. Falls Weißwein im Haushalt ist, kann die Brühe halbiert und beim vierten Schritt ein großes Glas hinzugegeben werden.

Zubereitung:

1. Den Backofen auf 180 °C/Umluft bzw. Gas Stufe 3 vorheizen, falls das Gericht nicht auf dem Herd zubereitet werden soll. Etwas Olivenöl in einer großen, gusseisernen Bratpfanne oder einem

Schongarer mit Deckel bei mittlerer Hitze aufwärmen und die Hühnchenstücke goldgelb braten. Die Pfanne nicht übervoll machen, sondern, falls erforderlich, die Zubereitung auf zwei Portionen aufteilen. Die Chorizo am Schluss hinzugeben, damit sie ihr Aroma entfalten kann.

2. Das gebräunte Hühnchen und die Wurst auf einen Teller ablegen, während das Gemüse gegart wird.
3. Den gehackten Knoblauch, die Zwiebeln, die in Scheiben geschnittene Paprikaschote und den Fenchel und/oder die Zucchini hinzugeben und 10 Minuten garen, bis das Gemüse weich ist.
4. Dosentomaten, Tomatenmark, Thymian, Bohnen, Paprika, Hühnerbrühe und bei Bedarf Oliven hinzufügen. Gut mit Salz und Pfeffer würzen.
5. Die Hühnchenstücke und Chorizo wieder in die Pfanne geben und den Deckel aufsetzen. Im Ofen oder bei schwacher Hitze auf dem Herd etwa 40–50 Minuten garen. Bei der Zubereitung mit dem Schongarer 2 Stunden auf niedriger Stufe garen.
6. Das Ganze mit etwas Balsamico- oder Sherry-Essig beträufeln und mit frischen Kräutern bestreuen, je nachdem, was gerade verfügbar ist (Petersilie, Koriander oder Thymian).

Meine Mutter liebt James ebenfalls (oder sieht eine Möglichkeit in ihm, mich loszuwerden). Sie plaudert mit ihm über die Schlagzeilen oder irgendeine Nachricht, die sie gerade in der *Daily Mail* gelesen hat, und er weiß immer, wovon sie redet. Sie versucht, ihn zu beeindrucken, indem sie jedes Mal, wenn er zu einem Familienessen kommt, eine Süßspeise kocht – Apfelstreusel, Milchreis, Lemon-Surprise- oder Sticky-Toffee-Pudding. Meinen Vater freut es, da er sonst keinen Pudding bekommt. Er redet mit ihm über Schafe und Rinder und über die Preise, die sie auf der Auktion erzielen. Aber ich bin die Einzige, mit der er über Bücher spricht. Nur ich weiß, dass er Gedichte und Geschichten schreibt und ständig am Lesen ist.

Ich mache mein Abitur und gehe auf die örtliche Kunsthochschule. Ich bin 19 Jahre alt und möchte unbedingt reisen, möchte so viel wie möglich von zu Hause weg sein. Zur Abiturfahrt habe ich einen Kulturtrip nach Florenz und Venedig unternommen, gerade lese ich *Unter der Sonne der Toskana*. Ich stelle mir vor, dass ich in einer Villa inmitten von Olivenbäumen lebe anstatt hier auf dem Dachboden eines kalten Bauernhauses. Als ich in einer Zeitung eine Anzeige für eine preiswerte italienische Ferienwohnung samt Telefonnummer entdecke, schaue ich im Atlas, den wir im Wohnzimmerschrank stehen haben, nach und stelle fest, dass die Stadt tatsächlich im Herzen der Toskana liegt. Ich rufe die Nummer an, und es klingt zu schön, um wahr zu sein, also schlage ich einige Daten vor und verspreche, für den Aufenthalt einen Scheck zu schicken. Unsere Flüge buche ich in der Stadt bei einem Tourismusbüro von *Thomas Cook*.

Bei unserer Ankunft in Florenz finden wir heraus, wie man an Zugtickets kommt, ohne ein Wort Italienisch zu sprechen. Wir nehmen den Zug nach Montepulciano und mieten ein kleines Auto, das mehr Ärger macht, als es von Nutzen ist – der Motor überhitzt an steilen Hügeln. Anhand der vagen Wegbeschreibung, die ich in einem Brief erhalten habe, machen wir die Adresse ausfindig. Hinter den rostigen Eisentoren eröffnet sich eine lange, von Zypressen gesäumte Einfahrtstraße. Unter einem Stein liegen, wie angekündigt, ein großer, alter Schlüssel und ein handgeschriebener Zettel. Darauf ist zu lesen, wir sollen nicht in dem kleinen Apartment wohnen, das wir im Haupthaus gebucht haben – es wird gerade renoviert –, sondern das Nebenhaus benutzen, wo frische Bettwäsche im Schrank bereitliegt. Ich kann unser Glück kaum fassen – das ganze Haus für uns allein! Ich streife durch die kühlen Räume und schaue mich in der Küche um, die auf eine mit Weinreben bewachsene Terrasse mit einem Esstisch samt Marmorplatte führt. James zieht sich aus und springt geradewegs in den Pool, um sich nach der Reise zu erfrischen.

Erst in der Mitte unseres zweiwöchigen Aufenthalts geraten die Dinge aus dem Ruder. Meine Familie hat im Mai immer ihren Jahresurlaub gemacht, wir waren »Briten im Ausland« und haben die verregneten Tage auf Mallorca oder Teneriffa mit endlosen Kartenspielen verbracht. Dad hat einmal von einem Freund der Familie eine Villa an der Algarve gemietet, und wir sind meiner Schwester zuliebe in den Wasserpark *Slide & Splash* gefahren. Oft haben wir auch kürzere Ausflüge nach Fort William und auf die Isle of Man unternommen. Ich weiß, was man im Urlaub alles machen kann. Doch James' Familie konnte es sich nicht leisten, in den Urlaub zu fahren. Sein Arbeitsaufenthalt in Australien war heiß, staubig und schmutzig, und er hat ihm nicht wirklich Freude bereitet. Dieser Toskana-Urlaub ist erst das dritte Mal, dass er von zu Hause weg ist. Ich gehe davon aus, dass er weiß, wie man sich entspannt und entschleunigt, dass er sich die Sehenswürdigkeiten anschauen und gutes Essen genießen will. Für mich ist dieser Ort das Paradies, doch er hat nach einer Woche genug von der ganzen aufgezwungenen Freizeit. Zumal er mit dem Stapel Bücher, den er sich (anstelle von Kleidung) eingepackt hat, ziemlich schnell durch ist. Mit der alten Rostlaube von Auto kommen wir nicht weit. Er verbringt Stunden damit, spazieren zu gehen oder zu lesen. Ich wiederum bin die langen Tage damit beschäftigt, mich mit meinem roten Haar und meiner blassen Haut vor der brennenden Sonne zu schützen. Ich schwimme, zeichne, male und gehe jeden Tag zum Markt, um etwas zu Essen für den Marmortisch unter den Weinreben zu kaufen. Tomaten, Salat, Wurstwaren, Gebäck, Brot und Obst. Einfache, frische Nahrungsmittel, die nicht so schmecken wie zu Hause. In diesem Sommer in Italien lerne ich James erst richtig kennen. Er fühlt sich im Urlaub unwohl, weil sich sein Leben um die nicht abreißende Arbeit auf dem Hof dreht. Es fällt ihm schwer, einfach mal nichts zu tun. Mein Leben fängt endlich an, mir gefällt es auf der Kunsthochschule, doch er ist orientierungslos. Auf dem Hof seiner Familie sieht er für sich keine Zukunft, aber er weiß auch nicht, was er sonst machen soll, und ist frustriert. An manchen Tagen bin ich mir nicht sicher, ob ich in seinen Gedanken überhaupt vorkomme, dann verhält er sich mir gegenüber abweisend und meint, dass wir unterschiedliche Dinge wollen. Aber er kommt dann auch wieder zu mir zurück, wenn ich ihn bitte, mir Passagen aus den Büchern vorzulesen, die er gerade liest. Ausschnitte aus Albert Camus' *Der erste Mensch* oder Gedichte von Anna Achmatowa, die er mir abends vorträgt. Ich liege da und schaue auf die geziegelte Decke des Wohnzimmers, das in die Abendsonne getaucht ist, während wir Chianti trinken. Ich merke, wie viel Freude es ihm macht, mir die Geschichten aus *Der stille Don* von Michail Scholochow zu erzählen.

Wir nehmen den Zug nach Florenz. Während der Fahrt beobachte ich ihn, wie er sich beim Lesen in einer fremden Geschichte verliert. Ich blicke auf die Landschaft, jede einzelne Aussicht ist auf ihre Weise postkartenwürdig. Wir fahren in die Stadt, um zu sehen, ob wir auf irgendeinem Fernsehbildschirm die Beerdigung von Prinzessin Diana verfolgen können. Vor ein paar Tagen habe ich meine Mutter vom Dorfplatz aus angerufen, nachdem ein britisches Ehepaar uns auf Englisch hatte reden hören und uns unterbrach, um zu fragen, ob wir die Nachrichten gehört hätten: Diana war bei einem Autounfall in Paris ums Leben gekommen. Meine Mutter erzählte mir mehr darüber. »Großbritannien steht unter Schock, hier steht alles still. Niemand kann es fassen. Die armen Jungs …«, sagte sie. Alle Bars und Kneipen mit Fernsehern sind überfüllt mit Leuten, die versuchen, einen Blick auf die Beerdigung zu werfen. Wir besuchen einen großen Buchladen und schauen, ob es eine englischsprachige Abteilung gibt, um James bei Laune zu halten. In der Nähe der Kassen gibt es einen riesigen Bildschirm, auf dem ich die Prozession verfolge und wie die königliche Familie hinter Dianas Sarg herläuft. Nach einer Weile sind wir wieder draußen, inmitten der Menschenmenge. Die Hitze macht mir zu schaffen, und ich würde mich am liebsten in ein kühles Museum oder eine Kirche zurückziehen, aber die Warteschlangen vor den Uffizien sind entsetzlich lang, und unser Weg führt uns nicht am Piazza del Duomo vorbei. Ich kann sehen, dass auch James zu kämpfen hat. Er mag keine Menschenmassen und innerstädtische Straßen, und er mag es nicht, so weit von den grünen Wiesen in seiner Heimat entfernt zu sein. Auf der Rückfahrt mit dem Zug reden wir nicht viel miteinander. Ich hatte den Ausflug unternehmen wollen, damit wir den Trubel in der Stadt erleben und unsere sehr ruhige, erste gemeinsame Woche eine Wendung nimmt. Ich hatte gedacht, dass es uns guttun würde, weil ich spürte, dass er unglücklich war, aber jetzt weiß ich, dass er den Pool und etwas Abstand braucht.

An diesem Abend macht er Anstalten, mit mir Schluss zu machen. Ich höre ihm ruhig zu, als er mir sagt, dass ich ohne ihn besser dran wäre. Er will sein Leben ändern, doch er weiß nicht, wie. Er liebt den Hof und seine Familie, aber die Dinge dort haben sich nicht zum Besten entwickelt. Er verfügt über keine Qualifikationen oder weitere Fähigkeiten, um einen anderen Job zu finden, und fühlt sich völlig verloren. Vor allem aber will er mir nicht im Weg stehen. Wir reden bis spät in die Nacht. Ich weiß, dass ich etwas in ihm erkennen kann, was sonst niemand sieht. Ich werde ihn nicht aufgeben, und ich werde nicht zulassen, dass er mich abweist. Ich liebe ihn.

WASSER

Mein Nacken ist steif. Ich kann ihn kaum drehen und wenden. Ich fühle mich schrecklich müde und kann die Augen gerade so offenhalten. Ich blinzle, als wir ein kleines Zimmer mit einem

Bett betreten. Vorsichtig wende ich mich von dem großen Fenster ab, das den Blick auf den Krankenhausparkplatz freigibt. Mum lässt, ohne dass ich darum bitte, die Jalousien herunter und zieht die Vorhänge zu. Ich entledige mich meiner Stiefel und steige in das Bett, wobei ich mich an dem Metallgeländer festhalten muss. Ich lege mich auf die ordentlich gefaltete Decke, rolle mich zusammen und verberge mein Gesicht in meinem Mantel. Die Krankenschwester kommt ins Zimmer, ihre Gummischuhe quietschen auf dem Boden, sie will das Licht anschalten. Meine Mutter hält sie schnell zurück und erklärt ihr, dass mir die Helligkeit zu schaffen macht. Die Schwester misst noch einmal meine Temperatur und gibt mir ein paar Tabletten zum Schlucken. »Du wirst wieder gesund, Liebes«, sagt sie. »Der Arzt kommt gleich und schaut nach dir.« Ich möchte weinen.

Mum sitzt aufrecht an meiner Seite, nichts entgeht ihrer Aufmerksamkeit. Wir sprechen nicht miteinander. Mein Kopf dröhnt, und ich fühle mich geschwächt, nachdem ich mich einige Mal übergeben musste, bevor wir losgefahren sind. Mum hat in unserer Arztpraxis im Ort angerufen und für mich einen Notfalltermin ausgemacht. Erst hatte ich den Eindruck, als sei sie etwas genervt von mir, weil sie meinte, es sei wahrscheinlich eine Migräne und ich solle im Bett bleiben, aber dann hat sie mich doch mitgenommen. Ich sagte, dass alles okay wäre, und ging ohne sie hinein. Sie fuhr mit dem Auto weiter, um ein paar Einkäufe zu erledigen. Nachdem ich vom Arzt untersucht worden war, wartete ich auf einer Bank neben der Tür auf sie. Ich wandte den Kopf ab, um die Passanten nicht anschauen zu müssen, denn in unserer kleinen Stadt trifft man in der Praxis immer irgendeinen Bekannten.

Mein Körper zitterte und bebte, und ich fühlte mich entsetzlich. Als Mum endlich zurückkam, gelang es mir, meine Tränen zurückzuhalten, um klar zu sprechen. Sie ließ das Fenster herunter, um etwas zu sagen, doch ich wollte sofort einsteigen.

»Wo bist du gewesen?«, fragte ich schroff. »Ich habe Fieber. Der Arzt sagt, ich müsse sofort ins Krankenhaus nach Carlisle.« Sie wollte etwas entgegnen, aber ich war nicht in der Stimmung, um mir jetzt anzuhören, wie viel im Supermarkt los war. Ich brachte sie zum Schweigen: »Er sagte, es könnte eine Meningitis sein. Nimmst du mich jetzt mit, oder sollen sie einen Krankenwagen für mich holen?«

Beim Stichwort »Meningitis« schaltete sie sofort. Sie sprang vom Fahrersitz, um die Einkäufe vom Vordersitz in den Kofferraum zu räumen, und ich stieg ins Auto. Sie fuhr schnell auf die Autobahn auf, hielt direkt vor dem großen, städtischen Krankenhaus und verlangte am Empfang nach Hilfe. Ihre Stimme war fest, aber ich konnte ihre Angst spüren. Die Angst schien mir zu gelten, was sich seltsam anfühlte. Sie half mir durch die Gänge, und wir folgten einem Pförtner, der uns rasch zeigte, wo wir hinmussten. Mum hatte das Kommando übernommen, und mein übliches Bedürfnis, für mich selbst zu sprechen, schwand.

Jetzt liege ich still da, während der Arzt ihr mitteilt, dass sie mir noch ein paar Tabletten verabreichen und eine Lumbalpunktion machen wollen. Nicht lange, nachdem der Arzt gegangen ist, geht die Tür wieder auf, und James kommt herein, Mum ein »Hallo« zuflüsternd. Er geht direkt auf mich zu und drückt mir für einen langen Moment einen Kuss auf die Stirn. Ich murmele: »Du stinkst« und registriere, dass er seine Arbeitskleidung trägt, sein Pullover ist mit Heuhalmen übersät, und seine Stiefel sind mit Schafsmist verschmiert. Er zieht seinen Mantel aus, verstreut noch mehr Heu auf dem Boden und lacht. »Ich bin froh, dass du deinen Geruchssinn nicht verloren hast«, entgegnet er.

Wir warten. Ich zittere nicht mehr, aber mein Kopf pocht noch immer, und ich kann weder Geräusche noch Licht ertragen. James und Mum unterhalten sich leise und sehen besorgt aus. Die Krankenschwester kommt erneut herein und sagt: »Wir warten mit der Lumbalpunktion bis morgen. Helen wird über

Nacht bei uns bleiben, Sie können nach Hause gehen. Wir rufen Sie an, wenn sich etwas tut.«

James zeigt mir eine Tasche, die er von zu Hause mitgenommen hat, mit meiner Zahnbürste, meinem Schlafanzug und einem Buch von meinem Nachttisch, einem Kunstführer. Ich lächle und sage: »Ich glaube nicht, dass ich viel lesen werde.« Ich kann die Sorgen in seinen Augen erkennen. Es ist neu für ihn, jemanden so zu lieben, und es macht ihm Angst, aber er ist hier.

Leise nehmen sie ihre Mäntel. Meine Mutter reicht mir ein Glas Wasser und fragt, ob ich noch etwas brauche. Es ist mir unangenehm, dass sie so viel Aufhebens um mich macht, und ich sage, dass die Schwester mir alles bringen wird, was ich brauche. Ich liege regungslos da und lasse in meinem Kopf alles noch einmal Revue passieren. Ich habe heute eine andere Mutter erlebt als die, die ich zu kennen glaubte, die Mutter, mit der ich seit Ewigkeiten gestritten und gerungen habe. In diesen beängstigenden Momenten habe ich eine Seite von ihr kennengelernt, die mir lange Zeit verborgen geblieben ist. Ich habe gehört, wie sie auf dem Weg nach draußen mit der Krankenschwester gesprochen hat. Sie hat ihr erzählt, dass ihre kleine Schwester im Alter von 14 Monaten an Meningitis gestorben ist; sie selbst war da sechs Jahre alt.

Am nächsten Morgen, nach einem tiefen Schlaf, weiß ich, dass ich wieder auf den Damm komme. Das Zimmer ist ruhig und dunkel und liegt abseits der geschäftigen Gänge des Krankenhauses. Ich kann meinen Hals wieder frei bewegen, und mein Kopf ist klar. Vorsichtig steige ich aus dem Bett und strecke die Arme über meinen Kopf. Ich ziehe die Vorhänge auf, blicke direkt ins Licht und lasse die Sonne mein Gesicht wärmen. Ich brauche noch eine Weile, um zu realisieren, dass es mir besser geht. Dann verlasse ich mein Zimmer und laufe zum Schwesternzimmer. Ich spreche mit einer anderen Schwester, und sie sagt, dass ich wahrscheinlich entlassen werde, sobald der Arzt mich gesehen hat, und dass sie meine Mutter anrufen werde. Die diensthabende Ärztin macht kurz darauf ihre Visite, und als sie zu mir kommt, untersucht sie mich und gelangt ebenfalls zu dem Schluss, dass ich wahrscheinlich eine virale Meningitis hätte.

Meine Welt hat sich in den letzten 24 Stunden verändert. Ich weiß, dass James für mich da ist, dass er mich liebt. Und ich spüre, wie die letzten Jahre der Streitigkeiten zwischen mir und meiner Mutter verblassen. Sie würde es niemals laut aussprechen, aber ich weiß, dass sie mich liebt. Ich bin kein kleines Mädchen mehr, und das ist ihr auch klar. Zum ersten Mal kann ich meine Mutter als eigenständige Person wahrnehmen. Gestern habe ich mitbekommen, wie sie über etwas gesprochen hat, wovon sie mir nie erzählt hat, und ich möchte mehr über ihre Vergangenheit erfahren.

PORRIDGE

Wenn man einen Spiegel zerbricht, bringt das angeblich sieben Jahre Unglück, aber ich bin nicht abergläubisch, und außerdem studiere ich an der Kunsthochschule. Ich benötige ein paar Spiegelglasscherben, um eine Arbeit zum Thema Erinnerung zu machen.

Ich lege das billige Glas mit der Vorderseite nach unten in ein Geschirrtuch und schlage vorsichtig mit einem Hammer drauf ein. Beim zweiten, kräftigeren Schlag höre ich ein Knacken und weiß, dass es zerbrochen ist. Behutsam entferne ich das Tuch, meine Finger sind durch ein Paar alte Lederhandschuhe geschützt, und lege die größten Teile auf ein Stück schwarzen Pappkarton. Auf dem Tisch liegt ein Stapel alter Schwarz-Weiß-Fotos. Bilder von meiner Mutter und von mir als kleines Mädchen, zwischen denen 30 Jahre liegen. Auf einem davon schiebt Mum einen Puppenwagen über die Straße. Und eines zeigt mich lachend auf einer Schaukel im Garten. Ich positioniere die eckigen Spiegelstücke über die Bilder und klebe das Ganze zu einer Montage zusammen; es sieht aus, als sei der Spiegel über den Fotos zerbrochen. Zu einem späteren Zeitpunkt, als der Kleber getrocknet ist, halte ich das Arrangement vor mir hoch und kann in den Glasscherben zwischen den Fotos mein Spiegelbild erkennen.

Als ich mit dem Projekt begann, stellte ich meiner Mutter Fragen zu den Aufnahmen, die ich im Wohnzimmerschrank gefunden hatte. Während wir sie uns ansahen, erzählte sie mir nach und nach Geschichten, und zum ersten Mal verstand ich, wer sie wirklich war und ist.

Ich nahm ein kleines, quadratisches Bild in die Hand, das sie mit einem dunklen Bobhaarschnitt zeigt und wie sie vor einem kleinen, weiß getünchten Gebäude eine schwarze Katze eng an sich drückt. Sie erzählt, dass das Bild auf dem Hof ihrer Großtanten aufgenommen worden sei, als sie sieben oder acht Jahre alt war.

Meine Mutter hatte drei Großtanten – die Schwestern der Mutter ihres Vaters. Sie hatten ihren Vater großgezogen, nachdem seine Mutter gestorben war, wie er noch ein Baby war. Als exzentrische Jungfern lebten die drei gemeinsam auf ihrem Bauernhof. Sie hielten viele Hühner und verkauften die Eier, außerdem verpachteten sie ihre 60 Hektar Land an einen benachbarten Bauern. Sie hatten keinen Strom und lehnten es auch viele Jahre später ab, ans Stromnetz angeschlossen zu werden. Meine Mutter war immer an den Wochenenden und in den Ferien dort. Wenn sie zu Bett ging, musste sie eine Petroleumlampe mitnehmen. Tagein tagaus streifte sie mit einem alten Collie über den Hof. Sie erzählte mir, wie sehr sie es geliebt hat, durch die Bäche – oder »Burns«, wie man auf Schottisch sagt – zu staksen. Eine der Tanten bereitete ihr auf dem Herd immer Drop Scones (kleine Pfannkuchen mit Butter) zu.

Ihr Vater war schwer in der Bäckerei beschäftigt, weil er das Haus kaufen wollte, das ihm der Job ermöglichen würde. Er war während des Kriegs Koch bei der Handelsmarine gewesen und gab Geschichten von seinem Leben auf hoher See zum Besten. Mum lächelte, als sie mir erzählte, dass er ihr immer köstliches warmes Brot und Kuchen mitgebracht hat, samstags sogar Krapfen. Als sie Dad heiratete, hat ihr Vater die Hochzeitstorte gebacken.

Als sie klein war, schnappte ihr Vater sie sich oft und setzte sie vor sich auf sein Motorrad, und dann fuhren sie zusammen los. Allerdings hatte sie zwei jüngere Brüder, die auch mitfahren wollten, doch es war nicht genug Platz für alle. Wenn sie dann diejenige war, die zurückblieb, gab es nicht viel, was sie zu Hause hätte machen können, also ging sie die fünf Kilometer zum Hof ihrer Großtanten zu Fuß. Eines Tages, als sie am späten Nachmittag nach Hause lief, vernahm sie in dem Wald, an dem der Weg entlangführte, ein Rascheln, und das machte ihr Angst. Als sie zu rennen begann, hörte sie schwere Atemgeräusche und dumpfe Laute auf dem Boden hinter ihr. In ihrer Panik geriet sie ins Stolpern, und als sie sich umdrehte, erkannte sie, dass ein Rind in den Wald abgehauen war und nun auf seiner Flucht durch die Gegend streifte. Seine mächtige, behäbige Silhouette flackerte im Dickicht auf. Sie rannte den gesamten Weg nach Hause und lief nie wieder in der Dunkelheit allein zurück.

An manchen Sonntagen grub ihr Vater den Garten für seine Tanten um oder half dabei, die Früchte von den Sträuchern und Bäumen im Obstgarten zu pflücken. Tante Nell sagte meiner Mum, dass sie im Haus mithelfen solle, wenn sie da war. Sie mistete die Hühnerställe aus, sammelte die Eier ein und fütterte die Hühner mit einem Eimer »Futtermischung«, die aus Schalen und klein geschnittenen Haushaltsabfällen bestand und im unteren Teil des Ofens gedörrt wurde. Mum fiel allerdings auf, dass ihre Brüder nie irgendwelche Aufgaben zu erledigen hatten; sie durften spielen. Einmal nannte sie die Tanten »gemeine alte Miststücke«, weil sie den ganzen Abwasch machen musste, und einer ihrer Brüder hatte sie dann verpetzt. Zur Strafe musste sie noch mehr Hausarbeit erledigen, aber sie sagte, dass das immer noch besser gewesen sei, als allein zu Hause zu bleiben. Ich fragte sie, wo ihre Mutter in der Zeit gewesen sei, und sie sagte: »Ach, die bekam gar nicht mit, was ich tat«, und wandte sich ab, um mit dem Abwasch fortzufahren.

Ich wusste, dass Mum ihren Vater liebte und von ihm geliebt wurde – sie sprach immer liebevoll von ihm –, aber wenn es um ihre Mutter, meine Großmutter, ging, fand das Gespräch jedes Mal ein jähes Ende.

Als meine Mutter 17 war, wollte ihre beste Freundin Christine in die Stadt ziehen. Mum konnte mit dieser Idee erst nicht viel anfangen, bis zu jenem Tag, an dem Christine meinte: »Also, ich gehe, kommst du mit? Wir werden eine Menge Spaß haben!« Mum meinte zu mir: »Als ich nach dieser Unterhaltung nach Hause gegangen bin, habe ich mich umgesehen und festgestellt, dass ich hier nichts mehr verloren habe. Ich erkannte, dass das kein Leben für mich war – sondern mich nur runterzog. Irgendwann glaubt man, dass an den Dingen, die so über einen gesagt werden, vielleicht etwas Wahres dran sein könnte, also dachte ich: Was soll's, und dann kam die Rebellin in mir zum Vorschein.« Sie mieteten ein Zimmer in einem großen Haus in Carlisle; Jahre später zeigte sie es mir einmal, als wir einkaufen gingen. Sie waren ein paar Tage die Woche in der Uni und arbeiteten ansonsten in einem Friseursalon, wo sie alten Damen Dauerwellen machten, die Haare blau färbten, shampoonierten und spülten. Auf den Fotos, die sie beim Ausgehen zeigen, tragen sie kniehohe Plateaustiefel, Rüschenblusen und kurze Röcke, die Haare sind mit Haarspray aufgebauscht, die Augen mit dickem, schwarzem Eyeliner geschminkt. Am Samstagabend gingen sie ins *Cosmo*, tranken Babycham-Birnenwein und tanzten zu The Who, The

Troggs und den Bay City Rollers. Eines Abends gingen sie zu einem »Young Farmers«-Tanzabend, wo Mum meinen Dad kennenlernte. Von da an hingen sie regelmäßig zusammen im *Cosmo* ab; bald waren alle ihre Freunde mit jemandem zusammen, und eines Abends wurden auch sie ein Paar.

An einem Samstag überredete ich James, mit mir die Heimatstadt meiner Mutter, Lochmaben, in den Scottish Borders zu besuchen. Ich wollte sehen, wo sie gelebt hatte. Meine Erinnerungen an den Besuch ihres Elternhauses waren verschwommen, ich war noch so klein gewesen. Mums Vater starb, da war ich drei Jahre alt, und damit waren alle Verbindungen zu ihrer alten Heimat abgerissen. Meine Großmutter lebte noch dort, doch zu ihr hatten wir keinen Kontakt. Wir fanden das Haus in einer trostlosen Kleinstadt am Ende einer Straße gelegen. Die Farbe blätterte von den Sandsteinfenstern ab. Die Bäckerei, in der Mums Vater gearbeitet hatte, gab es längst nicht mehr. Ich hatte das Haus viel größer in Erinnerung. Meine Mutter, mein kleiner Bruder und ich waren vor Jahren durch diese Haustür gegangen und hatten auf einem harten, grünen Sofa Platz genommen. Ein weißer Porzellanhund starrte mich vom Kaminsims im Vorzimmer aus an. Die hagere, gebrechliche alte Dame hatte einen krummen Rücken und machte den Anschein, als würde sie gleich zusammenklappen, sobald sie aufrecht stand. Sie gab sich Mühe, nett zu mir zu sein, aber irgendetwas stimmte nicht zwischen ihr und meiner Mutter, da hing etwas im Raum. Sie hatte strähniges, weißes Haar, trug eine hellgraue Nylonhose und eine blassrosa Strickjacke über einer Bluse. Sie bewegte sich langsam, auf einen Stock gebückt, in Richtung Küche und schob die geriffelten Glastüren eines Wandschranks auf. Er war voll mit Kekspackungen. Etwas anderes gab es nicht zum Essen. Mit einem scharfen Messer schnitt sie die Plastikfolie einer der Packungen auf und reichte mir einen Teller, auf den ich ein paar Vanillepudding-Kekse legen sollte. Ich starrte auf ihre langen, knochigen Finger. Sie machte uns Kindern jeweils ein Glas Orangenlimonade, die viel zu intensiv schmeckte. Da Mum mit meiner Schwester schwanger war, blieben wir nicht lange. Auf dem Heimweg ging sie mit uns in Dumfries in ein Café, dessen Pfannkuchen sie in Erinnerung hatte, und ich suchte mir auf der Karte einen aus, der sich »Cherries Jubilee« nannte, mit heißen, schwarzen Kirschen und einem schnell schmelzenden Vanilleeisblock in der Mitte. Ich liebte diese Mischung aus Heiß und Kalt und fuhr schnell mit meinem Finger über den Teller, bevor meine Mutter mich zurechtwies.

Meine Großmutter schickte mir bald darauf einen Brief, aber als ihn öffnen wollte, entriss ihn mir meine Mutter mit den Worten, es würde nichts drinstehen, was von Belang sei. Ich musste an den Brief denken, als wir über die Fotos sprachen; meine Mutter sagte nur: »Sie hat versucht, dich gegen mich aufzubringen«, und dass sie schreckliche Dinge über sie geschrieben habe. Meine Großmutter hat behauptet, es sei nicht ihre Schuld, dass meine Mutter sie nicht besuchen wolle, und sie schrieb, sie wolle uns öfter sehen. Ich habe diesen Brief nie wieder zu Gesicht bekommen, und wir sind auch nie wieder hingefahren.

Es regnete, und ich hatte nicht die Absicht, die alte Frau zu besuchen. Ich spürte eine starke Loyalität Mum gegenüber. James und ich parkten vor den Toren des Friedhofs am Rand der Stadt, und wir liefen umher, bis ich die Namen fand, nach denen ich gesucht hatte. Da standen sie, in einfacher Schrift auf einem schlichten, grauen Grabstein geschrieben. Der Regen rann die Buchstaben hinunter. Mein Großvater, James Thomson, und die kleine Schwester meiner Mutter, Helen Thomson. Ich las die Geburts- und Sterbedaten laut vor. Ich rang nach Luft, empfand eine geradezu erdrückende Traurigkeit. Nach ihr bin ich benannt worden. James hielt meine Hand, als mir der Wind ins Gesicht blies. Ich hatte gar nicht bemerkt, wie nass ich durch den feinen, nebeligen Regen geworden war, und wir liefen schleunigst zurück zum Auto.

Noch in derselben Woche erstellte ich einen Familienstammbaum, ich wollte die Lebensdaten und Namen aller Familienmitglieder mütterlicherseits in Erfahrung bringen. Informationen von der Großmutter väterlicherseits zu bekommen, war einfach; sie konnte stundenlang erzählen, über jeden Einzelnen und über die Bauernhöfe, auf denen sie lebten. Aber Mum war die einzige Person, die ich nach den Namen auf ihrer Seite fragen konnte. Sie half mir, alle ihre Tanten und Cousinen einzutragen, verriet mir, wen sie geheiratet hatten, und als ich die Geburtsdaten von ihr und ihren Brüdern notieren wollte, erzählte sie mir mehr über den Tod ihrer kleinen Schwester. Dass ich gerade ihr Grab besucht hatte, wusste sie nicht.

»Ich bin nicht zu ihrer Beerdigung gegangen«, sagte sie sachlich. Kinder gingen damals nicht zu Beerdigungen. Die Nachbarin ihrer Mutter, Mrs. Harvey, hatte sich an diesem Tag um sie gekümmert und ihr etwas zu essen gemacht. Als sie später nach Hause kam, war das Haus voll von Leuten, die sie nicht kannte, und es sprach kaum jemand mit ihr. Nach diesem Tag habe sie sich zurückgezogen und nur noch mit ihren Puppen gespielt. Als sie etwa zwölf war, wusch sie sich ihre Wäsche selbst und machte sich auch oft selbst etwas zu essen. Ihre Mutter sagte zu ihr, sie würde zu böse dreinschauen, sie sei ein »armseliges Kind« und »überhaupt nicht wie deine kleine Schwester«. »Ich habe nicht viel darauf geantwortet«, sagte Mum. »Ich habe von diesem Tag an einfach entschieden, still zu sein.« Doch sie fügte hinzu: »Sie kochte einige Sachen, die ich mochte – Hackfleisch und Knödel, geschmorte Steaks mit Zwiebeln und Kartoffelpüree …«, und sie musste innehalten, als sie sich erinnerte, »… aber sie hat mir nie gezeigt, wie man etwas zubereitet«. Eines Tages brachte ihr Vater ein Huhn vom Hof mit und hackte ihm vor ihren

Augen den Kopf ab, woraufhin sie eine Weile kein Fleisch mehr essen konnte.

Als Mum ein kleines Mädchen war, gingen die Moormorde ganz groß durch die Presse. Ian Brady und Myra Hindley hatten im Moorgebiet um Manchester herum Kinder entführt und getötet. Sie hatte einiges über den Fall gelesen und konnte nachts nicht mehr schlafen. Doch als sie ihrer Mutter davon erzählte, lautete die Antwort meiner Großmutter einfach: »Tja, wenn deine Zeit gekommen ist, dann ist es eben so.«

Mum erzählte solche Dinge in einem völlig emotionslosen Ton, es waren keine Wut oder Frustration darüber zu spüren, wie ihre Mutter gewesen war, doch irgendwann fiel mir ein Muster auf. Sie fügte stets ein amüsantes Detail hinzu, als ob sie verhindern wollte, dass ich das alles als zu bedrückend empfand. Ich spürte, dass sie daran zerbrechen würde, wenn sie sich zu ausgiebig damit beschäftigen würde.

Meine Mum erzählte mir, dass sie einmal zusammen einkaufen waren und sie in einem Regal einen Porzellanengel entdeckte, der ihnen beiden gefiel, woraufhin ihre Mutter ihn ihr kaufte. Sie sagte, er würde sie an ihre kleine Schwester erinnern. An einem anderen Tag kaufte sie ihr in der Post ein Sparschwein, auf das ihr Name, Elizabeth, aufgemalt war. Als ich ihr zuhörte, rührte mich das kleine Mädchen, das meine Mutter war, ebenso zu Tränen wie ihre Mutter. Ich fragte sie, ob bei meiner Großmutter jemals eine Depression diagnostiziert worden sei oder ob sie in irgendeiner Weise Hilfe erhalten habe. Mum meinte, dass man damals kein Verständnis für solche Dinge gehabt habe, wie das heute der Fall ist. »Du kannst Depressionen nicht bekämpfen, das ist wie bei einem Alkoholiker, nur dass in dem Fall sie selbst ihr ärgster Feind war – sie hätte sich niemals helfen lassen.« Und leise fügte sie hinzu: »Es war alles sehr traurig.«

Ich fragte mich, ob meine Mum jemals von jemandem richtig umarmt worden war, als sie ein kleines Mädchen war. Meine

»Tante« Christine trug eines Tages bei einem Telefonat dazu bei, weitere Lücken zu schließen. Sie sagte, dass meine Großmutter nach dem Tod ihres Babys kaum wahrgenommen habe, dass meine Mutter noch da war. Mum war bis zu ihrem sechsten Lebensjahr ein aufgewecktes Mädchen gewesen, doch dann musste sie plötzlich lernen, allein zurechtzukommen. Christine stand eines Tages vor ihrer Haustür, um sich zu erkundigen, ob es ihr gut gehe, weil sie nicht in der Schule gewesen sei – sie glaubte, sie seien wohl etwa elf Jahre alt gewesen –, und meine Großmutter öffnete die Tür und sagte scharf: »Natürlich war sie in der Schule, es geht ihr gut.« Doch wie sich herausstellte, ging es Mum nicht gut, und sie war den ganzen Tag im Bett geblieben, ohne dass meine Großmutter es bemerkt hatte. Mum war erfinderisch darin, diese Tage der Vernachlässigung zu überstehen. Sie half ihrem Vater bei der Reparatur seines Motorrads und verbrachte immer mehr Zeit auf dem Hof. Christines Elternhaus am anderen Ende der Straße war ein Zufluchtsort. Ihre Mutter, Mrs. Kennedy, war sehr lieb zu ihr und wurde später für mich zu der schottischen Großmutter, die ich nicht hatte. Ich erinnere mich daran, wie ich in Christines Haus übernachtet und mit ihren beiden Töchtern gespielt habe, als ich klein war. Mrs. Kennedy war regelmäßig da, und wir durften sie mit unseren Gesichtsfarben schminken und ihr die Haare frisieren; sie brachte uns alle sehr zum Lachen. Wenn ich mich daran erinnere, wie herzlich sie zu mir als Kind war, bin ich froh, dass sie damals für meine Mutter da war.

Mums beste Kindheitsgeschichten erzählten immer vom Hof ihrer Tanten, davon, wie sie hinter Tieren herjagte, Kartoffeln ausgrub, Porridge in einer schwarzen Pfanne über dem Feuer kochte und auf eigene Faust Abenteuer erlebte. Sie erzählte mir, dass sie eines Tages, im Alter von zehn Jahren, dort auf dem Hügel gestanden, sich umgesehen und zu sich selbst gesagt habe: »Eines Tages werde ich einen Bauern heiraten, das ist die einzige

Art zu leben, die einen Sinn ergibt.« Sie erzählte Christine davon, die daraufhin meinte: »Igitt, ich werde keinen stinkenden, alten Bauern heiraten.« Und Mum dachte: »Du ganz bestimmt nicht.«

PORRIDGE

KLASSISCHES PORRIDGE

Das Porridge mit Beilagen nach persönlicher Vorliebe servieren. Ich persönlich mag Ahornsirup und Blaubeeren. Getrocknete Früchte wie Rosinen oder Sultaninen, Pflaumenkompott oder Apfel und Zimt passen auch gut dazu.

Zutaten:
50 g Haferflocken
100 ml Wasser oder Milch (oder jeweils zu halben Anteilen)
Eine Prise Salz bei Bedarf

Kochzeit: 10 Minuten
Für 1 Person

Zubereitung:

1. Die Haferflocken mit Wasser/Milch (und ggf. Salz) in einen Topf geben.
2. Bei mittlerer Hitze unter Rühren 10 Minuten lang kochen, bis die Masse eindickt.
3. Zum Servieren in eine Schüssel geben. Falls der Brei lockerer gewünscht wird, mehr Flüssigkeit hinzufügen und auf dem Herd unterrühren.

OVERNIGHT OATS

Bei dieser sommerlichen Alternative handelt es sich um ein Grundrezept, das an die jeweiligen Vorlieben angepasst werden kann.

Zutaten:

75 g Haferflocken

2 TL Chiasamen

½ TL Vanilleessenz

1 TL Ahornsirup

1 EL griechischer Joghurt

150 ml Milch

½ geriebener Apfel

Vorbereitungszeit:

10 Minuten

Ergibt 1 reichliche Portion

Zubereitung:

Alle Zutaten in einem großen Glas mit Deckel oder in einer Tupperdose verrühren, abdecken und über Nacht stehen lassen, bevor man weitere Früchte, Gewürze oder Samen in den Haferschleim einrühren kann. Ich bevorzuge selbst angebaute Heidelbeeren und Himbeeren.

Diese Gespräche, die meine Mutter und ich zu Beginn meines Studiums führten, haben mein Leben verändert. Sie veränderten die Art und Weise, wie ich sie sah, und auch die Art, wie ich mich selbst sah. Für mich war eindeutig, dass meine Mutter in ihren späten Teenagerjahren eine Entscheidung fürs Leben getroffen hatte. Sie war aufgewachsen mit einer Mutter, die kaum ein freundliches Wort für sie übrighatte. Eine Mutter, die sich nicht um sie kümmerte. Eine Mutter, die sie fast in den Tod getrieben hätte. Doch dann blickte sie nach vorn und entschied, neuen Mut fürs Leben zu schöpfen. Sie konzentrierte sich auf die schönen Seiten ihrer Kindheit statt auf die schlimmen; sie ging in die Welt hinaus und fasste den Entschluss, glücklich zu werden.

Mum ist zäh und hat Feuer im Blut. Sie hat es nicht zugelassen, dass ihre Vergangenheit ihre Gedanken oder ihren Alltag dominiert. Ich glaube, sie ist schon vor langer Zeit zu dem Schluss gekommen, dass sie sich selbst am besten helfen kann. Ich habe das Feuer in ihr immer wieder aufflammen sehen können, wenn es Auseinandersetzungen mit meinem mürrischen Großvater gab, oder wenn sie und ich uns über irgendeine Kleinigkeit im Haushalt gestritten haben. Doch nun schlummert es meistens. Manchmal wird sie wütend auf die Welt, wenn sie das Gefühl hat, dass sie kontrolliert oder herumkommandiert wird. Sie arbeitet hart, aber zu ihren Bedingungen. Ihre Art, mich zu lieben, besteht darin, dass sie all die kleinen unsichtbaren Dinge tut, um mich zu unterstützen. Sie kommt zu uns nach Hause und krempelt die Ärmel hoch, um den Abwasch in der Spüle zu erledigen oder das Unkraut im Garten zu jäten.

Eines Tages sagte sie zu mir: »Wenn deine eigene Familie dich nicht liebt, musst du losziehen und eine neue gründen.«

MORGEN

Ich habe gerade das Frühstücksgeschirr aufgeräumt und den Küchenboden gesaugt, als James an der Tür steht. »Willst du mitkommen und nachsehen, ob Heidi gekalbt hat?«, fragt er. Ich lasse den Stapel mit der ganzen Post, die meine nächste Aufgabe gewesen wäre, ungeöffnet liegen und steige mit ihm auf das Quad.

Unten auf der Weide liegt Heidi auf der Seite, ein paar Meter von der Herde entfernt. Die anderen Kühe haben sich niedergelassen und käuen ihr Futter wieder, während sie mit dem Schwanz Fliegen wegpeitschen. Zwei Kälber, die vor drei Wochen auf die Welt kamen, werden von den Kühen umringt wie von einer Herde aufmerksamer Elefanten. Heidis Leib spannt sich unter regelmäßigen Wehen an, zwei Hufe sehe ich bereits zum Vorschein kommen.

»Kannst du etwas erkennen?«, fragt James, und in dem Moment, als er den Motor ausschaltet, sage ich: »Ja, ja, die Beine sind draußen«, etwas zu laut und aufgeregt. »Schhh …«, flüstert er. Bevor er es laut ausspricht, weiß ich, dass wir hierbleiben werden, bis das Kalb geboren ist. »Wir warten, es kann noch 20 Minuten dauern«, sagt er. »Das ist in Ordnung, ich war nur am Aufräumen.«

Heute früh hat er festgestellt, dass Heidi Anzeichen zeigt zu kalben. Ich nehme an, dass er dann noch einige Male nach ihr geschaut hat. Auf der anderen Seite der Wiese fließt ein Bach, das Gras ist lang und wiegt in sanften Wellen im Wind. Weiße Pignut-Blüten sprenkeln die Wiese wie Konfetti. James deutet auf ein Reh in der Ferne.

Es dauert nicht lange, bis der Kopf des Kalbs zum Vorschein

kommt und die Vorderbeine wie die gestreckten Arme eines Tauchers aus dem Mutterleib herausragen. Heidi kämpft sich mit dem Kalb auf die Füße und macht sich die Schwerkraft zunutze, um den glitschigen, nassen Körper herauszupressen. Das Kalb purzelt ins Gras und strampelt mit den Beinen. Ich will sofort hin und nachsehen, ob alles in Ordnung ist, doch James hält mich zurück. »Warte!«, sagt er. »Es hat den Kopf gehoben – es geht ihm gut.«

Heidi dreht sich um, um zu sehen, was da gerade aus ihr herausgekommen ist. Sie fängt an, die Fruchtblase um das Gesicht und den Körper des Neugeborenen herum abzuschlecken, und muht es sanft an. Wir fahren ein wenig näher heran. Die ganze Herde hat den Neuzugang bemerkt; sie haben sich erhoben und machen sich auf den Weg, um es zu begrüßen. Dinky muht und ruft nach ihrem eigenen Kalb, das zu ihr galoppiert kommt. Cara und Eyebright sind am neugierigsten und mütterlichsten – sie werden auch bald kalben. Heidi steht über ihrem Neugeborenen, eine stolze Mutter, und die Tanten wuseln alle um das Kleine herum, während es versucht, auf die Beine zu kommen.

»Wow, das ging ja schnell«, sage ich, und James versucht einen Blick auf das Hinterteil des Kalbs zu erhaschen.

Von hier aus sieht es aus wie ein Stierkalb. Ich merke ihm die Erleichterung darüber an, nicht eingreifen zu müssen. Er lächelt.

Ich lege meine Arme um seine Taille und drücke ihn. »Großartig«, sage ich, und er wendet sich mir zu, um mich zu küssen.

Er lässt den Motor an, und wir fahren zurück zum Haus. Es gibt viele nervenaufreibende Tage auf dem Hof, an denen nichts glatt läuft, aber an einem Morgen wie diesem möchte ich nirgendwo anders auf der Welt lieber sein.

James zieht seine Stiefel an der Tür aus und lässt sich erschöpft in den Sessel fallen, nachdem er sich über alles Gedanken gemacht hat, was beim Kalben schiefgehen kann. »Tee?«, frage ich und setze den Kessel auf. Oben höre ich Tom und Mum sich darüber unterhalten, dass es jetzt ein Handtuch und eine trockene Hose bräuchte. Auf der Terrasse haben sie einen Wasserschlauch zurückgelassen, und vor der Türschwelle haben Toms nasse Klamotten eine Pfütze hinterlassen.

»Was willst du essen?«, frage ich James.

»Was gibt es denn?«, fragt er.

»Ich habe Tomatensuppe oder ein bisschen Wurst, Käse und Brot.«

»Ist egal«, antwortet er.

Ich erwärme die Suppe in einem Topf. Tom bekommt auch davon. Sie enthält noch etwas Gemüse und eine Handvoll rote Linsen, und vor dem Servieren rühre ich noch einen Klecks Sahne hinzu. Mein vierjähriger Tornado von einem Jungen kommt lachend in die Küche gestürmt und erzählt mir, dass er sich »versehentlich« mit dem Wasserschlauch geduscht hätte, als er vom Kindergarten zurückkam, und ich tue so, als wäre ich über sein Missgeschick überrascht. Ich stelle ein paar Teller auf den Tisch und packe den Käse aus. Wir bestreichen dicke Scheiben eines Sauerteigbrots, das ich gestern gekauft habe; es ist etwas trocken, aber zur Suppe ist es in Ordnung. Mum und ich unterhalten uns über die schrecklichen Nachrichten aus der Ukraine. James räumt die Teller ab, und ich befülle die Spülmaschine.

Danach nehme ich einen Korb und hänge die Wäsche auf die Leine, die zwischen zwei Bäume gespannt ist. Mum ist damit beschäftigt, das Unkraut im Garten zu jäten, und Tom kurvt mit seinem Spielzeugtraktor auf der Terrasse herum, um allerhand Unkraut auf seinem Anhänger einzusammeln. Oben in der Eiche gurrt eine Ringeltaube.

James geht in den Stall, um nach einem kranken Schaf zu sehen und eine weitere Schäferrunde zu machen. Ich rufe den Buchhalter an und entschuldige mich, dass ich ihn vorhin verpasst habe. Dann schaue ich nach dem Poststapel. Ich habe kein gutes System, um die ganzen Schreiben und Papiere, die bei uns eingehen, abzulegen – ich ignoriere sie im Grunde so lange, bis ich mich wirklich damit auseinandersetzen muss. James' Mum hat viele Jahre lang den Papierkram auf dem Hof erledigt, doch als wir hierhergezogen sind, kam sie eines Tages mit mehreren Plastikkisten an, die randvoll mit Akten, Ordnern und Unterlagen waren. Mit einem erleichterten Seufzer sagte sie zu mir: »Hier, das ist jetzt alles deins!« Ich freue mich auf den Tag, an dem ich nicht mehr für die Buchführung der Arzneimittel, die Veranlassung von Verbringungsgenehmigungen, die Registrierung von Rinderpässen und das Verwalten aller für die Betriebskontrolle relevanten Versicherungsunterlagen zuständig bin. Das Bezahlen der Rechnungen ist das Einzige, was ich an manchen Tagen noch reinschieben kann. Die jährlichen Treffen mit der Versicherung und den Buchhaltern machen mir jedes Mal Angst; ich habe Sorge, dass sie mich bei irgendetwas erwischen und herausfinden, dass ich absolut keine Ahnung von dem habe, was ich tue.

Ich mache mir eine Tasse Kaffee, klappe meinen Laptop auf der Kücheninsel auf und schaue mir meine E-Mails an. Sie haben sechs neue Nachrichten, bitte loggen Sie sich ein, um sie zu lesen. Doch gerade, als ich mein Passwort herauskramen will, kommt Tom mit einer Plastikwanne voller Wasser auf mich zu, den er mit Erde und Steinen gefüllt hat. »Das wird mein Lavapool«, sagt er, und ich rufe: »Nein! Nicht auf den Teppich!« Er heult auf angesichts meiner scharfen Reaktion. Ich versuche, ihm die Wanne abzunehmen, bevor er den Schlamm überall verschüttet. »Komm, geh damit zurück zu Oma, sie wird dir helfen, im Garten ein Lavabad zu machen. Du kannst ein paar Dinosaurier mit nach draußen nehmen.« Meine Stimme wird sanfter, sein Gesicht hellt sich schnell wieder auf, als ob dies sein eigener Einfall gewesen wäre.

James ist gerade in die Einfahrt gefahren. »Kannst du mir beim

Markieren der Lämmer helfen?«, ruft er. »Es wird nicht lange dauern, es sind nicht so viele dieses Mal.« Jeder Grund, um den Papierkram aufschieben zu können, ist mir recht.

Ich frage meine Mum, ob es okay für sie ist, bei Tom zu bleiben. »Alles gut. Ich habe Zeit, bis du um drei Isaac holst.«

So laufen die meisten meiner Tage ab. Eine gute Freundin erzählte mir mal von einer Geschichte aus Frankreich, die sie gelesen hatte, in der einer Frau mehrere Arme wuchsen, um all die Aufgaben zu bewältigen, die auf sie zukamen. Bei dem Gedanken daran musste ich lachen, aber die Geschichte hatte natürlich auch einen traurigen Kern, nämlich der Wunsch, das alles zu bewältigen. Meine Rollen als Mutter und Frau an der Seite eines Bauern verlangen mir einiges ab. Meistens komme ich damit klar – ich habe mir dieses Leben schließlich ausgesucht. Aber manchmal fühle ich mich überfordert. Ich habe immer wieder das Gefühl, für zu viele Dinge verantwortlich zu sein. Mein Kopf ist übervoll, wenn alle Aufgaben gleichzeitig erledigt werden sollen. Am Ende mache ich nur noch das, was am dringendsten ist. Ich habe das Gefühl, nichts wirklich gut zu machen, weil ich keiner Sache meine volle Aufmerksamkeit schenken kann.

Manchmal sind es die Kinder, die zuerst kommen. »Mum, ich will malen!« »Kann ich etwas zu essen haben?« »Mum, schau mal hier!« »Kannst du mir das vorlesen?« Die Turnschuhe sind zu klein, jemand hat Schwimmunterricht, jemand muss irgendwo hingefahren, ein Formular für die Schule muss ausgefüllt werden. Haben sie ihre Hausaufgaben auch gemacht? Wer hat die Knete draußen liegen gelassen? »Kannst du meine Busfahrkarte verlängern?« Die Spiele wollen gespielt, die Bilder ausgemalt werden. Jemand hat schlammige Stiefel in der Diele stehen lassen, jemand hat einen Schuh verloren, jemand weint, jemand lacht, jemand schmollt, jemand braucht eine Umarmung. Jemand ist hungrig. Irgendjemand ist immer ganz furchtbar hungrig.

Manchmal kommt der Hof zuerst. Da liegt ein Schaf auf der Straße. Ein Lamm steckt in einem Zaun fest. Die Hühner brauchen Wasser, die Ponys müssen beschlagen, die Kuhweide muss eingezäunt werden. »Kannst du kommen und ein paar Schafe wegbringen?« Die Benzinkanister müssen in der Stadt aufgefüllt werden, der Schuppen muss gefegt, das Waschbeckenrohr gereinigt werden, die Hunde brauchen Auslauf, der Zwinger muss sauber gemacht werden. »Hast du den Abdecker bestellt?« Die Werkstatt muss aufgeräumt, das Tor geschlossen, das neue Kalb gekennzeichnet, der Dieseltank überprüft werden. Die Eier müssen eingesammelt werden. Immer müssen die verdammten Eier eingesammelt werden.

Manchmal geht es nicht anders, und der Papierkram ist als Erstes dran. Der Vertrag muss unterzeichnet werden, das Datum einer Veranstaltung bestätigt werden, die Rechnungen müssen verschickt werden, das Auto muss in die Werkstatt, die Versicherung muss überprüft werden, die medizinischen Unterlagen müssen aktualisiert werden, der Kälberpass muss verschickt werden, die Bäume müssen bestellt werden, die Gesundheits- und Sicherheitsformulare müssen überprüft werden, der Bericht muss gelesen werden, der Buchhalter muss die Papiere unterschreiben. Die Rechnungen müssen bezahlt werden. Immer müssen die verfluchten Rechnungen bezahlt werden.

Manchmal muss auch der Haushalt als Erstes erledigt werden. Der Boden muss gesaugt, die Waschmaschine geleert werden, die nassen Sachen müssen aufgehängt, die trockenen zusammengelegt werden, der Berg gefalteter Wäsche muss weggeräumt werden, die Einkäufe müssen ausgepackt werden, die Karotten welken. Der Tisch muss abgewischt, die Teller müssen gestapelt werden, der Lauch muss abgewaschen, die Kartoffeln müssen geschält werden. »Gibt es noch Speck?« Die Spinnweben auf dem Treppenabsatz müssen weggebürstet werden, die Duschkabine muss repariert werden, die Wäsche auf der Leine draußen reingeholt werden, bevor es regnet, der Gartenschlauch muss aufgerollt werden, die Schuhe und Stiefel an der Tür müssen aufgeräumt werden. »Was gibt es zum Abendessen?« Der Schlafanzug muss von den Treppenstufen aufgehoben werden, die Handtücher auf dem Boden müssen wieder aufgehängt werden, auf dem Sofa liegen Legosteine, auf dem Teppich ist ein Fleck, die Asche im Ofen muss ausgefegt werden, die Bücher auf dem Kaminsims müssen weggeräumt werden, die Toilettenpapierrolle ist leer. Und in meinem rasenden Kopf müssen die Kissen aufgeschüttelt werden. Immer müssen die verdammten Kissen aufgeschüttelt werden.

An manchen Tagen habe ich das Gefühl, in diesem Leben allmählich zu ertrinken.

Wenn ich wirklich richtig erschöpft bin, grummele ich, während ich meiner Arbeit nachgehe, vor mich hin, um meinen ganzen Unmut rauszulassen. »Wer hat diese leere Tasse hier stehen gelassen?« oder »Warum kann man das nicht wegräumen?« Ich kann meine nörgelige Stimme nicht ausstehen. Diese Stimme sagt mir, dass ich mich selbst zu lange vernachlässigt habe und dass ich Zeit finden muss, um etwas nur für mich zu tun. Wenn es erst mal so weit gekommen ist, dann bemitleide ich mich im Grunde selbst. Ich bin der Meinung, dass alle um mich herum es besser haben als ich. Ich rede mir ein, dass sie nicht den ganzen Tag damit beschäftigt sind, irgendwelche Dinge aufzulesen, dass ich all ihre Wünsche und Bedürfnisse unter einen Hut zu bringen versuche, damit sie ungestört ihrem Tag nachgehen können. Niemand braucht irgendetwas von ihnen. Aber ich weiß natürlich, dass das ein Mythos ist. Ihre Tage sind genauso ermüdend, nur auf eine andere Weise. Aber an den schlechten Tagen möchte ich alle anschreien, mich in einen dunklen Raum legen oder einfach davonlaufen.

Die psychische Belastung, die Familie und Haushaltsführung mit sich bringen, scheint für die anderen unsichtbar zu sein. Oft bin ich nur damit beschäftigt, alle um mich herum glücklich zu machen, doch mit der Zeit habe ich begriffen, dass es in einer sechsköpfigen Familie sehr selten der Fall sein wird, dass wir alle gleichzeitig zufrieden sind. Ich kann nur mein Bestes geben und muss versuchen, auch für mich selbst zu sorgen. Oft geht es nur darum, einfach mal nach draußen zu gehen und tief durchzuatmen.

2

PIZZA

Wir fahren durch die Stadt, mit weit geöffnetem Kofferraum, umgeklappten Rücksitzen und einem etwa einen Meter aus dem Auto herausragenden Kühlschrank. Das Gerät ist mit Erntegarn umschnürt, damit es nicht rausfällt. »Wir sind fast da«, sage ich und bin erleichtert, dass die Polizei uns nicht aufgehalten hat. James legt den Rückwärtsgang ein und setzt zurück, als ob er einen Transportwagen mit einer Ladung Heu fahren würde. Ich springe heraus, öffne die Haustür und laufe die Treppe ins Souterrain hinunter, um die Schere zu holen, denn James hatte zwar ein Bündel von dem Garn im Kofferraum, aber kein Taschenmesser dabei. Ich stoße die Tür auf und schiebe die Kisten beiseite, um den Weg freizumachen. Wir wuchten das Teil fluchend über die Treppenstufen des Hauseingangs. »Vorsicht, pass auf die Lichter auf … Ja, nur noch eine Stufe …«

Die Tür zur Erdgeschosswohnung öffnet sich einen Spalt breit, und das Gesicht einer älteren Dame lugt hervor. Sie hat Gesichtscreme aufgetragen, was sie komplett weiß erscheinen lässt, und ich erschrecke mich vor ihr. Wir stellen den Kühlschrank aufrecht hin und tauschen kurz die Position, damit James als Erster die Treppe hinuntergehen kann und den größeren Teil des Gewichts trägt. Ich lächle sie an und will schon »Hallo!« sagen, während ich mich am Geländer vorbeizwänge, um dieses Ungetüm von Kühlschrank weiterzubefördern, doch sie schließt rasch die Tür. Beim Transport des Geräts in die Wohnung zittern meine Arme. Wir stellen ihn ab, brechen in Gelächter aus und schieben ihn auf seinen Rädern über den kurzflorigen Teppich in den schmalen Abschnitt im hinteren Teil des Wohnzimmers. Am Übergang vom Teppich zu dem schmalen Linoleumstreifen ist eine Metallschiene in den Boden eingelassen, und als wir ihn vorsichtig darüberheben, rutscht er an seinen Platz zwischen die Spüle, den Herd und einem hohen Schrank. Ein verblichener, marineblauer Samtvorhang lässt sich über die Kochnische ziehen und schirmt diese Ecke vom Rest des Wohnzimmers ab. Das ist nicht gerade das, was man eine richtige Küche nennen würde, aber das spielt keine Rolle – es ist meine, und ich finde sie großartig.

Gestern sind wir mit all unseren Sachen in Oxford angekommen, Kisten über Kisten mit Büchern, Taschen mit Kleidung und einem ganzen Haufen Bettzeug und Küchenutensilien. Wir sind hundertmal die Treppe rauf und runter gelaufen, um das Doppelbettgestell aus Kiefernholz, die Matratze, die kleine Holzkommode, die ich cremefarben gestrichen habe, und das grüne, schäbige Secondhandsofa, über das ich eine schicke Decke werfen will, die ich bei Habitat erstanden habe, auszuladen. Ich umarmte James, innerlich wie äußerlich voller Freude darüber, dass unser gemeinsames Leben nun wirklich beginnen sollte. Wir waren allein, weit entfernt von unseren Familien, die sich einmischen konnten, dem Hof und seinen Kumpels aus dem Pub. Unsere erste Mahlzeit nach dem hektischen Umzugstag war eine Pizza, die ich in dem winzigen Ofen zubereitete. Als mir auffiel, dass kein Hund zu meinen Füßen lag und geduldig darauf wartete, dass ich ihm meine Pizzakruste reichen würde, kamen mir die Tränen. Wenn ich müde bin, bin ich nah am Wasser gebaut. James wischte mir sanft die Tränen weg. Er brachte mich zum Lachen, indem er den Mann imitierte, bei dem wir den Wagen gemietet hatten, und der uns ansah, als wären wir zwei Teenager, die ihn zu Schrott fahren würden. Wir öffneten eine Flasche Wein, um auf unser neues Zuhause anzustoßen, und ich rollte mich auf dem Sofa zusammen und kuschelte mich an ihn heran wie eine Katze, wobei ich beinahe eingeschlafen wäre.

BASISREZEPT PIZZATEIG

Zutaten:
400 g Mehl
1 TL Zucker
1 TL Salz
1 Päckchen Instanthefe à 7 g
225 ml warmes Wasser
2 EL Olivenöl

Vorbereitungszeit: 20 Minuten, zzgl. 30 Minuten Ruhezeit zum Aufgehen
Backzeit: 10–12 Minuten pro Pizza
Ergibt 4 große oder 8 kleine Pizzen

Zubereitung:

1. Das Mehl in einer großen Schüssel abwiegen. In der Mitte eine Mulde formen und Zucker, Salz und Hefe hineingeben. Das warme Wasser und das Olivenöl hinzufügen und mit der Hand oder einem Mixer mit Knethaken zu einem Teig verkneten, bis eine glatte Kugel entsteht.
2. In einer neuen, sauberen Schüssel oder auf einer leicht bemehlten Fläche 30 Minuten ruhen lassen. Den Backofen auf 220 °C/Umluft bzw. Gas Stufe 5–6 vorheizen oder, falls vorhanden, den Pizzaofen anzünden.
3. Einen Pizzastein (falls vorhanden) eine Stunde im heißen Ofen aufwärmen – eine volle Stunde, denn er muss richtig heiß sein, damit der Boden knusprig wird! Oder ein Backblech 10 Minuten lang vorheizen.

4. Nach der Ruhezeit den Teig in 4 große oder 8 kleine Stücke teilen und zu Kugeln formen. Die Arbeitsfläche leicht bemehlen und den Teig zu Pizzakreisen ausrollen und mit der Hand auf die bevorzugte Dicke kneten.
5. Je nach Größe der Pizza 1–2 EL Tomatenpassata darauf geben, dabei einen Rand von etwa 3 cm freilassen. Mit Mozzarella oder einem geriebenen Käse nach Wahl bestreuen. Nach Belieben belegen, aber die Pizza nicht vollladen, damit der Boden nicht matschig wird.
6. Die Pizza, oder mehrere auf einmal, wenn der Platz vorhanden ist, auf den heißen Pizzastein oder das Backblech legen und in den heißen Ofen schieben. 10–12 Minuten backen, bis die Ränder bräunlich werden und die Oberseite Blasen wirft.

Hinweis: Der Teigboden lässt sich auch gut in einer öligen Pfanne vorbereiten – der Boden wird knusprig und geht auf, und kann dann in den Ofen geschoben werden.

Heute Morgen sind wir früh aufgewacht. Das Sonnenlicht flutete unser kleines Schlafzimmer, und der Baum vor dem Fenster warf ungewohnte Schatten an die Wand. James zog mich zurück ins Bett, als ich aufstehen wollte, um Frühstück zu machen, und mir wurde klar, dass niemand hier war, der uns ein schlechtes Gewissen machen würde, weil wir noch im Bett lagen. Wir machten das Sonntagsfrühstück gemeinsam: dunkles Brot, Rührei und Räucherlachs, eine Kanne Kaffee. Ich saß mit angewinkelten Beinen auf dem Sofa, den Teller auf dem Schoß, die Gabel in der Hand, und plante unseren Tag. Bilder mussten aufgehängt und Kleidungsstücke ausgepackt werden. James begann damit, seine Bücher aus der endlosen Zahl an Kisten, die im ganzen Zimmer verstreut standen, hervorzuholen und zu sortieren. Ich maß den Fußboden im Badezimmer aus und kritzelte die Länge und Breite mit einem Kugelschreiber auf den Handrücken; ich wollte einen neuen Linoleumboden kaufen und machte mir eine Notiz, dass wir außerdem einen neuen Duschvorhang, einen Teppich, einen Mülleimer sowie eine Kehrschaufel und einen Besen brauchen. Wir wohnen in einer Ein-Zimmer-Souterrainwohnung in einem großen Haus in Norham Gardens. James hat mir erzählt, dass Philip Pullman und Richard Dawkins in der gleichen Straße wohnen, und ich nickte, doch eigentlich ist es mir ziemlich egal, wer sie sind. Wir haben die Wohnung über die Uni angemietet. Eigentlich ist es eine »Unterkunft für Eheleute«, aber er hat die Hausverwaltung irgendwie davon überzeugt, dass das mit uns trotzdem in Ordnung geht, auch wenn wir nicht verheiratet sind. Als wir im sonnendurchfluteten Wohnzimmer saßen, fiel mein Blick auf den abschüssigen Garten und die Stufen zur Auffahrt. »Wir sollten uns ein paar Blu-

mentöpfe zulegen und ein paar Kräuter und Lavendel pflanzen«, sagte ich, doch James war mit einer seiner Kisten beschäftigt, in der sich eine Vielzahl an Papieren fand, die er zu sichten begonnen hatte. »Ich werde dir ein paar Aktenordner dafür besorgen«, schlug ich vor und setzte sie auf meine Liste. Doch als Allererstes, so sagte ich ihm, müssten wir einen Kühlschrank kaufen. Also setzten wir uns ins Auto und fuhren zu Currys, dem großen Elektrofachgeschäft. Nachdem wir mit Entsetzen hören mussten, dass die Lieferzeit der Kühlschränke bis zu drei Wochen dauerte, erklärte ich dem Filialeiter, dass wir gerade erst unsere Wohnung bezogen hätten und ohne einen Kühlschrank nicht auskommen würden. Er bot uns daraufhin ein ausrangiertes Ausstellungsstück mit einem kleinen Kratzer an, das wir sofort mitnehmen konnten.

Auf dem Rückweg, mit offenem Kofferraum und dem Wind in den Haaren, kamen wir an einem Lagerhaus vorbei, in dem Möbel aus Kiefernholz verkauft wurden. Ich bat James anzuhalten, sah mich kurz um und entdeckte, wonach ich gesucht hatte: Wir kauften einen Tisch im Landhausstil mit vier Stühlen mit Leiterlehne, der am nächsten Tag geliefert werden sollte. In diesem Sommer habe ich eine Biografie von Elizabeth David gelesen, und ich möchte, dass mein Küchentisch in dem Leben, das vor uns liegt, auch so eine zentrale Rolle spielt. (Dieser einfache Tisch steht heute, viele Jahre später, immer noch bei uns, mit all seinen Messerschnitzern und Flecken.)

Jetzt, wo der Kühlschrank endlich da ist, stehen meine Kisten mit den Küchenutensilien seit einer Woche in der Wohnung herum. Also kaufe ich einen kleinen freistehenden Schrank aus einem Gebrauchtwarenladen und streiche ihn neu an, bevor ich meine Backformen, Servierschalen, Tabletts und Töpfe hineinstapele. James ist damit einverstanden, dass eines seiner Bücherregale zum Geschirrschrank wird, und ich stelle das Bügelbrett an einer Wand auf, um eine zusätzliche Arbeitsfläche zu haben.

Wir benutzen den Küchentisch für alles. Wir essen an ihm. Wir legen Einkäufe auf ihm ab. Schneiden das Gemüse darauf. Rollen Teig aus. James lernt an ihm.

Studenten wird nachgesagt, sie äßen Nudeln, Bohnen und Linsen aus der Dose. Aber ich bin keine Studentin (und selbst als ich eine war, habe ich noch zu Hause gewohnt). Den ganzen Sommer über habe ich viel gearbeitet, bevor ich nach Oxford gezogen bin; ich verfüge über mein eigenes Geld und bin der Meinung, Lebensmittel gehören zu den wichtigsten Dingen, für die man sein Geld ausgibt. James hat jahrelang auf dem Hof gearbeitet, bevor er mit dem Studium begonnen hat, und denkt über Lebensmittel wie ein Landwirt.

»Wie wäre es damit?«, frage ich und halte ihm einen Becher Tzatziki hin, bevor ich ihn in den Wagen lege.

»Okay, ich werde es mal probieren«, antwortet er, und wir schlendern durch die Gänge des großen Sainsbury's, während ich den Einkaufswagen mit Brioche, Passionsfrüchten, Feigen, griechischem Joghurt, Parmaschinken, Baguette und einer Menge anderer Dinge belade, um unsere Regale zu befüllen. James wirkt angesichts meiner Essenauswahl etwas besorgt, als ob ihm gerade klar geworden ist, dass er den Rest seines Lebens mit einem Wesen von einem anderen Stern verbringen wird. Sollten wir Hühnchen ergattern, werde ich morgen ein Pfannengericht zubereiten, und diesen Salat könnten wir mit Chorizo und Kartoffeln essen, wie ich es im Fernsehen gesehen habe. James holt mehrere Flaschen Orangensaft, und ich sage: »Du weißt, dass da viel Zucker drin ist«, doch er entgegnet lächelnd: »Das ist auch mein Zuhause.« Zum ersten Mal sind wir den Blicken und Geldbeuteln unserer Eltern entkommen, und für James heißt das, dass er unbegrenzt Orangensaft trinken kann – seine Mutter hat ihm das immer untersagt.

Die folgende Woche leben wir in den Tag hinein. Wir stehen auf und marschieren einfach los, um zu besorgen, was wir so brauchen. James unternimmt lange Spaziergänge durch die Grünanlagen des Uni-Campus und am Fluss entlang, um herauszufinden, wo man der Stadt am besten entfliehen kann. Ich bin damit beschäftigt, unsere Wohnung zu unserem Zuhause zu machen. Die Temperatur an diesen späten Septembertagen ist mild und die Atmosphäre melancholisch. Ich hänge unsere Wäsche auf die Leine im Garten und lege mich mit einer Decke und einem Buch ins Gras. Daheim auf dem Hof hätte ich das nie getan – alle waren immer zu beschäftigt, um sich in die Sonne zu legen. Alles, was man tat, wurde gleich bewertet.

Es ist wie im Urlaub.

Wir kaufen einen kleinen Grill im Baumarkt und laden ein paar Freunde ein, auf Lammsteaks mit Minze und Bratkartoffeln vorbeizukommen, und auf der Resthitze grille ich Pfirsichhälften, die ich mit Vanillecreme serviere. Für uns alle zu kochen, macht mir großen Spaß. Tagein tagaus dreht sich bei mir alles darum, was es zu essen gibt.

LAMMSTEAKS IN MINZSOSSE MIT GERÖSTETEN KARTÖFFELCHEN UND SCHNELLEM TZATZIKI

Wir essen nur selten Lamm und schon gar nicht importiertes Lammfleisch. Unser gemäßigtes Klima und die hügeligen Böden sind ideal für die Weidehaltung von Schafen. Großbritannien ist stolz auf seine Hirtenkultur und -geschichte. Als Familienessen gibt es bei uns regelmäßig Herdwick Hogget (ein etwa 18 Monate altes Lamm) und Mutton (ein ausgewachsenes Schaf) – diese Tiere haben ihr ganzes Leben im Freien verbracht. Sie haben also durch die Ernährung mit Kräutern und Gräsern aus den Fjälls langsam Fleisch angesetzt. Dieses Fleisch ist geschmackvoller als das blasse Lammfleisch, das man in den meisten Supermärkten findet, für das die Tiere mit Getreide gemästet wurden. Wenn Sie direkt beim Landwirt oder einem regionalen Metzger kaufen, wissen Sie, woher Ihr

Fleisch kommt. Bei den meisten Metzgereien und einigen Landwirten kann man mittlerweile auch online bestellen. Dieses Rezept kann auch mit getrockneten Minzblättern zubereitet werden, aber mit frischer Minze schmeckt es viel besser.

Zutaten:
4 × Hogget Rumpsteaks à 180 g, auf Zimmertemperatur gebracht
2 EL Olivenöl, und noch etwas mehr zum Braten
Für die Minzsoße:
2 Knoblauchzehen
1 EL Weißweinessig
1 Bund frische Pfefferminze, Blätter gezupft
Eine Prise Zucker (bei Bedarf)
Alternativ: 2 TL gekaufte Minzsoße guter Qualität, versehen mit einem Schuss Olivenöl, Salz und Pfeffer
Vorbereitungszeit:
15 Minuten zzgl. Ruhezeit
Kochzeit: 10–15 Minuten
Für 4 Personen

Zubereitung:
1. Knoblauch, Essig und Minze, nach Bedarf noch eine Prise Zucker, pürieren und beiseitestellen.
2. Die Lammsteaks ausgiebig würzen. Mit der Hautseite nach unten auf den Grill legen (die Kohlen sollten weißlich sein) oder in einer heißen, leicht mit Öl bedeckten Pfanne bei starker Hitze 2 bis 3 Minuten auf jeder Seite grillen und bei jedem Wenden mit der Minzsoße beträufeln, bis sie rundherum gebräunt sind. So erhält man Steaks, die in der Mitte rosa sind; wenn das Fleisch besonders dick ist oder es mehr durch sein soll, auf jeder Seite eine Minute länger schmoren.
3. Das Fleisch aus der Pfanne nehmen, die restliche Minzsoße draufgeben und mit Folie abgedeckt 10 Minuten ruhen lassen, wenn die Zeit dafür reicht.
4. Die Steaks können so serviert werden, wie sie sind, oder in Schei-

ben geschnitten auf einem Bett aus Salatblättern, geschnittenen roten Zwiebeln, Gurken und Tomaten, angemacht mit Olivenöl und Balsamico-Essig.

GERÖSTETE KARTÖFFELCHEN

Zutaten:
500 g Früh- oder Babykartoffeln
Olivenöl
Meersalz und schwarzer Pfeffer

Vorbereitungszeit: 5 Minuten
Kochzeit: 35 Minuten
Für 4 Personen

Zubereitung:

1. Den Backofen auf 200 °C/Umluft bzw. Gas Stufe 4 vorheizen.
2. Einen Topf mit Wasser zum Kochen bringen und die Kartoffeln 5 Minuten lang kochen, sodass sie noch bissfest sind.
3. Vorsichtig abtropfen lassen und in einer feuerfesten Form verteilen, mit Olivenöl beträufeln und mit Meersalz und schwarzem Pfeffer würzen.
4. 30 Minuten im heißen Ofen rösten, bis sie goldgelb und weich sind.

SCHNELLES TZATZIKI

Ergibt 1 Schüssel

Zutaten:
275 g Naturjoghurt
50 g Gurke, halbiert, die Samen entfernt und klein gewürfelt
Eine Handvoll frische Minze, die Blätter gezupft und fein gehackt
½ Knoblauchzehe, gehackt

Zubereitung:

Alle Zutaten miteinander vermengen, gut mit Salz und Pfeffer würzen und bis zum Servieren im Kühlschrank lagern.

PFIRSICHHÄLFTEN MIT VANILLECREME

Noch besser schmecken die Pfirsiche auf dem Grill: Darauf achten, dass die Kohlen weißlich sind, wenn die Pfirsiche auf den Rost gelegt werden, und dann mit der Fruchtfleischseite nach unten für 5 bis 15 Minuten grillen, je nach Hitze des Feuers. Die Pfirsiche sollen in ihrem eigenen Saft karamellisieren – Zucker und Butter sind hierbei nicht vonnöten.

Für 4–8 Personen

Zutaten:

4 Pfirsiche oder Nektarinen, idealerweise reif und verzehrfertig, aber auch halbe Früchte sind geeignet

1 EL Light Brown Soft Sugar (das Original ist übers Internet erhältlich) oder Kokosblütenzucker

50 g ungesalzene Butter

200 ml Schlagrahm

1 Vanilleschote oder 1 TL Vanilleessenz (oder qualitativ hochwertiges Vanilleeis)

Zubereitung:

1. Den Backofen auf 200 °C/Umluft bzw. Gas Stufe 4 vorheizen. Die Früchte halbieren, die Kerne entfernen und mit dem Fruchtfleisch nach oben in eine Auflaufform legen. Mit Zucker bestreuen und auf jede Hälfte ein kleines Stückchen Butter geben.
2. Rösten, bis sie saftig und weich sind und durch und durch heiß – etwa 15 Minuten lang.
3. In der Zwischenzeit die Vanillecreme zubereiten. Die Sahne von Hand oder mit einem elektrischen Schneebesen steif schlagen.
4. Die Vanilleschote mit einem kleinen, scharfen Messer aufschnei-

den und das schwarze Mark herauskratzen, dann unter die Creme heben.

5. In einer Schale zusammen mit dem heißen Obst servieren. Auch Eiscreme eignet sich gut.

Ich hatte mein Studium gerade erst beendet, sah aber nicht wie eine typische Kunststudentin aus; ich trug ganz normale Kleidung, Jeans und Pullover oder bedruckte Oberteile. Ich bin nicht zur Uni gegangen, um eine neue Identität zu finden oder so – ich habe einfach gern Dinge hergestellt und wusste nicht, was ich sonst hätte machen sollen. Als ich mit dem Studium begonnen habe, habe ich die Rolle der Helen abgelegt, die zu Hause jeder erwartet hat: die Tochter, die Enkelin und Schwester, die Älteste, die, die Verantwortung übernimmt (und langweilig ist), die Fleißige und die gute Schülerin. Ich verbrachte die Zeit damit, viel zu lesen und mir inspirierende Zitate aufzuschreiben. Ich erstellte eine Serie von Schwarz-Weiß-Fotografien von Haushaltsgegenständen wie Toastern und Bügelbrettern, die ich in die hügelige Landschaft platzierte, und spielte mit den Lichtreflexionen der Berge und des Sees, wie sie von einem glänzenden Wasserkocher widergespiegelt wurden. Mir gefiel der Kontrast zwischen der weiten, zerklüfteten Landschaft und den klaren Linien der von Menschenhand geschaffenen Alltagsgegenstände.

Ich begann zu nähen und fertigte eine Reihe eigenwilliger Stickereien an. Ich experimentierte mit einem traditionellen Handwerk, das meine Großmutter sehr schätzte, schuf aber Arbeiten, die Geschichten über das Elend in der Welt erzählten. Anfangs fiel es mir schwer, wie eine »Künstlerin« zu denken – in den späten 1990er-Jahren ging es bei »Kunst« stets um Angst, Traumata und Schockmomente. Tote Kühe in Formaldehyd, ungemachte Betten mit auf den Boden verstreuten Zigarettenstummeln und Tampons. Für so was war ich nicht urban oder alternativ oder neurotisch genug. Ich wollte erlernen, wie man

Dinge handwerklich sorgfältig herstellt, und das war eher uncool. Kunst sollte eine »Aussage« haben, und ich war mir nicht ganz sicher, was ich sagen wollte – noch nicht. Ich sah mir die *Sensation*-Ausstellung in der Royal Academy an. Das war unglaublich, jedes Exponat erzählte eine Geschichte, und das zu sehen, hatte einen großen Einfluss auf mich. Ich bekam den Dreh raus, wie ich meine Arbeit so gestalten konnte, dass sie düstere Themen behandelte, unterschwellige Gewalt oder traumatische Ereignisse, wie sie ganz normalen Menschen widerfahren sind. Ich fertigte eine Stickerei an, die Menschen an Schlingen an einer Eiche hängen zeigt und ein mit einem Blumenteppich bedecktes Massengrab, eine Szene, über der ein kleines Mädchen ganz allein thront. Mein liebstes Werk war ein brennendes Haus, vor dem ein Mann mit gepackten Taschen steht, während Mutter und Kinder ihm auf der anderen Seite zuwinken. Meine Arbeiten handelten von den verschwiegenen und verborgenen Seiten des Alltags. Ich las Bücher über häusliche Gewalt und Geschichten der Unterdrückung. Ich trieb meine Tutoren in den Wahnsinn, weil ich im Vorfeld meiner Arbeiten keine Skizzen anfertigen wollte – ich habe einfach mit dem Nähen losgelegt, und dabei ist etwas entstanden, das Bild, das ich im Kopf hatte, die Geschichte, die ich erzählen wollte.

Vielen gefiel meine Arbeit. Was mich insgeheim frohlocken ließ, war die Reaktion der älteren Leute, die meine Abschlussausstellung besuchten: Sie schauten ganz genau hin, da sie etwas von Stickerei verstanden, und schreckten in dem Moment zurück, als sie die Details erkannten. Ich wurde für eine Ausstellung der Northern Graduates in London ausgewählt, und eines meiner Werke über einen Tsunami wurde aus der Galerie gestohlen, was ich als Kompliment auffasste.

Ich versuchte, »Helen« zu sein, eine Städterin mit einem Kunststudium im Lebenslauf und einem tollen Job, doch ich hatte diesen tollen Job noch nicht gefunden, und konnte die »Helen« von daheim nicht völlig abschütteln, um stattdessen einfach die coole Kunststudentin zu sein.

Hier gab es keine Hofarbeit, die James davon abhalten hätte können, im Haushalt mitzuhelfen. Also packte er mit an. Er machte oft das Essen und übernahm den Abwasch oder steckte die Wäsche in die Maschine. Allerdings konnte ich mich nicht mit Kommentaren zurückhalten wie »Nicht so« oder »Komm, lass mich mal!«. Rückblickend betrachtet war ich viel zu streng mit ihm. Er hatte noch nie irgendwelche Hausarbeiten zu erledigen gehabt, und ich habe ihn behandelt wie einen Idioten, nur weil er nicht wusste, wie man einen Stapel Wäsche zusammenlegt. Er konnte vielleicht einen komplizierten Aufsatz über etwas schreiben, das ich nicht verstand, aber er war nicht in der Lage, ein Ei richtig zu kochen. Die Küche war meiner Meinung nach mein Terrain, und so sollte in ihr auch alles nach meinen Vorstellungen gehandhabt werden. Ich hätte es eigentlich gutheißen sollen, dass er sich in der Küche betätigte, aber ich wollte ihn dort ehrlich gesagt nicht haben. Ein Zuhause zu schaffen und gutes Essen zu kochen, wurde zu meiner Verantwortung. Zu einer Sache, an der ich mich festhalten konnte, wenn ich nicht so recht wusste, wer ich sein wollte. Ich konnte gut kochen und backen, und ich liebte es zu experimentieren und meine Gerichte immer weiter zu verfeinern. Außerdem war es mir sehr wichtig, dass wir gemeinsam bei Tisch saßen und nicht vor dem Fernseher aßen, die Teller auf unseren Knien. Und ich war penibel, was die Essenszeiten betraf. Wir gingen nie ohne ein gemeinsames Frühstück außer Haus, das Mittagessen gestaltete sich flexibler, doch unser Abendessen machte ich immer um 18 Uhr. Ich wollte einfach nicht irgendwo sein, wo es wie Kraut und Rüben zuging und niemand wusste, was abends auf den Tisch kam oder wo ich mich aufhielt. Ich wollte, dass alles organisiert, geordnet und geplant war, im Gegensatz zu der chaotischen Art und Weise, in der meine Mutter die Dinge früher geregelt hatte, als ich noch ein Teenager war. James schien etwas schockiert darüber, dass ich in diesen Angelegenheiten so herrisch war, doch er war mit seinen eigenen Sachen beschäftigt und ließ mich machen. Für mich war in unserer neuen Welt alles in Ordnung, wenn wir gut aßen und uns an die Essenszeiten aus unserem früheren Leben hielten. Wenn wir etwas Neues ausprobierten, so kochte ich zwischendurch auch immer wieder Mahlzeiten, die uns vertraut waren. Wir lebten jetzt in einer Stadt, die weit von den Höfen und Ländereien entfernt war, wo wir aufgewachsen waren. Abends, wenn er nicht gerade las, sahen wir uns die Fernsehserie *Große Träume, große Häuser* an und verzweifelten an dem Paar, das sich übernommen hatte und dem das Geld ausging. Wir waren uns darin einig, welche Häuser uns am besten gefielen, sobald sie fertig waren.

In unserer winzig kleinen Souterrainwohnung träumte ich davon, dass wir eines Tages in einem Landhaus leben würden, das so war wie dasjenige, in dem ich vor ein paar Jahren einmal als Babysitterin tätig war. Samtbezogene Sofas, ein AGA-Herd, Küchenschränke aus Holz und Steinböden. Ich gab zu viel Geld aus für Zeitschriften wie *Country Living* und *Ideal Home* und bewunderte die Fotos von freistehenden Badewannen auf Nut-und-Feder-vertäfeltem Boden, die weit entfernt waren von unserer schmuddeligen, fleckigen, engen Wanne, die auf schimmeligen Fliesen stand. Immer wenn ich über unsere Zukunft sprach, machte sich James Gedanken, wie sich das alles arrangieren ließ und wie viel es kosten würde.

Jeden Freitagabend schaute ich eine neue Folge von *Ally McBeal*, der erfolgreichen amerikanischen Sitcom über eine junge Anwältin, die allen beweist, dass Frauen es in einer Männerwelt zu etwas bringen können. Die Spice Girls waren allgegenwärtig und erzählten uns, *what they really really want*, und es war gerade in Mode, eine »Ladette« zu sein – sprich: auszugehen, sich bis zur Besinnungslosigkeit zu betrinken und sich wie ein Kerl zu benehmen. Ich hatte das Gefühl, dass ich als Frau, die die Sehnsucht danach verspürte, zu heiraten, eine Familie zu gründen und ein Haus zu bauen, nicht das war, was ich zu wollen hatte.

Ich habe nie gewusst, was ein Indian Summer ist, bis ich in Oxford lebte. Bei mir zu Hause bedeutete Herbst, das Feuer anzuzünden, die abgefallenen Äpfel einzusammeln und die Uhren zurückzustellen. Doch hier liefen wir Mitte Oktober ohne Mäntel durch die Stadt, Hand in Hand, um an einem für die Jahreszeit viel zu warmen Nachmittag Brombeeren zu sammeln. Als wir zurückkamen, kam im Fernsehen das Rugbyspiel. Ich kochte währenddessen die Brombeeren zu Gelee ein – James' Lieblingsaufstrich auf warmem Buttertoast. Nachdem ich die Früchte erwärmt und die Temperatur mit meinem neuen Thermometer überprüft hatte, hängte ich ein Siebtuch, gefüllt mit dem Geleesaft über eine Schüssel und sah zu, wie die dunkelviolette Flüssigkeit hindurchtropfte. Am Schluss bekam ich etwa ein halbes Glas voll, das jedoch nicht fest wurde. Das war irgendwie ziemlich entmutigend, also habe ich mich erst mal auf Gerichte beschränkt, deren Zubereitung mir einfacher von der Hand gingen. Töpfe voll mit Suppen, Hühneraufläufe, Schweinekoteletts in Apfelwein und mit Äpfeln, und Toad-in-the-Hole (überbackene Würstchen) mit Zwiebelsoße. Das war meine Art, James zu lieben. Ich umsorgte ihn, schuf eine Atmosphäre der Geborgenheit und versicherte ihm, dass er hinaus in die Welt gehen und all die fremden, ungewohnten Dinge tun konnte, die das Leben an einer Universität wie Oxford ihm abverlangte.

BROMBEERGELEE

Vorbereitungszeit: 1 Stunde

Kochzeit: 45 Minuten

Ergibt 3–4 Marmeladengläser (jeweiliges Fassungsvermögen: 454 g); die Menge ist abhängig davon, wie stark das Gelee eindickt, aber es empfiehlt sich, mehrere Gläser parat zu haben! Meines hat etwas mehr als 600 ml ergeben.

Zutaten:

600 g reife Brombeeren (Früchte abwiegen: Das Verhältnis von Frucht zu Zucker sollte gleich sein)
200 ml Wasser
600 g Zucker
Saft von 1 Zitrone

Zubehör:

1 großer Topf, 1 Küchenstampfer, 1 große, ofenfeste Schüssel, ein Siebtuch aus Nylon oder ein Küchensieb und ein Mullbindetuch, das über das Sieb gelegt wird, sowie 3–4 sterilisierte Marmeladengläser (siehe Marmeladen-Rezept auf S. 35–36)

Zubereitung:

1. Die Brombeeren in einem Sieb oder einer Schüssel mit kaltem Wasser waschen und abtropfen lassen.
2. Das Obst zusammen mit dem Wasser in einen Kochtopf geben.
3. Bei mittlerer Hitze und geschlossenem Deckel 20 Minuten lang aufkochen, um die Früchte zu garen.
4. Die Hitze auf eine niedrigere Stufe stellen und den Deckel abnehmen. Die Früchte pürieren, sodass der Saft austritt, dann den Zucker und den Zitronensaft hinzugeben.
5. Eine große Schüssel in den Ofen stellen und vorwärmen.
6. Den Topf mit den Früchten bei niedriger Hitze köcheln lassen, damit sich der gesamte Zucker im Saft auflöst. Dieser Vorgang dauert etwa 10 Minuten.

7. Die Herdplatte hochstellen und 8 Minuten lang unter schnellem Rühren aufkochen, um ein Anhocken zu vermeiden.
8. Die Schüssel aus dem Ofen nehmen und ein Siebtuch oder ein mit Mullbindetuch ausgekleidetes Küchensieb auflegen.
9. Das heiße Früchtegemisch vorsichtig in die Siebvorrichtung gießen. Eventuell muss noch ein weiteres Paar Hände mithelfen.
10. Das heiße Fruchtfleisch rasch mit einem Löffelrücken durch das Tuch drücken, bevor die Flüssigkeit geliert. Sollte dies der Fall sein, kann das Fruchtfleisch in einem anderen, sauberen Topf noch mal vorsichtig erwärmt werden. Die Kerne entsorgen.
11. Die Flüssigkeit in die warmen, sterilisierten Gläser gießen.
12. Etikettieren und aufbewahren. Dieses Gelee hält sich im Kühlschrank etwa 1 Monat.

Sein erstes Jahr hatte James im Studentenwohnheim verbracht, während ich zu Hause noch mein Kunststudium abschloss, doch es war nicht leicht gewesen, voneinander getrennt zu sein. Wir vermissten einander, telefonierten stundenlang und schrieben uns Briefe. In diesem ersten Jahr hatte er sich so weit außerhalb seiner Komfortzone bewegt, wie es überhaupt nur möglich war. Der Bauernjunge verwandelte sich in einen Studenten, der ganze Tage mit Lesen, dem Schreiben von Aufsätzen und in Tutorien verbrachte, anstatt Ställe auszumisten und Schafe zu versorgen. Bis vor Kurzem hatte er noch nicht einmal eine saubere Handschrift beherrscht. Bevor er sich immatrikulierte, habe ich mit ihm anhand eines Kinderbuchs geübt. Wir saßen zusammen an Mums Küchentisch, wo er die Buchstaben abschrieb und sich bemühte, sie miteinander zu verbinden. Er verstand Unmengen hochtrabender Dinge, doch bei der Grammatik haperte es grundlegend, also bin ich mit ihm die einfachsten Übungen durchgegangen. Trotzdem hatte er es hierhergeschafft, und er kam klar. Ich glaubte an ihn.

Meine Freundinnen zu Hause heirateten, hatten Arbeit bei

einer Bank, in der Stadtverwaltung, als Lehrerinnen oder Krankenschwestern gefunden, und ich wusste, dass sie ihre Finanzen separat von denen ihrer Männer regelten. Sie wollten finanziell unabhängig und nicht wie die meisten ihrer Mütter vom Einkommen ihrer Ehemänner abhängig sein. Doch von Beginn an, als James und ich ein Paar wurden, wussten wir, dass wir alles zusammenlegen wollten, und eröffneten ein gemeinsames Bankkonto.

Nach den ersten Wochen der Eingewöhnung begann James' Vorlesungszeit. Er war wieder in sein Studium vertieft. Das Geld wurde knapp, und ich wusste, dass ich mir einen Job suchen musste. Wir brauchten ein regelmäßiges Einkommen, und stundenlang über Stickereien zu sitzen mit der geringen Chance, dass ich in ein paar Monaten vielleicht eines meiner Werke verkaufen würde, war viel zu riskant. Im Lauf des auf meinen Studienabschluss folgenden Sommers hatte ich mich auf einige Stellen beworben, war jedoch zu keinem Vorstellungsgespräch eingeladen worden. Jede Woche studierte ich die Inserate der Lokalzeitung und Stellenbörsen und reichte sofort meinen Lebenslauf ein, wenn ich etwas entdeckte, das vielleicht infrage kam. Ich kassierte nur Absagen. Die Zeit der Unbeschwertheit war vorüber.

Ich gab mir Mühe, mich von diesen Rückschlägen nicht entmutigen zu lassen, indem ich mir sagte, dass denen etwas entging, nicht mir, und es half, dass ich weit entfernt von den ganzen Wichtigtuern zu Hause war, die gut gemeinte Fragen stellten. Die Absagen warf ich alle in den Müll. Meine Mutter war nun diejenige, die mit der ganzen Neugierde konfrontiert wurde, von Freunden, die sie auf der Straße ansprachen: »Wie kommt Helen in Oxford zurecht?« Erwartungsvolle Fragen von Kleinstädtern, die hören wollen, dass man entweder auf den Mond fliegt (»Unserer Helen geht es hervorragend!«) oder abgestürzt ist (»Das hat alles nicht so recht geklappt, sie arbeitet jetzt als Aushilfe in einem Büro«). Ich weiß nicht, was sie geantwortet hat. Wenn sie sich am Telefon erkundigte, wie es lief, vermied ich es immer, ihr eine direkte Antwort zu geben.

Ich brauchte also einen Job. Seit meinem 14. Lebensjahr hatte ich als Kellnerin gearbeitet und wusste, dass ich zur Not darauf zurückgreifen konnte, aber ich versuchte verzweifelt, Helen mit dem coolen Job zu sein. Jedes Mal, wenn ich mich auf eine Stelle bewarb, ging mir diese schreckliche Frage durch den Kopf, die wir Kindern dauernd stellen – »Was willst du denn mal werden, wenn du groß bist?« Seit ich auf die höhere Schule gegangen war, war mir diese Frage tausendmal gestellt worden. Ich hatte keine Ahnung, was ich »werden« wollte. Mein Kunststudium war eine Strategie gewesen, diese Entscheidung noch weiter hinauszuzögern. Mum und Dad waren der Meinung, dass, sobald man einen Abschluss in irgendetwas hat, einfach in den nächstbesten Job marschieren könne, aber diese Vorstellung war schon seit 20 Jahren überholt.

Ich meldete mich schließlich bei der nahe gelegenen Zeitarbeitsfirma *Office Angels*, von wo aus man mich in ein Callcenter in einem Gewerbegebiet am Stadtrand schickte. Um 16 Uhr begann meine Schicht. Ich trat durch die Tür in einen riesigen Raum voller Schreibtische, in dem die Leute alle Kopfhörer trugen und in kleine Mikrofone sprachen. Ein Mann in einem schmuddeligen T-Shirt, Jeans und Turnschuhen nahm mich mit zu einer unbesetzten Kabine, händigte mir ein Headset aus und meldete mich an einem Bildschirm an, auf dem lauter Telefonnummern zu sehen waren. Mir wurde erklärt, ich solle die Nummern auf der Liste anrufen, den Text ablesen, der auf Mausklick eingeblendet würde, und mich dann, wenn die Person nicht gleich auflegte, durchklicken, um die weiteren Texte abzulesen. Der Mann sagte mir, dass ich eine bestimmte Anzahl von Anrufen pro Stunde erreichen müsse, und überließ mich dann meiner Aufgabe. Zurückhaltend wählte ich die erste, namenlose

Nummer und sagte: »Hallo«. Es meldete sich eine angenehm klingende Frauenstimme. Ich entschuldige mich für die Störung und begann, den eingeblendeten Text vorzulesen. Sie legte auf. Ich versuchte es mit weiteren Nummern, und wieder, wieder und wieder wurde aufgelegt. Nach einer gefühlten Ewigkeit schaute ich auf die Uhr und sah, dass es erst 17.30 Uhr war. Die Leute, die ich anrief, kamen gerade von der Arbeit, brachten ihre Kinder nach der Schule ins Bett, erledigten Hausarbeiten oder fütterten ihren Hund. Oder sie waren gerade am Kochen, und ich, eine Fremde, störte sie in ihrem Zuhause, um ihnen etwas zu verkaufen, was sie nicht brauchten. Mir wurde schlecht. Ich musste mich daran erinnern, wie Mum über solche Anrufe beim Familienessen immer geschimpft hat, und fragte mich, was James wohl zu Abend essen würde, wo er doch jetzt allein war. Ich dachte an das Schinken-Sandwich in meiner Tasche, und dass es mittlerweile warm geworden sein musste. Plötzlich verspürte ich den Drang aufzustehen, das Headset abzunehmen und die Tür von außen zuzumachen. Und das tat ich dann auch.

Ein paar Tage später bekam ich einen Job in einem Maklerbüro, wo ich Immobilieninformationen abtippte. Das war etwas besser, aber ich sehnte mich danach, rauszugehen und die Häuser zu besichtigen. Das einzige Mal, das ich den ganzen Tag an die frische Luft kam, war, wenn ich in meinen Stöckelschuhen zu Tesco ging, um mein »Meal Deal« zu kaufen – das immer gleiche Vollkornsandwich mit Huhn und Salat belegt, Salz- und Essigchips und ein Apfelsaft dazu. Niemand machte eine richtige Mittagspause, die Telefone klingelten am laufenden Band. Während ich vor meinem Bildschirm saß und darauf achtete, dass keine Krümel auf meine weiße Bluse fielen, stellte ich mir vor, selbst Immobilien zu verkaufen und Paare durch die Häuser zu führen, die Schlüssel zu ihren Zukunftsträumen in den Händen. Doch ich war nur ein junges Mädchen hinter einem Schreibtisch, das so tat, als würde es in all dem irgendeine Rolle spielen. Nachdem der Geschäftsführer mir eines Tages ein unangemessenes Kompliment für meine knielangen braunen Lederstiefel und meinen kurzen Tweedrock gemacht hatte, vermied ich es, ihm allein in der winzigen Küche über den Weg zu laufen. Er war verheiratet, aber im Gegensatz zu dem Kollegen, der nicht aufhören konnte, von seiner Familie zu schwärmen, erwähnte dieser Frau und Kinder nie. Immer wieder kam er in mein kleines Zimmer und beugte sich sehr nah zu meinem Bildschirm, während ich mich durch die Bilder für das Verkaufsexposé klickte. Er ließ sich viel Zeit, um dasjenige auszuwählen, das er für den Aushang im Schaufenster haben wollte, und machte einen unangebrachten Kommentar zu meinem Parfum. Eine Maklerin aus dem Team bekam davon mit und erzählte mir eines Tages, dass er es auch bei ihr versucht habe, als sie dort anfing. Mir wurde klar, dass ich es nicht länger ertragen würde, ein fensterloses Hinterzimmer mit ihm zu teilen.

> Kreative Pausenbrotideen siehe S. 384

KANINCHEN

Ich stehe an einer Seite der Bar, lächle und versuche über die Witze zu lachen, aber keiner davon ist wirklich lustig. James blickt zu mir herüber und rollt mit den Augen, als wolle er sagen: »Ich weiß, die sind total bescheuert.« Ich nippe an meinem Drink und tue so, als würde ich mich amüsieren.

Es war ein langer, heißer Tag hinter dem Computerbildschirm im Immobilienbüro. Als ich nach Hause komme, liegt James mit einem Buch in der Hand auf dem Sofa. Ich schaue auf die Uhr und sage ihm, dass wir uns jetzt fertig machen sollten. Schnell dusche ich mich und wasche mir die Haare in unserem winzigen

Badezimmer. Ich ziehe meine einzige »Ausgeh«-Hose an, eine schwarze, schmale Hose im Zigarettenstil, und fühle mich sofort schlank und elegant, brauche aber noch ein Oberteil. Ich krame in meiner Schublade und finde ein schwarzes Shirt, an dem noch das Ladenetikett befestigt ist. Es hat einen Netzeinsatz im Dekolleté, der sich etwas kratzig anfühlt, als ich es mir über den Kopf ziehe, aber das wird schon gehen. Ich rubble mir das Haar mit dem Handtuch trocken und neige meinen Kopf nach vorn, um es zu föhnen und die Spitzen mit einer Bürste einzudrehen. Dann bitte ich James, das Schildchen abzuschneiden und die Knöpfe am Rücken zuzumachen. Er fummelt mit seinen Bauernfingern an der Knopfleiste herum, um die Knöpfe durch die kleinen Schlaufen zu drücken, und gibt mir einen Kuss auf den Nacken.

Startschuss für die Drinks ist ab 19 Uhr im Gemeinschaftsraum der älteren Studenten. Mein Oberteil ist nahezu ärmellos, die Schultern sind lediglich von einem winzigen Stück Stoff bedeckt, also trage ich Bronzepuder auf meine Arme auf, um meiner blassen Haut etwas Farbe zu verleihen, und zücke einen auberginefarbenen Lippenstift, den ich bei einer Verteilaktion von Gratistüten mit Schönheitsprodukten bekommen habe. Ich werfe einen Blick in den Spiegel und wische ihn mit einem Stück Toilettenpapier sofort wieder ab. Stattdessen stecke ich einen Lippenbalsam aus Bienenwachs in meine Tasche. Ich habe keine Ahnung, wie ich mich schminken soll. Meine tägliche Hautpflege ist ganz einfach: Ich wasche mein Gesicht mit einem Waschlappen mit etwas Dove-Seife und schmiere mich anschließend mit einer Feuchtigkeitscreme ein. Manchmal tusche ich meine langen, hellen Wimpern mit brauner Mascara, aber wenn es darum geht, Lidschatten aufzutragen oder einen Stift für die Augenbrauen zu verwenden, bin ich aufgeschmissen. In den Kaufhäusern laufe ich immer schnell an den Ständen mit den makellos geschminkten Verkäuferinnen vorbei, die mir irgendwelche Schönheitsprodukte andrehen wollen. Ich brauche weniger Zeit, um mich fertig zu machen, als James braucht, um sich zu rasieren und ein faltenfreies Hemd zu finden. Mit heißen, müden Füßen schlüpfe ich wieder in die Stöckelschuhe, die ich im Büro trage, weil ich sonst keine anderen schicken Schuhe habe. Ich verwende einen Sprühstoß des Parfums *Trésor* von Lancôme, das ich letztes Jahr zu Weihnachten bekommen habe, und nehme meine Handtasche und meine Jeansjacke mit.

James spürt, dass ich aufgeregt bin, weil wir heute ausgehen; er zieht mich an sich, legt beide Hände um meine Taille und sagt mir, dass ich umwerfend aussähe. Ich dränge zum Aufbruch und vergewissere mich an der Tür, dass wir beide unseren Schlüssel dabeihaben.

Ich schließe mich ihm heute an, weil ich bei seinen Veranstaltungen an der Uni kaum dabei bin und er mir das Gefühl geben will dazuzugehören. Zur Feier des Trimesterabschlusses gibt es Drinks und ein Dinner, und ich möchte natürlich auch nicht immer James' unsichtbare Freundin sein.

Als wir den Gemeinschaftsraum betreten, steht eine Gruppe von Bekannten in der Nähe eines Klaviers, also gehen wir hinüber und gesellen uns dazu. James hat sich eine bestimmte Art zu sein, eine Verhaltensweise in dieser Welt angeeignet, um akzeptiert zu werden und dazuzugehören. Im Grunde kann er das hier alles nicht ausstehen, aber er gibt sich höflich. Ich habe mich bei ihm untergehakt und lächle bei der Vorstellung. Wir nehmen uns etwas zu trinken, für irgendetwas wird eine Verlosung veranstaltet. James' Name wird aufgerufen, und er überreicht mir den Preis. In dem Umschlag befindet sich ein Gutschein für einen Verkaufsstand auf dem Covered Market, der Wild verkauft. Er hat einen Kaninchenrücken gewonnen. Ich lache – so was können Studenten auch nur in Oxford gewinnen. Ich habe noch nie Kaninchen zubereitet, aber jetzt werde ich es wohl sehr bald lernen. Bei mir zu Hause galt Kaninchen immer als Essen für Arme – ein Essen für Wilddiebe, wenn kein anderes Fleisch verfügbar war.

> **Einfache Studentenküche siehe S. 386**

Niemand weiß so recht, wie er auf meine Antwort auf die Frage, was ich beruflich mache, reagieren soll. Wenn ich sage, dass ich Sekretärin in einem Immobilienbüro bin, ziehen sie weiter und schenken mir ein flüchtiges Lächeln. Ich spüre regelrecht Mitleid in ihrer Reaktion.

Die Gruppe wird immer betrunkener, und die Mädchen versammeln sich kichernd auf der Toilette, wohin ich für einen Moment zu entfliehen versuche. Einer der Jungs versucht offenbar, eine von ihnen anzumachen; seine Familie hat ein Anwesen in Suffolk, ganz in der Nähe ihrer Heimat. Ich lächele und neige meinen Kopf nach vorn, um mein Haar aufzuschütteln, das sich schon etwas schlaff anfühlt. Ich frage mich, warum ich bloß eingewilligt habe, mitzukommen.

Die Nacht zieht sich in die Länge, in meinen Ohren dröhnt der Small Talk. Unsere Gruppe zieht weiter zu einer Bar an der Hauptstraße. Es ist überfüllt und laut dort, mit vielen Männern in Anzügen, die nach der Arbeit noch einen trinken gehen, und Frauen in glamourösen Kleidern, die ihre entblößten, gebräunten Arme und Beine zeigen und ihre teuren Handtaschen auf dem Boden neben den Glastischen stehen haben. Mit ihren manikürten Fingernägeln nippen sie an exotischen Cocktails. Wir gehen zur Bar, und James fragt, was ich trinken möchte. Normalerweise würde ich nach einem halben Cider fragen, doch ich ändere in letzter Minute meine Meinung und sage: »Ich nehme einen Weißwein.« Der kommt in einem riesigen, ballonförmigen Glas daher, das so groß und hoch ist, dass ich es kaum halten kann, und es ist noch nicht einmal viel Wein drin, sodass ich mich lange daran festhalten könnte. Ich wünschte, ich hätte um eine Limonade gebeten. Mir ist heiß, und das schwarze Top ist unbequem, und außerdem ist mir bewusst, dass ich furchtbar blass aussehe. Ich nehme einen Schluck von dem Wein. Mein Gesicht fühlt sich an, als sei es gerötet, das Blut steigt mir in den Kopf von den Drinks, die wir bereits hatten. James, der ein paar Meter von mir entfernt steht, hält eine Bierflasche in der Hand; er wirft mir einen wissenden Blick zu.

Nach einer Weile und ein paar weiteren Drinks leert sich die Bar, und ich werfe einen Blick auf die Uhr. Es ist 21 Uhr, und ich bin schrecklich hungrig. Ich frage eines der Mädchen, ob wir nicht zu spät zu unserem Tisch kommen, und sie sagt allen, dass sie austrinken sollen, bevor wir uns auf den Weg zum Restaurant machen. Ich bin schon hunderte Male an der Tür dieses Lokals vorbeigegangen, und es ist mir nie aufgefallen. Eine schmale Treppe, die seit Jahren nicht mehr geputzt worden ist, führt zu einer Tür hinauf, die in einen langen, dunklen Gang führt. Wir drängen uns um den Tisch, der mit Teelichtern und rosafarbenen Nelken in kleinen Vasen dekoriert ist. Wir sind 14 Personen. Ich nehme eine Speisekarte von einem lustlos wirkenden Kellner entgegen. Alle sind ziemlich betrunken, sodass die Bestellung der Speisen sich chaotisch gestaltet, aber jeder scheint zu wissen, was er haben will, ohne einen Blick auf die Karte werfen zu müssen: Lamm Jalfrezi, Balti, Murgh Makhani – und Saag Aloo für die Vegetarier. Das sind Gerichte, die ich noch nie probiert, geschweige denn, dass ich schon mal davon gehört habe; bei den wenigen Malen, wenn wir zu Hause Take Away beim Inder bestellten, habe ich immer ein Chicken Korma genommen. Ich schaue in die Speisekarte, als ich mit dem Bestellen an der Reihe bin. Ich möchte nicht unwissend wirken, also bestelle ich ein Biryani. Das Essen lässt ewig auf sich warten. Ich knabbere mich durch fettige Papadams, die ich in Mango-Chutney tunke, um mich mit irgendetwas zu beschäftigen. Ich höre den Gesprächen zu und nicke, habe aber keine Ahnung, über wen oder was sie reden. Als das Biryani endlich kommt, stochere ich in dem Essen herum. Der Appetit ist mir mittlerweile gründlich vergangen.

Als das Gespräch auf das Seminar und den letzten Aufsatz, den sie alle abgegeben haben, kommt, entzündet sich eine hitzige Debatte am Tisch. Ich schaue erneut zu James, er sieht mir an, wie sehr mich das alles anstrengt. Ich bin wirklich müde. Diese Studenten haben wahrscheinlich bis mittags geschlafen und den Nachmittag im Park verbracht, während ich den ganzen Tag in diesem trostlosen Büro festsaß. Ich weiß, dass er nicht einfach aufstehen und gehen kann – das wäre unhöflich. Er ist jetzt ein Teil dieser Welt, und ich bin es eben nicht. Mir wird klar, dass ich von überhaupt keiner Welt ein Teil bin.

Die Leute, die um unseren Tisch herum sitzen, scheinen alle genau zu wissen, wer sie sind und was sie wollen. Sie strahlen Selbstvertrauen und Selbstbewusstsein aus. Nach Oxford zu gehen, war schon lange geplant. Manche studieren Jura oder haben gerade ein Praktikum ergattert, sie steigen danach ins Familienunternehmen ein oder gründen ihre eigene Firma. An weit entlegene Orte zu reisen, ist etwas ganz Normales für sie – nach Afrika oder Nepal zu fliegen ist, als springe man mal eben schnell in einen Bus und fahre bis zur nächsten Haltestelle. Auch ihre Hobbys sind mir fremd: Rudern, Skifahren, Klettern und Surfen … Sie suchen das Abenteuer, den Rausch und ein Leben, in dem sich alles um sie selbst und ihre Ziele dreht. Ihre Gegenwart irritiert mich, was dazu führt, dass ich an meinem Wunsch, ein Haus zu bauen und eine Familie zu gründen, zweifle. Keiner von ihnen scheint den Plan zu haben, jemals Kinder haben zu wollen oder sich um die alten Eltern zu kümmern, oder nach Hause zurückkehren, um dort zu leben und zu arbeiten. Sie leben in diesem Gefühl, das Recht auf ein Leben zu haben, in dem es um Selbstverwirklichung geht, und dieses Leben können sie sich überall in der Welt erfüllen.

Ich zwänge mich aus meinem Stuhl. Es ist heiß und laut. Ich stehle mich an den anderen vorbei und tue so, als wolle ich auf die Toilette gehen. James flüstere ich ins Ohr: »Wir sehen uns zu Hause.« Ich gehe die Treppe hinunter und lasse mich von der kühlen Nachtluft umfangen. Ich fühle mich frei und erleichtert. Das sind nicht meine Leute, und ich muss hier nicht bleiben. Genau genommen, ist es mir sogar egal, ob es für mich überhaupt so etwas wie »meine Leute« gibt. In der ganzen Stadt sind Gruppen von Studenten unterwegs, die aus Bars herausströmen oder auf den Stufen des Ashmolean Museums sitzen. Die Hitze des Tages ist verflogen, und ich bin froh um meine Jacke. Ich ziehe meine engen Schuhe aus und laufe barfuß über die sauberen Bürgersteige zurück in unsere gemütliche Souterrainwohnung. Ich mache mir eine Tasse Tee und eine Scheibe Toast, bevor ich mich in eine Decke auf dem Sofa einmummele und mich ordentlich ausheule.

ESSEN AUS DER MIKROWELLE

Nach ein paar Monaten höre ich bei dem Immobilienbüro auf und gehe wieder meiner vertrauten Arbeit in einem Café nach. Ich melde mich für die Frühschichten, weil die frühen Morgenstunden mir lieber sind als die langen Abende. Ich laufe die drei Straßen entlang, die zwischen unserer Wohnung und dem Café liegen, dick eingepackt in Schal und Mütze, einen braunen Wildledermantel, eine schwarze Hose, eine schwarze Bluse und bequeme Schuhe. Zusammen mit einem anderen Mädchen schließe ich den Laden auf. Wir zünden den Gasherd in der Kellerküche an und spornen uns gegenseitig dazu an, es zu wagen, den Arm mit dem langen Streichholz weit hineinzustecken, wenn es nicht gleich beim ersten Mal klappt. Im Obergeschoss stelle ich die Kaffeemaschine an. Ich hebe die Hocker und Stühle von den Tischen, auf denen sie kopfüber standen, damit die Spätschicht den Boden wischen konnte, wobei er nie so sauber ist, wie er es meiner Meinung nach sein sollte. Der Speiseaufzug bringt warme Baguettes und Gebäck zur Theke herauf; sie wurden tiefgekühlt auf einem Backblech aufgebacken, doch ich arrangiere sie so in ihren Körben, als kämen sie frisch aus hauseigener Produktion. Ich hetze hin und her und mache Latte Macchiato und Cappuccino für die Männer in ihren Anzügen, die vor der Tür Schlange stehen, um sich ihren morgendlichen Koffeinkick abzuholen. Daran, heiße Getränke in Pappbechern vor sich herzutragen und nicht zu Hause zu frühstücken, bin ich nicht gewöhnt – auf diese Weise kann man sein Geld auch verschwenden. In den nächsten Stunden füllt sich das Café mit Müttern aus der Mittelschicht, die Leggings tragen und Yogamatten mit sich herumschleppen, Cappuccino trinken und mit ihren Freundinnen über ihre Kinder reden. Es ist mir unerklärlich, wie man so viel verdienen kann, um seinen Vormittag so zu verbringen. Zur Mittagszeit wärmt der »Koch« in der Mikrowelle Kartoffelpüree in einem Plastikbehälter auf, mit Margarine bestrichen und einem gegrillten Hühnchen dazu, das in einer Pfanne so heiß gebraten wird, dass es mehr verbrannt als geschmort aus der Küche kommt. Vorgekochte und portionierte Nudeln werden in siedendem Wasser aufgewärmt und im Anschluss mit verkochtem Gemüse und Tomatensoße vermischt, um dann in der Pfanne mit Feta-Käse überbacken zu werden. Im Kühlschrank stapeln sich die Plastikbehälter mit dem vorbereiteten Essen, auf die mit bunten Stiften das Datum gekritzelt ist, zu einem Jenga-Turm. Das Einzige, was hier frisch gekocht wird, ist das Frühstück, wobei auch das aus gummiartigen Rühreiern aus der Mikrowelle besteht. Das vegetarische Angebot besteht aus irgendeiner seltsamen grünen Veggie-Wurst, die für den menschlichen Verzehr nicht so recht geeignet erscheint. Der Besitzer ist nie vor Ort, um sich zu vergewissern, wie das Essen schmeckt; er schaut am

Ende des Tages vorbei, um das Geld zur Bank zu bringen. Mit seinem aufpolierten BMW hält er immer direkt vor der Tür, und während er einen Espresso runterkippt, holen wir die schweren, grünen Bankbeutel aus dem Safe, die er in seiner ledernen Aktentasche verstaut.

An der Hintertür lungern meist irgendwelche Leute herum, der Freund des Chefs mit seinen Kumpels zum Beispiel. Während meiner vielen Gänge zu den Mülltonnen fällt mir ziemlich schnell auf, dass sie kiffen. Sie versuchen es auch gar nicht zu verbergen. Einmal bieten sie mir einen Joint zum Probieren an, und weil ich nicht spießig sein will, nehme ich ihn an, verstecke ihn jedoch später in unserer Wohnung, aus Angst, dass die Polizei vorbeischaut. James zündet ihn in dieser Nacht an. Ich nehme einen Zug und fühle mich ganz benommen und schwindelig. Er lacht über meinen Zustand und meint, ich sei vielleicht für Drogen nicht gemacht.

Während ich am nächsten Tag die Milch in der Kaffeemaschine aufschäume, träume ich davon, mein eigenes Literaturcafé zu eröffnen, mit Schränken voll von interessanten Büchern und Kunstwerken an den Wänden. Ein Ort, an dem das Essen aus frischen Zutaten aus der Region gekocht wird und die Kuchen alle hausgemacht sind und nicht in Plastikkartons aus dem Lieferwagen einer Catering-Firma kommen.

James holt mich nach meiner Schicht oft ab, manchmal gehen wir in das Programmkino auf der anderen Straßenseite, um uns Arthouse-Filme anzusehen. Beim Rauskommen fragen wir uns, worum in aller Welt es eigentlich ging, und dann laufen wir in die Stadt zum Covered Market und kaufen etwas Leckeres zum Abendessen.

Der Hof zieht James nach Norden wie ein Magnet. Die Trimester in Oxford sind kurz, also fahren auch wir regelmäßig nach Hause. Alle paar Wochen sind wir auf der Autobahn unterwegs, während wir Coldplay hören oder ich etwas vorlese. Wir unterhalten uns darüber, worum es in seinem aktuellen Aufsatz geht. Ich stelle Fragen, schließe die Lücken meines rudimentären Geschichtswissens und sage ihm, dass er, wenn es ihm gelingt, einen komplizierten Sachverhalt so zu erklären, dass jemand wie ich es versteht, nur gewinnen kann.

In Momenten wie diesen gibt es nur uns, wir lachen zusammen und sind für den anderen da. Doch sobald wir auf dem Hof seiner Familie angelangt sind und er aus dem Auto steigt, ist er für mich nicht mehr greifbar. Er macht sich direkt an die Arbeit, ohne auch nur Zeit für eine Tasse Tee zu haben, und ist darauf bedacht, den Eindruck zu erwecken, als sei er kaum weg gewesen. Wir kommen nicht nach Hause, um zu plaudern, durch die Fjälls zu wandern oder Freunde zu treffen. Er kommt nach Hause, um zu arbeiten. Wenn er nicht da ist, hat seine Mutter draußen mehr zu tun, und er fühlt sich immer schuldig deswegen. Ich hingegen sitze zu Hause nur noch auf der Reservebank – ich bin ausgezogen, ich studiere nicht mehr, ich habe hier oben keinen Job, und es ist mir unangenehm, zurückzukommen, wenn alle anderen beschäftigt sind. Der Hof hat nicht wirklich noch etwas mit mir zu tun, und ich fühle mich unwohl dabei, zu meinen Eltern heimzukehren und untätig herumzusitzen. Ich besuche meine Schulfreundin mit ihrem kleinen Baby. Sie ist in Elternzeit und scheint von allen, die ich kenne, am glücklichsten zu sein.

Der erste Frühling, den wir in unserem neuen Stadtleben erlebt haben, war einer, über den wir nicht mehr gern sprechen. Die Höfe unserer beiden Familien standen 2001 im Epizentrum der Maul-und-Klauen-Seuche. Bei dieser schrecklichen, hochansteckenden Krankheit bilden sich Blasen an den Mäulern und Füßen von Rindern, Schweinen, Schafen, Hirschen und Ziegen. Sie verbreitete sich in ganz Großbritannien wie ein Lauffeuer von einem Hof zum anderen, ihren Anfang hatte sie bei einem Ausbruch in einer Schweinezucht in Essex. Unsere wohlvertraute Landschaft verwandelte sich schnell in eine Todeszone. Die Regierung versuchte, die Seuche einzudämmen und auszurotten, indem sie infizierte und auch gesunde Tiere auf benachbarten Höfen keulte.

James machte sich schleunigst auf den Rückweg, um seiner Mutter und seinem Vater zu helfen, kurz bevor strenge Verbringungsvorschriften erlassen wurden. Der Betrieb durfte von niemandem mehr betreten oder verlassen werden, um weitere Ansteckungen zu verhindern. Sämtliche Höfe im Land standen unter einer Ausgangssperre. Ich blieb in Oxford, allein, und konnte nur aus der Ferne mitverfolgen, wie sich die Dinge entwickelten. Im Fernsehen waren Aufnahmen von Tierärzten in Schutzanzügen zu sehen, die aussahen, als seien sie Außerirdische von einem anderen Planeten, und von Scheiterhaufen mit brennenden Tieren. Ich rief meine Mutter jeden Abend nach der Arbeit an, um mich auf dem Laufenden zu halten. Nach ein paar Wochen erhielt ich die Nachricht, die wir alle befürchtet hatten: Es gab einen betroffenen Hof ganz in der Nähe, sodass auch unsere Schafe und neu geborenen Lämmer alle geschlachtet werden mussten. Dad half den Schafen bei der Geburt – in dem Wissen, dass sie bald alle gekeult und verbrannt oder begraben werden würden. Es war herzzerreißend. An dem Tag, an dem der Lastwagen kam, um die Herde zu verladen, schluchzte Mum am Telefon. Sie sagte, sie könne es kaum ertragen, dem Fahrer ins Gesicht zu blicken, und dass sie am äußersten Ende der Straße stand, als die Tiere abgeholt wurden. Die ganze Bürokratie, die obendrein damit verbunden war, durchblickte sie nicht, und bis zu diesem Moment hatte ich es noch nie erlebt, dass sie weinte.

James sprach kaum darüber. Er wurde immer unterkühlter und pragmatischer. Wenn es drauf ankommt, kann er funktionieren wie eine Maschine. Einige seiner Rinder drehten durch, sie hatten noch nie ein Gebäude, geschweige denn einen Lastwagen von innen gesehen. Es war ein ziemliches Unterfangen, sie für die Testung zusammenzutreiben. Als eine Ferse Anzeichen einer Erkrankung zeigte, wurde beschlossen, einen Scharfschützen zu verständigen, um das Tier auf der Weide zu erschießen, wo es graste. James beschrieb mir surreale Szenen, so grauenvoll, wie er es sich niemals hätte vorstellen können. Auf den Feldern und Wiesen rund um den Ort lagen die Kadaver von Kühen in der Sonne. Als er mir erzählte, dass auch die reinrassige Schafherde seines Großvaters komplett getötet wurde, brach er zusammen. Ich wusste nicht, was ich sagen sollte.

Die Gesichter der Bauern, die ich in den Abendnachrichten sah, waren die der Männer und Frauen, in deren Umfeld ich aufgewachsen war. Ich hatte ihnen auf den Auktionen im Café Tee und Speckbrötchen serviert. Männer, bei denen man normalerweise keinerlei Gefühlsregung beobachten konnte, wurden jetzt mit rot gefleckten Gesichtern gefilmt, während sie versuchten, in Anwesenheit der BBC ihre Tränen zurückzuhalten. Ihr Lebenswerk, ihr Viehbestand, ihre existenzielle Grundlage wurde vernichtet. Und ich saß hier, 400 Kilometer entfernt. Als ich die Straße hinunterlief und zur Arbeit ging, schienen die Leute um mich herum davon nichts mitzubekommen – sie trafen sich mit Freunden, kauften ein und waren mit ihrem Coffee to go auf dem Weg ins Büro. Alles, was ich an Gesprächen über die Maul- und Klauenseuche mitbekam, zeugte von einem Mangel an Verständnis, oder noch schlimmer: Es schien, als bestätige der Vorfall die allgemeinen Vorbehalte gegenüber der Landwirtschaft. Ich kam mir plötzlich vor wie eine Fremde in einem fremden Land. Zurück in der Wohnung war ich niedergeschlagen und fühlte mich einsam. Ich konnte nicht helfen, ich war von all dem abgeschnitten, und doch geschahen diese Dinge bei mir zu Hause, betrafen sie die Menschen, die mir nahestanden. Meine Bestürzung fühlte sich völlig unbedeutend an.

Im Sommer konnte ich dann nach Hause. Der Zug fuhr durch leere Landschaften, auf deren Wiesen keine Schafe und Rinder mehr weideten. Auf den Höfen unserer jeweiligen Familien war es unheimlich still, alles wirkte leblos. Doch die Bauern begannen allmählich wieder aufzubauen, was sie verloren hatten.

War ich nach der Arbeit für mich, habe ich oft einen längeren Weg zurück zur Wohnung genommen und bin durch die University Parks gelaufen. Ich beobachtete die Menschen, die miteinander lachend und plaudernd des Wegs kamen, den Blick nach vorn gerichtet, als wüssten sie, wohin es für sie im Leben ging. An jedem dieser Abende, an denen James nicht da war, ließ ich mich vom Fernseher berieseln und aß Gerichte aus der Mikrowelle. Ich brach mit meiner eigenen Regel, das Essen am Tisch einzunehmen. Ich machte es mir im Schlafanzug unter einer Decke auf dem Sofa gemütlich und schuf mir auf diese Weise einen Kokon, in dem ich mich geborgen fühlte. Rückblickend betrachtet, war dies jedoch kein Leben, nur ein Existieren. Im Fernsehen liefen endlose Episoden von Friends und Sex and the City, und ich fühlte mich leer. Im Gegensatz zu den Figuren der Serien hatte ich keine Clique von Freunden um mich herum. Ich wusste natürlich, dass ihr Leben nicht real war, aber so langsam wurde mir klar, dass ich mich von jeglicher Art von Spaß, Freundschaft und gegenseitiger Hilfe abgeschottet hatte.

Oxford war ständig in Bewegung. Im Juni waren die Studenten alle verschwunden. Dann kamen die Touristen mit ihren Kameras um den Hals, um sich scharenweise vor den Bauwerken zu versammeln. Die Leute, die in unserer Nachbarschaft wohnten, blieben unter sich. Nach einer Weile wurde mir klar, dass keiner seinen Nachbarn wirklich kannte, und es fanden auch keine Veranstaltungen statt, bei denen man sich besser hätte kennenlernen können. Für mich war hier keinerlei Gemeingeist erkennbar. Im Café bekam ich Gespräche darüber mit, woher die

Leute kamen und wie lang sie bleiben würden. Oxford war eine Stadt, die sich eher wie eine Bushaltestelle anfühlte.

Dann freundete ich mich mit einem Mädchen an, das auch in dem Café arbeitete; sie hieß Sophia, war so zierlich gewachsen wie ich, hatte aber lange dunkle Haare und trug ein Nasenpiercing. Wir arbeiteten gut zusammen und reichten einander immer dasjenige, was die andere gerade brauchte. Sie lächelte und war nett zu den Kunden, doch wenn die arrogant oder unhöflich waren, machte sie sich über sie lustig, sobald die Tür hinter ihnen ins Schloss fiel, und darüber musste ich immer lachen. Nach der Arbeit gingen wir oft in eine nahe gelegene Bar oder ein anderes Café, wo sie die Jungs abchecken konnte. Es war an einem sonnigen Nachmittag im September, wir unterhielten uns und tranken einen Kaffee. Unsere Schicht war fast zu Ende, nach der trubeligen Mittagszeit war Ruhe eingekehrt. Plötzlich kam jemand ins Café gerannt und rief uns zu, wir sollten den Fernseher einschalten. Wir hatten einen winzigen, an der Wand montierten Bildschirm, auf dem der Besitzer abends manchmal das Sportprogramm anstellte. Auf allen Kanälen lief dasselbe Bild: von einem Flugzeug, das in eines von zwei Hochhäusern krachte. Es sah aus, als sei es in Amerika. Wir starrten auf den Bildschirm, als die Aufnahmen zeigten, wie ein anderes Flugzeug direkt in den anderen Turm flog. Ich war fassungslos. »Was ist da los? Sind da noch Menschen drin?« Sophia und ich standen dicht zusammen und hielten uns gegenseitig an den Armen. Die Zwillingstürme in New York – wir konnten es nicht glauben. Ich rief James an, der zu Hause auf dem Hof war, um ihm zu sagen, er solle den Fernseher einschalten. Es war der 11. September, und die ganze Welt stand plötzlich still.

ZITRONENBAISERTORTE

Der Geruch von braunem Zucker, Ingwer und Zimt steigt durch das Treppenhaus unserer Wohnung, während ich mit einer weiteren Schachtel voller Küchlein zum Autokofferraum flitze. Ich habe sowohl unsere Wohnungstür als auch die Tür zum Hauseingang angelehnt und hoffe, dass sie nicht ins Schloss fällt und ich ausgesperrt werde. Ich bin seit fünf Uhr morgens wach und backe Bleche voller Schokoladen-Brownies, Lemon-Drizzle-Cakes und Karamell-Shortbread, die ich in quadratische Stücke geschnitten und in Folie gewickelt habe. Der Lebkuchen geht schön auf und wartet nur darauf, um aus dem Ofen geholt zu werden. Ich bereite meine Lieferung an das Café vor. Vor zwei Wochen habe ich dem Cafébesitzer vorgeschlagen, selbst ein paar Kuchen zu backen und an der Theke zu verkaufen, anstatt trockene Flapjacks und lasche Rice-Krispie-Cakes mit einer billigen, wächsernen Schokoladenglasur anzubieten, die vom Großhändler geliefert werden. Ich habe es nicht laut gesagt, aber es war mir regelrecht peinlich, solch schreckliches Backwerk zu verkaufen. Er war damit einverstanden, es zu versuchen, und erkundigte sich zum Glück nicht nach der genauen Beschaffenheit meiner winzigen Küche. Ich erzählte ihm, dass ich ein gültiges Lebensmittelhygienezertifikat besäße (aus einem Kurs, den meine Mutter für ihr Bed & Breakfast brauchte und den ich ebenfalls besucht hatte, um ihr Gesellschaft zu leisten), und wir verständigten uns über die Preise. Schnell war alles ausverkauft, und wir brauchten Nachschub. Mit einem Mal beliefere ich ein gut laufendes Café mit so vielen Kuchen, wie ich backen kann. Nach der Arbeit bin ich ununterbrochen in der Küche zugange, um der Nachfrage gerecht zu werden. Ich habe zwei Lieferungen die Woche zugestimmt. Es ist so ein befriedigendes Gefühl, Kuchen an der Theke zu verkaufen, von dem ich insgeheim weiß, dass ich ihn selbst gebacken habe. Die Resonanz der Kundschaft ist durchwegs positiv. Es scheint, als lebe ich in einer Welt, in der niemand mehr zu Hause kocht und bäckt. Die Studenten essen alle in ihren Uni-Mensen, und die Straßencafés, Sandwichläden und Restaurants sind immer voll. Altmodische, häusliche Dinge wie die Zubereitung von gutem Essen sind aus dieser Welt verschwunden.

MANDELSCHNITTEN

Zutaten:
Für den Blätterteig:
225 g Mehl, dazu noch etwas zum Bestäuben
100 g kalte Butter, dazu noch etwas zum Einfetten
2 EL Feiner Zucker
2–3 EL kaltes Wasser
Für die Füllung:
100 g Butter (bei Zimmertemperatur erwärmt)
100 g Feiner Zucker
2 Eier
150 g selbsttreibendes Mehl oder Mehl vermischt mit 2 TL Backpulver
50 g gemahlene Mandeln
1 TL Mandelessenz
7 EL Himbeermarmelade
2 EL Mandelblättchen zum Garnieren
Vorbereitungszeit: 25 Minuten
Ruhezeit: 20–30 Minuten
Backzeit: 25–30 Minuten
Ergibt 24 Stück

Zubereitung:

1. Den Ofen auf 190 °C/Umluft bzw. Gas Stufe 3–4 vorheizen. Ein Backblech einfetten und leicht mit Mehl bestäuben.
2. Für den Teig Mehl, Butter und Zucker in einer Küchenmaschine zu feinen Bröseln zerkleinern. Wenn der Teig mit der Hand hergestellt wird, Mehl und Butter mit den Fingerspitzen einkneten und anschließend den Zucker untermengen.
3. Das kalte Wasser hinzugeben und umrühren, bis sich die Mischung zu einer Kugel formt. Bei der Herstellung mit der Hand das Wasser

vorsichtig in den Mehlklumpen einmengen und mit den Händen zu einer Kugel verkneten.

4. Die Teigkugel einwickeln oder abdecken und für 20–30 Minuten in den Kühlschrank stellen.
5. Für die Füllung Butter und Zucker in einer Küchenmaschine verrühren oder mit der Hand gut verkneten. Die Eier und das Mehl vorsichtig unterheben, bis ein Rührteig entsteht.
6. Die gemahlenen Mandeln und das Mandelaroma in die Masse einrühren.
7. Den Teig auf einer leicht bemehlten Fläche zu einer Dicke von 3 mm ausrollen und die Teigenden mit den Fingern in den Blechrand kneten.
8. Den Teigboden mit Marmelade bestreichen und dann die Füllung vorsichtig obendrauf löffeln und mit einer Gabel verteilen.
9. Mit Mandelblättchen bestreuen und auf der mittleren Schiene 20–25 Minuten goldgelb backen.
10. Vor dem Zerschneiden in quadratische Stücke abkühlen lassen.

> Lemon-Drizzle-Cake und Lebkuchen mit Ingwer siehe S. 395–397

Ich bekomme einen Anruf von der Zeitarbeitsfirma, die mir einen gut bezahlten Job im John-Radcliffe-Krankenhaus anbietet, eine Stelle als Elternzeitvertretung, wo ich mich an zwei Nachmittagen in der Woche um die Überstellung medizinischer Scans an andere Kliniken kümmern soll. Die Arbeitsstelle ist nur wenige Gehminuten von unserer Wohnung entfernt, und ich kann sie mit ein paar Schichten im Café und meinem Backwerk vereinbaren. Die Frauen, die dort arbeiten, sind total nett. Während ich die Gänge auf und ab gehe, sehe ich Familien an der Seite ihrer Liebsten, alt und jung, die von

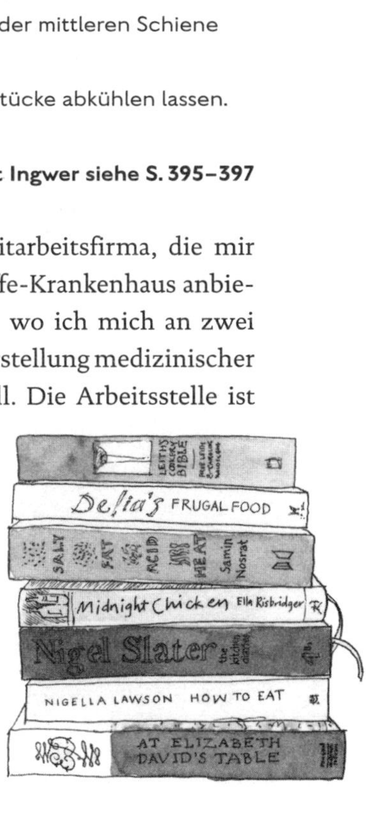

ihnen nach einer Gehirnoperation in Rollstühlen umhergeschoben werden, und ich muss daran denken, für wie selbstverständlich wir es alle nehmen, gesund zu sein. Ich weiß, dass meine Arbeit, so unbedeutend sie auf den ersten Blick erscheinen mag, ein wichtiges Rädchen im Getriebe des Klinikalltags ist. Ich rufe in anderen Krankenhäusern an, damit die Aufnahmen zum richtigen Zeitpunkt verschickt werden, und kümmere mich um fehlende Scans, die noch in den Sprechzimmern liegen. Ich nutze meine Teepausen, um Zutatenlisten zu erstellen und die Kolleginnen nach ihrem Lieblingskuchen zu fragen; oft bringe ich unförmige Stücke mit oder solche, die beim Backen nicht richtig aufgegangen sind. Ich habe als Aushilfskraft hier angefangen, doch im Lauf der kommenden Monate werde ich Teil einer kleinen Familie. Nach der Arbeit gehe ich im Reformhaus zartbittere Schokolade oder gemahlene Mandeln und Haselnüsse kaufen, um mich abends ins Backen zu stürzen.

James findet meinen kleinen Backbetrieb gut, richtig gut sogar. Er schleicht um den Tisch herum, während ich Schokoladen-Brownies zurechtschneide, und wartet wie ein hungriger Hund darauf, die Reste abzuräumen. Er spekuliert darauf, dass mir ein Blech leicht anbrennt, damit ich es nicht zum Verkauf anbieten kann. Es macht ihm nichts aus, wenn es zum Abendessen nur eine aufgewärmte Dose Suppe gibt. Ihm gefällt es, die Kosten zu kalkulieren. Ich kaufe Mehl, Butter und Zucker in großen Mengen, und er kommt oft mit, um sie mir vom Supermarkt oder Großhandel ins Auto und von dort die Treppenstufen hinunter in die Wohnung zu schleppen.

Die Wochen vergehen, so ausgelastet wie wir sind, wie im Flug. Ich habe meine Bestimmung gefunden und schaue kaum noch fern, es sei denn, es läuft eine Koch-Folge von Nigella oder Nigel Slater, während ich darauf warte, dass der Ofen vorgeheizt ist.

> Meine Lieblingskochbücher siehe S. 389

Ich liebe es, etwas zuzubereiten, das den Leuten schmeckt. Ich blättere mich durch Rezeptbücher und fordere mich selbst heraus, riesige Zitronen-Baiser-Torten zu backen; sie gelingen und schmecken vorzüglich. Ich perfektioniere meinen Mürbeteig, beschichte ihn mit jeder Menge goldgelber Zitronencreme und gebe luftiges Baiser obendrauf. Ich mache Flapjack-Riegel mit Preiselbeeren, Pekannüssen und Karamellguss sowie Rocky-Road-Fudges mit reichlich Kirschen und Marshmallows. Schokoladenkuchen mit Sahne und dunkler Schokoglasur, die so mächtig sind, dass man sich nach dem Verzehr wie gerädert fühlt. Und streuselige und klebrige Dattel-Hafer-Kekse, deren Füllung in der Pfanne gebrutzelt und dann mit Zitronensaft verfeinert wird, um die Süße der Dattel abzumildern. Ich versuche alte Rezepte von zu Hause zu verfeinern. Ich tüftle so lang an meinem Kaffeekuchen, bis er so gut ist, dass die Leute noch mal heimlich für ein zweites Stück zurückkommen, sobald ihre Freunde um die nächste Straßenecke verschwunden sind.

ZITRONENBAISERTORTE

Dieses Rezept ist für eine 20-cm-Kuchenbackform mit geriffeltem Rand gedacht. Falls die Kuchenform größer ist oder sich nicht abschätzen lässt, ob der Teig so dünn ausgerollt werden kann, einfach die Menge verdoppeln und die Reste einfrieren.

Zutaten:

Für den Mürbeteig:

110 g Mehl, und etwas zum Bestäuben
25 g Puderzucker
55 g kalte Butter
1 Eigelb
2 EL kaltes Wasser

Alternativ: 200 g fertigen Mürbeteig verwenden

Für die Zitronencremefüllung:

Saft von 2 Zitronen
2 Eigelb
140 ml Wasser
25 g Speisestärke
75 g Feiner Zucker

Für die Baiserhaube:

2 Eiweiß

75 g Feiner Zucker

Vorbereitungszeit:
40 Minuten

Ruhezeit: 20–30 Minuten

Backzeit: 45 Minuten

Für 6–8 Personen

Zubereitung:

Backen des Teigs:

1. Den Backofen auf 180 °C/Umluft bzw. Gas Stufe 3 vorheizen.
2. Mehl, Puderzucker und Butter in einer Küchenmaschine oder mit der Hand zu einer krümeligen, sandartigen Konsistenz vermengen.
3. Eigelb und Wasser hinzugeben und erneut zu einem Teig vermischen. Auf einer leicht bemehlten Fläche zu einer Kugel formen. Den Teig verpacken und 20–30 Minuten im Kühlschrank ruhen lassen.
4. Den Teig zwischen zwei Blättern Backpapier 2–3 mm dick ausrollen, damit er nicht auf der Unterlage festklebt; in die Form legen und mit den Fingerknöcheln vorsichtig in die Ecken drücken.
5. Mit einem Blatt Backpapier abdecken und mit Backbohnen oder getrockneten Linsen, Reis oder getrockneten Erbsen bis zur Kante der Backform auffüllen.
6. Den Teig in der Mitte des Ofens 10 Minuten lang backen. Das Papier und die Bohnen entfernen und weitere 5 Minuten backen, bis der Teig goldgelb und knusprig ist.

Die Zitronencremefüllung:

1. In einem Topf Zitronensaft, Eigelbe, Wasser, Speisestärke und Zucker verquirlen. Auf kleiner bis mittlerer Stufe erwärmen, bis die Masse anfängt einzudicken, dann die Temperatur leicht erhöhen und eine weitere Minute unter Rühren einkochen, bis eine zähflüssige, glänzende Creme entsteht, die auf der Rückseite eines Holzlöffels haften bleibt.
2. Die Creme in den gebackenen und abgekühlten Mürbeteigboden füllen und mit einem Spatel glattstreichen. Der Teig und die

Creme können auch schon einen Tag im Voraus zubereitet und zusammengeführt und dann im Kühlschrank aufbewahrt werden.

Baiserhaube:

1. Den Ofen wieder auf 180 °C/Umluft bzw. Gas Stufe 3 vorheizen, und das Eiweiß in einer sauberen Schüssel zu steifem Schnee schlagen – 3–4 Minuten mit einem Schneebesen oder in einem Mixer.
2. Nach und nach den Zucker hinzufügen, bis sich alles miteinander verbunden und der Zucker sich aufgelöst hat. Die Konsistenz überprüfen, indem die Baisermasse zwischen Daumen und Zeigefinger gerieben wird; wenn sie sich körnig anfühlt, noch etwas weiter schlagen.
3. Die Baisermasse mit einem Löffel in Wolkenform auf den Kuchen geben, bis zum Rand verteilen und mit einer Gabel oder einem Löffelrücken Spitzen ausformen. 15 Minuten lang backen, bis diese goldgelb sind.

DATTEL-STREUSEL-ECKEN

Zutaten:

Für die Füllung:

200 g getrocknete Datteln, gehackt und entkernt
50 g weißer oder brauner Zucker
1 TL Vanilleessenz
1 Zitrone, geschält
150 ml kochendes Wasser

Für den Haferboden und die Streusel:

100 g Butter
85 g Soft Light oder Dark Brown Sugar (übers Internet erhältlich), ansonsten Kokosblütenzucker
2 EL Zuckersirup
200 g Haferflocken
1 TL gemahlener Zimt
85 g Mehl

Vorbereitungszeit: 15 Minuten

Backzeit: 30 Minuten

Zubereitung:

1. Den Ofen auf 180 °C/Umluft bzw. Gas Stufe 3 vorheizen. Die Dattelfüllung zubereiten: Die zerhackten Datteln mit Zucker, Vanille, Zitronenschale und kochendem Wasser in einen Topf geben. Auf niedriger Stufe rühren, bis die Masse eingedickt ist. Abkühlen lassen.
2. Eine 20 × 20 cm große Brownie-Form einfetten und mit Backpapier auslegen, dann den Haferteig und die Streusel zubereiten. Butter, Zucker und Sirup in einer Pfanne schmelzen. Haferflocken und Zimt unterrühren und das Mehl unterheben.
3. Die Hälfte der Hafermasse in die ausgekleidete Form drücken.
4. Mit der abgekühlten Dattelmasse bestreichen.
5. Die restliche Hafermasse darüber bröckeln und leicht andrücken.
6. 20–30 Minuten goldgelb backen. Abkühlen lassen und dann in Quadrate schneiden.

Alternativen zur Dattelfüllung: Rhabarber mit Orangenschale/-saft und etwas Zucker zum Süßen; Brombeeren, die mit Orangen-/Zitronensaft und Zucker zu einer Marmelade eingekocht werden, wobei einige Früchte ganz bleiben; Himbeeren und Äpfel, die in einer Pfanne mit etwas Zucker und Wasser eingekocht werden.

Schon bald verdiene ich genug Geld, um die Schichten im Café zu reduzieren und mich aufs Backen zu konzentrieren. Tagsüber bin ich flexibler, sodass ich mit James an einem sonnigen Nachmittag ein Picknick am Fluss machen kann, um dann bis spät in die Nacht zu arbeiten, während er seinem Studium nachgeht. Wir legen in der Wohnung Musik auf und tauchen tief in unsere Welten des Backens, Lesens und Schreibens ein.

Meine Tante kommt mit meiner Hof-Großmutter vorbei, sie übernachten in einem schicken Hotel in Oxford. Seit wir fortgezogen sind, will sie uns unbedingt besuchen, und mit dem, was ich nun tue, kann man beim Einkaufen ordentlich angeben –

»Unsere Helen macht sich wirklich gut in Oxford.« Sie hat mir viele Karten und Briefe geschrieben, und als sie gehört hat, dass ich mit dem Backen begonnen habe, schickte sie mir ihre Lieblingsrezepte für Genua-Kuchen mit Kirschen und Ingwerplätzchen.

GRANNY ANNIES INGWERKEKSE

Zutaten:
110 g Butter
1 EL Zuckersirup
170 g Feiner Zucker oder Soft Light Brown Sugar (oder Kokosblütenzucker)
1 großes, aufgeschlagenes Ei
340 g Mehl gemischt mit
2 TL Backpulver
2 TL gemahlener Ingwer
1 TL Speisenatron

Vorbereitungszeit: 15 Minuten
Backzeit: 15 Minuten
Ergibt 22 Stück

Zubereitung:

1. Den Ofen auf 180 °C/Umluft bzw. Gas Stufe 3 vorheizen. Ein Backblech mit Backpapier auslegen.
2. Butter, Sirup und Zucker in einer Küchenmaschine oder mit der Hand vermengen.
3. Das Ei hinzufügen und vermengen.
4. Mehl, Ingwer und Natron hinzufügen und zu einem Teig verkneten.
5. Mit einem Löffel oder den Händen Kugeln formen, leicht flachdrücken und auf dem vorbereiteten Blech 15 Minuten lang goldgelb backen.
6. Sobald die Kekse knusprig sind, mit einem Spachtel auf ein Abkühlgitter legen.

> Kaffeekuchen siehe S. 397, und zweierlei Scones siehe S. 390 f.

Am Tag ihrer Ankunft ist es warm, und obwohl die Treppenstufen für ihr kaputtes Knie ein Problem sind, humpelt Großmutter durch den Raum und lässt sich auf dem grünen Sofa nieder, das mir ihre Freundin Audrey vermacht hat. Ich öffne das Fenster, um etwas mehr Luft hereinzulassen, und sie sagt mir, wie hübsch ich alles hergerichtet hätte. Nach der langen Reise freuen sie sich über eine Tasse Tee. Ich habe Rosinen-Scones für sie gebacken, die mit Marmelade und Sahne serviert werden – wie bei einem richtigen Afternoon Tea –, doch meine Tante nimmt nur einen Keks und erinnert mich daran, dass sie nicht so gern Trockenfrüchte isst. James lacht und scherzt mit Großmutter. Ihr gefallen seine frechen Kommentare, wenn er sich nach ihrer Vergangenheit erkundigt. Sie erzählt ihm Geschichten, wie sie, bevor sie geheiratet hat, auf dem Motorrad seines Großonkels Jack mitgefahren ist – »Er war in vielerlei Hinsicht schnell«, kichert sie. Ich beobachte Großmutters Gesicht; es scheint, als speichere sie jedes Detail unseres neuen Lebens in ihrem Gedächtnis ab. Die Bücher in den Regalen, die Teller, Tassen und Schüsseln, die Bilder an der Wand, die Blumen in den Töpfen draußen und meine winzige Küche im hinteren Teil des Zimmers. Beim Abschied umarmt sie mich und sagt mir, sie sei froh, dass sie sich nun ein Bild davon machen konnte, wie ich hier lebe. Sie ist fast 90, und ich weiß, dass sie nicht noch einmal vorbeikommen wird.

Da es sich um eine Elternzeitvertretung handelte, lief die Arbeit im Krankenhaus schließlich aus. Meine Kolleginnen versammelten sich, um mir an meinem letzten Tag alles Gute zu wünschen, wir aßen einen Kuchen zusammen und tranken Tee.

In der Zeitung stieß ich auf eine Anzeige für eine saisonale Stelle, bei der es darum ging, auf einem nahe gelegenen Hof den Verkauf von frei laufenden Gänsen und Truthähnen zu organisieren. Ich wusste, dass ich die ideale Kandidatin war – eine Bauerstochter, die schon ihr ganzes Leben lang von zu Hause aus

Truthähne verkauft hatte. Ich bekam die Stelle – zum Vorstellungsgespräch hatte ich einen Kuchen mitgebracht.

Es gefiel mir, wieder auf einem Hof zu sein. Ich saß an einem schmuddeligen Büroschreibtisch, zu meinen Füßen lag ein alter, schwarzer Labrador, und an der Wand hing der Kalender eines Futtermittelhändlers, in dem ich die verbleibenden Tage bis Weihnachten abhaken konnte. Es fühlte sich an wie zu Hause. Sah ich aus dem Fenster, fiel mein Blick auf Felder voller bronzefarbener Truthähne, die im Gras pickten und sich über jedes kleine Insekt oder jeden Wurm hermachten, den sie ausfindig machen konnten. Auf der anderen Seite der Straße graste eine Schar schneeweißer Gänse mit leuchtend orangefarbenen Schnäbeln, die jedes Mal gackerte, wenn ein Hund des Wegs kam oder ein Auto vorbeifuhr. Anstatt Namen in ein Notizbuch aufzunehmen, wie ich es für Dad getan hatte, musste ich ein kompliziertes Bestellsystem am Computer erlernen und zügig arbeiten, da das Telefon ständig klingelte. Ich schlug beim Sprechen den nettesten Ton an und versuchte, nicht zu nördlich zu klingen. Zu Hause hatte ich mit meinem Dad zusammen die Vögel immer abgewogen, verkauft wurden sie nach dem Prinzip »Wer zuerst kommt, mahlt zuerst« – die meisten Kunden bekamen die Größe, die sie sich gewünscht hatten, doch wenn ein Paar an Heiligabend zu spät kam, war vielleicht nur noch ein riesiger Truthahn übrig. Dad bot dann an, ihn zu halbieren oder die Beine abzuschneiden, und da jeder, der bei uns kaufte, ein Freund der Familie war, gingen sie eigentlich immer darauf ein. In Oxford jedoch waren die Kunden von einem ganz anderen Kaliber, und das Geschäft hatte ein völlig anderes Ausmaß.

Die Leute, die im Hofladen einkauften, hatten ziemlich ausgefallene Vorstellungen. Sie wollten mit mir darüber diskutieren, welches Gewicht – in Kilogramm und nicht in Pfund wie bei mir zu Hause – ein Truthahn oder eine Gans haben musste, um 17 Personen satt zu machen. Sie lamentierten ewig über die richtige Kochzeit. Sie wären alles andere als erfreut gewesen, wenn sie erfahren hätten, dass alle mittelgroßen Vögel schon weg waren, und man ihnen angeboten hätte, Teile eines riesigen, übrig gebliebenen Exemplars abzuschneiden, um ihn in den Ofen zu bekommen. Je näher das Weihnachtsfest rückte, desto klarer wurde mir, wie nobel das ganze Unternehmen war.

Die Angestellten des Hofs stellten ein weißes Zelt vor dem Hofladen auf, und wir platzierten Tische darunter, auf denen sich selbst angebaute Kartoffeln, Karotten, Pastinaken und Rosenkohl türmten. James und mein Bruder Stuart – der uns für ein paar Tage besuchte – standen am letzten Wochenende vor Heiligabend hinter der Theke, wie Metzger in eine Schürze gekleidet – und mit einer Nikolausmütze auf dem Kopf. Es waren drei unglaublich anstrengende Tage, aber die ganze Betriebsamkeit rund um den direkten Verkauf machte uns Spaß. In diesem Jahr fuhren wir an Heiligabend sehr spät nach Hause, mit dröhnendem Autoradio und den Taschen voller Trinkgeld. Dad konnte kaum glauben, wie viel man in Oxford für einen Truthahn pro Pfund verlangte, als wir ihm davon erzählten; es erschien ihm wie eine Goldgrube. Wir hatten geglaubt, die Landwirtschaft hinter uns gelassen zu haben, und fanden doch immer wieder zu ihr zurück.

Die Besitzerin des Hofladens, der an die Putenzucht angeschlossen war, hieß Gill, eine kleine, stämmige Frau, die Perlen und adrette Blusen mit aufgestelltem Kragen trug. Sie hatte stets eine Schürze um die Taille gebunden und schaute mich über ihren Brillenrand an, wenn sie mir einen Kaffee und ein Brötchen brachte. »Alles in Ordnung, Liebes?«, fragte sie, und ich erwiderte lächelnd: »Ja, alles gut, danke« – was eine Lüge war, denn ich wusste nicht wirklich, was ich tat, als ich den Job antrat. Gill verkaufte alle hofeigenen Produkte, hatte jedoch eine besondere Leidenschaft für Käse. In ihrer Theke fanden sich jede Menge Käsespezialitäten, sie hatte für ihren Laden sogar einen British Cheese Award gewonnen. Bei dem Gedanken an den Geruch von Stinking Bishop und Stilton dreht sich mir jedes Mal der Magen um. Ich war noch nie ein Käseliebhaber (nachdem mir als Kind von einem Käse schlecht geworden war), merkte jedoch schnell, dass es besser wäre, in einem Käseparadies wie diesem meine Abneigung für mich zu behalten.

Gill betrieb auch einen Lieferdienst und Partyservice für alle möglichen Veranstaltungen in der Umgebung – von Beerdigungen über Hochzeiten bis zu Feiern –, und ich bot ihr meine Hilfe an. Ich hatte das Gefühl, dass sie meinem Angebot zunächst misstrauisch gegenüberstand, wahrscheinlich hatte sie Zweifel, ob ich mich in der Küche wirklich nützlich machen konnte. Schließlich war ich am Hof als Sekretärin eigestellt worden. Aber nachdem ich ein paarmal etwas für sie erledigt hatte und mein Können unter Beweis stellte, wurde ich ein fester Bestandteil ihres Teams. Wir bekamen von Leuten in schicken Häusern den Auftrag, in ihren Küchen köstliche Mittagessen zuzubereiten: Schweine-

braten, gefüllt mit Pflaumen und Aprikosen sowie Lachs im ganzen Stück mit Dill und Zitrone und Früh- oder Babykartoffeln mit Kräutern. Wir bereiteten Sandwiches und Kuchen für die Gartenpartys von Tennisspielern mit hauseigenem Swimmingpool zu und richteten in Festzelten den Afternoon Tea für Rennpferdetrainer aus. Gills Spezialität war das Backen von riesigen Hochzeitstorten mit Käsekuchenfüllung, verziert mit Blumen und Früchten – etwas, das zu dieser Zeit in Kumbrien einzigartig war. Obstkuchen war die einzige Art von Hochzeitstorte, die es bei mir daheim geben würde. Ich bekam mit, wie die andere, südliche Hälfte lebte, wie sie auf Terrassen Champagner schlürfte und einen Catering-Dienst wie den unseren beschäftigte: Wir wuselten umher wie Mäuse, damit alles appetitlich aussah und gut schmeckte, und dann verschwanden wir wieder und hinterließen alles tadellos, als wären wir nie dagewesen.

Gill war streng, aber fair in der Zusammenarbeit, auch wenn sie mich nie in die Nähe ihrer käseliebenden Kunden ließ, nachdem sie spitzbekommen hatte, dass ich es nicht so mit Käse hatte; wie sollte ich denn eine Empfehlung abgeben können, wenn ich das Zeug nicht ausstehen konnte, meinte sie. Also machte ich das Mittagessen für die Rentner, die regelmäßig in ihr kleines Café kamen. Ich bot ihr an, auch für sie Kuchen zu backen, den sie in ihrem Laden verkaufen könne, und nachdem sie meinen Kaffeekuchen probiert hatte, war ich mit im Boot. Bald darauf überließ sie mir sonntags ihre Küche, da sie einen viel größeren Ofen hatte als ich in meiner kleinen Küche. Begeistert schlug ich mit meinen Kisten voller Zutaten und Kuchenformen dort auf und machte mich ans Werk, und wenn ich ging, war die Küche wieder blitzeblank. Die noch warmen Kuchen für das Café lud ich in Schachteln verpackt in den Kofferraum unseres VW Golf.

James und ich hatten genug Geld, um über die Runden zu kommen, und ziemlich viel Freizeit, mit sehr wenigen Verpflichtungen gegenüber anderen Menschen. Ich hatte einen Weg gefunden, in dieser Stadt zu leben, der zu meiner Vergangenheit und den Dingen, die mir wichtig waren, passte. Wir gingen regelmäßig essen und gaben das Geld, das ich für den Kuchen eingenommen hatte, an den Wochenenden aus, während wir die Cotswolds erkundeten und das Essen in den Gaststätten ausprobierten, an denen wir hier und da vorbeikamen. Pizza Florentine mit Spinat und Spiegelei oder ein Geflügelsalat mit knackigen Granny-Smith-Apfelscheiben und zerbröckeltem Blauschimmelkäse waren James' Favoriten. Ich bestellte oft ausgefallenere Versionen dessen, womit ich aufgewachsen war: leckeren Shepherd's Pie mit Süßkartoffelpüree statt klumpigen Kartoffeln oder eine knusprige Rindfleischpastete mit Buttergemüse. Dann versuchte ich, unsere Lieblingsgerichte von den Speisekarten nachzukochen.

SANTIAGO

Die älteren Leute drehen und wirbeln über die Tanzfläche des Hotelballsaals zu der Musik einer Jazzband, die auf der Bühne spielt. Wir sitzen an großen runden Tischen, die mit Kerzen beleuchtet und Blumen geschmückt sind, und fühlen uns wie auf einer Hochzeitsgesellschaft. Ich unterhalte mich mit einer jungen Frau aus Peru mit langen, dunklen, glänzenden Haaren und einem Gesicht, das wie das Helen von Trojas tausend Schiffe in See stechen lassen könnte. Sie macht mir Komplimente über meine Haarfarbe und bewundert die blasse Haut meiner Arme, was mich erröten lässt – außer James hat noch nie jemand etwas Anerkennendes über mein Aussehen gesagt. Sie studiert mit einem ähnlichen Stipendium wie James und spricht einwandfrei Englisch.

James hat Anfang des Jahres bei einem Essay-Wettbewerb gewonnen; sein Tutor hatte ihn vorgeschlagen, und den Aufsatz hat er in den Osterferien an einigen Abenden am Esstisch meiner Mutter geschrieben. »Chile!«, rief er lachend am Telefon, als er mir davon erzählte. »Ich habe bei dieser Essay-Geschichte gewonnen, und jetzt fliegen sie mich nach Chile, damit ich auf ihrer Konferenz spreche.« Nichts schien zu diesem Zeitpunkt weiter von unseren kühnsten Träumen entfernt, als auf fremde Kosten um die Welt zu fliegen.

»Wenn du dahinfliegst, komme ich mit«, verkündete ich und trocknete mir in der Küche des Cafés, in dem ich arbeitete, die Hände an meiner Schürze ab. Die nächsten ein bis zwei Wochen verbrachte ich damit, mich bei den Organisatoren zu vergewissern, dass ich an den »Gattinnen-Touren« teilnehmen konnte, die mir per E-Mail vorgeschlagen wurden. Ich buchte denselben Flug, für den James ein Ticket besaß, und bat darum, dass wir nebeneinandersitzen konnten.

Bei unserer Ankunft in Santiago ist es Mitte November. In der warmen, trockenen Luft fühle ich mich leicht und frei – zu Hause war es kalt, und die Tage waren kurz und dunkel. Als wir durch die Ankunftshalle des Flughafens laufen, bemerken wir einen Fahrer mit einem Schild, auf dem James' Name steht, und fühlen uns wie Könige. Man fährt uns in einem eleganten schwarzen Auto zu einem Hotel in einem Hochhaus, und wir beobachten, wie die Taxis der Stadt an uns vorbeirauschen und die Menschen ihr Gepäck in die Busse hinter uns wuchten. Die Hotelfassade besteht weitestgehend aus Glas, in der Lobby befindet sich ein Wasserfall. Wir checken ein, und als ich feststelle, dass ich fast nur legere Reisekleidung dabeihabe, wird mir unwohl; ich besitze kaum etwas zum Anziehen, das man als schick bezeichnen könnte, auch keine elegante Handtasche, wie ich sie an den vornehmen Geschäftsfrauen und den Golfwitwen im Foyer sehen kann. Wir stellen unsere Taschen auf dem Zimmer ab und begeben uns auf Erkundungstour, bevor am nächsten Tag die Konferenz beginnt. Wir gehen auf den Markt, essen Empanadas und Sopapillas (Kürbisfladen) und passieren einen Stand nach dem nächsten, an dem es jede erdenkliche Art von frischem Fisch und allerlei Gemüse gibt.

Wir haben für die Woche einen vollen Programmplan bekommen. James muss an Vorträgen und Diskussionen teilnehmen, seinen Vortrag wird er in der letzten Sitzung halten. Jeden Morgen begleite ich die Partnerinnen (meist ältere Ehefrauen) der anderen Teilnehmer auf organisierten Busausflügen, die vor dem Hotel beginnen und zu Märkten und schönen Orten in der Umgebung führen, inklusive Mittagessen und reichlich Gelegenheiten zum Einkaufen. Die Damen nehmen mich unter ihre Fittiche; ich bin die Jüngste hier, während sie schon öfter bei solchen Veranstaltungen waren und einige von ihnen bereits miteinander befreundet sind. Es sind überwiegend wohlhabende Amerikanerinnen, gekleidet in helle, gemusterte Blusen mit Leinenhosen und Turnschuhen, und ich fühle mich sofort wohl in ihrer Gesellschaft. Auch wenn ich mir ein bisschen wie eine Betrügerin vorkomme, da ich offiziell keine »Gattin« bin, plaudere ich mit ihnen darüber, wo ich herkomme – »aus dem englischen Lake District« –, und sie sind sehr beeindruckt, dass James diesen Wettbewerb gewonnen hat, dem wir verdanken, dass wir jetzt hier sind.

EMPANADAS MIT LAMMFLEISCHFÜLLUNG

Zutaten:

1 Zwiebel, fein gehackt
50 g gemischtes Gemüse: ½ rote oder grüne Paprika, gewürfelt, ein paar Pilze, grüne Bohnen, ½ Zucchini oder eine mittelgroße Karotte, gewürfelt
200 g Hackfleisch vom Lamm
¼ TL rotes Chilipulver
½ TL Salz
1 TL Kreuzkümmelsamen

¼ TL gemahlener Kreuzkümmel
¼ TL gemahlener Koriander
¼ TL gemahlener Kurkuma
2 Frühlingszwiebeln oder ½ Zwiebel, fein gehackt
50 g gefrorene Erbsen
320 g fertig aufgerollter Mürbeteig oder Blätterteig
1 verquirltes Ei oder etwas Milch in einer Tasse als Glasur
Raita oder Joghurt und/oder saure Gurken oder Mango-Chutney zum Servieren

Vorbereitungszeit: 25 Minuten
Kochzeit: 1 Stunde 15 Minuten
Ergibt 6 große Teigtaschen

Zubereitung:

1. Den Backofen auf 200 °C/Umluft bzw. Gas Stufe 4 vorheizen. In einer Pfanne etwas Öl erhitzen und die gehackten Zwiebeln und das gewürfelte Gemüse mit Ausnahme der Frühlingszwiebeln 10 Minuten lang andünsten. In eine Schüssel geben und beiseitestellen.
2. In derselben Pfanne das Hackfleisch mit dem Salz bei mittlerer Hitze anbraten, bis es allmählich braun wird. Zwiebel und Gemüse wieder hinzugeben und die Gewürze unterrühren.
3. Die Pfanne mit einem Deckel abdecken und 30 Minuten lang auf niedriger Stufe köcheln, bis das Hackfleisch gar und das Gemüse zart ist.
4. Nach dem Kochen vollständig abkühlen lassen und die Frühlingszwiebeln und Erbsen unterrühren.
5. Den Mürbe- oder Blätterteig auslegen und in 6 Quadrate (ungefähr 15 × 15 cm) schneiden. Die Quadrate an einer Ecke mit der kalten Lammfleischfüllung belegen und einen Rand frei lassen. Die Ränder mit Ei oder Milch bestreichen und den Teig zu einem Dreieck umklappen, andrücken und zu einer Tasche verschließen, dabei die Ränder nach Belieben falzen. Wenn dieser Vorgang zu schwierig wird, ein wenig von der Füllung wegnehmen.

6. Mit einer Gabel oder einem Messer einstechen und auf ein mit Backpapier ausgelegtes Blech legen, mit Ei oder Milch bestreichen und im Ofen 15–20 Minuten goldbraun backen.
7. Mit Raita oder Joghurt, eingelegten Gurken und Mango-Chutney servieren.

Als ich mir im Hotelbadezimmer kopfüber die Haare föhne, kann ich im Spiegel sehen, dass mein Gesicht von der Sonne gerötet ist, also trage ich ein wenig Grundierung aus einer Probe in meinem kleinen Schminktäschchen auf. Ich nehme den Holzbügel aus dem Schrank, auf dem mein Kleid für heute Abend hängt. Es ist ein bodenlanges, nachtblaues Samtkleid mit feinen, perlenbestickten Blumen, die von der Taille aus über die Vorderseite verlaufen, mit einem hohen, geraden Ausschnitt, zwei schmalen Trägern, die meine Arme freilassen, und einem langen Schlitz an der Rückseite. Es wirkt sehr edel, und ich habe es in den letzten Wochen in unserem Schlafzimmer aufgehängt, um es immer wieder bewundern zu können, bevor ich es vorsichtig in einem Baumwollbeutel verpackt und in den Koffer gelegt habe, damit ich es heute Abend tragen kann. Ich war mit Mum in der Stadt in einem Modegeschäft gewesen, auf der Suche nach einem Kleid, das für ein Galadinner geeignet ist, und wir fanden dieses Exemplar fast versteckt zwischen bauschigen, mit Rüschen versehenen Ballkleidern in Koralle und Türkis. Ich war schon kurz davor, die Hoffnung aufzugeben, doch dann sah ich dieses Kleid und wusste, dass es das richtige war.

Ich ziehe mir das Kleid behutsam über den Kopf und stehe auf, um mich im Spiegel an der Wand zu betrachten. Vom Hotelfenster aus sind die zerklüfteten, schneebedeckten Gipfel der Anden zu sehen. Ich wirke größer und schlanker und fühle mich eleganter, als ich mich vielleicht jemals zuvor in meinem Leben gefühlt habe. Ich schlüpfe in die silberfarbenen Sandalen, die ich mir für den Abend von meiner Schwester geliehen habe, und greife nach der glitzernden Handtasche, die ich passend zum Kleid bei *Accessorize* gekauft habe. Ich bin fertig.

James steht in seinem brandneuen steifen weißen Hemd da und fummelt an der Fliege herum, die er tragen muss. Ich befestige sie an seinem Hemd und richte sie gerade. Er zieht den Smoking an, den wir uns von dem 70-jährigen Ehemann seiner Cousine ausgeliehen haben; ich sage zu ihm, dass er aussähe wie ein Pinguin, und wir lachen. Wir haben uns noch nie so gekleidet. Er blickt mich an und sagt, dass ich umwerfend aussehe. Er steckt den Zimmerschlüssel in seine Tasche, schaltet das Licht aus, und gemeinsam laufen wir über den Flur. Im Aufzug werfe ich einen prüfenden Blick in den Spiegel, um sicherzugehen, dass ich nicht träume, und trage schnell noch mehr Lipgloss auf.

Wir essen, trinken und unterhalten uns mit unseren neuen Freunden, tauschen Adressen aus und versprechen einander, in Kontakt zu bleiben. Wir verfolgen das Tanzgeschehen. Die älteren Paare treiben der Nacht entgegen, und ich kann spüren, wie sie in Liebe miteinander verbunden sind. Wir waren noch nie auf einem Ball und haben keine Ahnung, wie man Walzer oder Tango tanzt, daher stehlen wir uns nach draußen, um etwas frische Luft zu schnappen und einen Spaziergang zu machen.

Es ist eine klare, stille Nacht, und ich bin ein wenig beschwipst. Ich hake mich bei James unter, während wir gehen. Die Rosen stehen in voller Blüte, ihr berauschender Duft lockt uns in den Park. Plötzlich lässt James mich los. Er stellt sich mir in den Weg, geht auf die Knie und blickt mir tief in die Augen. Als er meine beiden Hände in die seinen nimmt, fragt er mich, ob ich ihn heiraten wolle. Wir stehen in einem Rosengarten am Fuß der Silhouetten der Anden. Es folgen Tränen, und wir lachen, und ich nicke: ja, ja, ja. Unter einem sternenklaren Himmel küssen wir uns.

NACHMITTAG

»Floss, komm, wir gehen ein paar Lämmer einfangen.« Während ich meine Stiefel anziehe, stupst sie meine Hand mit der Nase an. Ich hole die benötigten Medikamente aus dem Kühlschrank. James hat auch die anderen Hunde aus ihrer Hütte geholt, darunter Bess, die eine Pause von ihren Welpen braucht. »Wir sehen uns gleich wieder!«, rufe ich Tom zu, als wir losfahren. »Sei lieb zu Oma!« Mum winkt mir im Blumenbeet stehend mit ihren Gummihandschuhen zu, während sie mit dem Unkraut einer Ampferpflanze ringt.

Bei den Schafställen angelangt, hole ich eine Box hervor, in der sich die farbigen Ohrmarken befinden. Auf der Wiese auf der anderen Straßenseite stehen zehn Mutterschafe und Lämmer; sie sind fast einen Monat alt und gesund und kräftig. Ich gehe hinüber und öffne das Tor, damit James mit dem Quad um das Feld herumfahren kann. Er schickt Bess und Tosh aus, die Herde einzukreisen, und ich stehe mit Floss auf der Straße, bereit, entgegenkommenden Verkehr anzuhalten und die Tiere in die Ställe zu führen. »Los!«, ruft er den beiden Hunden zu, »holt sie!« Die kleine Herde rennt durch das Tor und an mir vorbei, blökt laut durcheinander, Lämmer und Mütter vermischen sich. Bess läuft voraus, um sie auf James' Kommando in den Hof zu treiben. Wir geben ihnen zehn Minuten, damit die Mütter sich wieder ihrer Jungen annehmen können. Die Schafe lassen sich an ihren unverwechselbaren Lauten und Gerüchen voneinander unterscheiden, und sobald sie wieder vereint sind, saugen die Lämmer an den Zitzen ihrer Mütter, um sich zu beruhigen. Floss ist genau an der richtigen Stelle: Sie hat zwei Mutterschafe mit ihren Lämmern neben dem ersten Gatter des Pferchs in die Ecke getrieben. Ich laufe vorsichtig hinter ihnen her und klatsche leise in die Hände, um sie hineinzujagen. Ich gebe Floss einen wohlverdienten »Braves Mädchen«-Klaps. Eines der Mutterschafe hat Zwillinge, das andere ein einzelnes Lamm. Ich scanne mit einem elektronischen Gerät die Nummer des Mikrochips in der Ohrmarke des ersten Schafs und blättere meine fünf verschiedenen Nummernlisten durch, um sie ausfindig zu machen.

»Sie war beim Jedi«, ruft James, was mir sofort hilft, meine Suche einzugrenzen. Der Jedi ist einer unserer fünf Schafböcke, die wir im November letzten Jahres zu verschiedenen Schafherden gebracht haben, damit sie sich paaren.

»Hab sie«, sage ich. Sie steht auf der richtigen Liste, ich hake die Nummer ab.

Wenn wir den Vater des Lamms kennen, wissen wir, welche Farbe die Marke haben muss, die wir ihm ins Ohr stecken, sodass wir für den Rest seines Lebens seinen Stammbaum kennen. James kann sich genau daran erinnern, welchen Bock er welchem Mutterschaf zugeführt hat, es waren an die Hundert, er hat für diese Dinge ein fotografisches Gedächtnis. Wir haben uns darauf spezialisiert, im Herbst erstklassige Zuchtböcke an andere Schäfer im Lake District und darüber hinaus zu verkaufen. Alle männlichen Lämmer, bei denen sich im Lauf ihrer Entwicklung herausstellt, dass sie sich nicht für die Zucht eignen, werden kastriert und im Herbst als Mastlämmer verkauft. Ich schiebe die weiße Plastikohrmarke in das Etikettiergerät und reiche es an James weiter. Er klemmt es an das Ohr des Lamms, dann folgt die dazugehörige gelbe Marke für das andere Ohr. Das Lamm ist über seine neuen Ohrlöcher erschrocken, tritt um sich und blökt laut nach seiner Mutter. Ich fülle eine kleine Spritze mit dem Impfstoff und gebe sie James.

»Der könnte was für die Zucht sein«, ruft er mir zu. »Seine Mutter war ein Ausstellungsschaf.« Ich mache mir ein paar Notizen im Protokoll, und er gibt ihm eine Note auf einer Skala bis zehn. »Der hat eine Sieben«, sagt er, »er hat Potenzial.« Wir halten zu jedem Schaf alles schriftlich fest. Ich schreibe auf, wie es dem Mutterschaf nach dem Ablammen geht, während er Zähne und Euter überprüft. Es ist ein Fjäll-Schaf, das zum dritten Mal lammt. »Sie bekommt eine Neun«, ruft er, und auch das schreibe ich auf. Wir haben ein eigenes System, nach dem wir entscheiden, ob wir ein Schaf behalten oder verkaufen. Dieses System hilft uns auch, einen Überblick über den Gesundheitszustand der Herde zu bekommen.

James zupft ihr ein wenig schmutzige Wolle vom Hinterteil, damit sie sauber bleibt und ihr Lamm säugen kann. Ich reiche ihm einen Stab mit blauer Farbe, die er ihr auf den Rücken tupft, und dann die rote, um die Markierung vorzunehmen, die allen anderen Hirten in den Fjälls sagt, dass dies unser Schaf ist. Ich ziehe an der Schnur, die das nächste Tor öffnet, damit die beiden in den Pferch mit dem Fußbad laufen können. Als James das Lamm absetzen will, springt es ihm aus den Armen und rennt durch das spritzende Wasser davon.

James lässt das nächste Mutterschaf herein, das mit den Zwillingen. Ich hebe eines der Lämmer hoch. Sein Körper ist warm, ich spüre, wie dick und weich sein schwarzes Fell unter meinen Händen ist. Es hat stämmige Beine mit kleinen, sauberen Hufen. »Ein Weibchen«, sage ich. Ihre rosafarbene Zunge zittert, als es nach seiner Mutter ruft. Ich drücke seinen Körper an mich, um es zu beruhigen, und rede ihm gut zu, dass es gleich wieder bei seiner Mutter sein wird.

Jedes Lamm durchläuft mit seinem Mutterschaf dieselbe Prozedur – Scannen, Etikettieren, Protokollieren, Impfen und Markieren. Die Sonne scheint, der Himmel ist blau, und es ist ein guter Tag, denn wir sind (noch) nicht umgefallen. Wir brauchen etwas mehr als eine Stunde, um den Schwung durchzubekommen. Floss döst auf dem Heck des Quad, Tosh rennt herum, Bess liegt still unter dem Gatter.

Als wir fertig sind, öffne ich das Tor zur Straße und laufe ein paar Meter voraus, um die Schafe auf das nächste Feld zu lassen. Doch dann blicke ich zurück und fange an zu rennen, denn Tosh hat bereits alle Schafe zusammengetrieben und sie hinter mir auf die Straße gejagt. »Tosh, mach Platz!«, schreit James, doch er ist jung und eifrig bei der Arbeit, wedelt stolz mit dem Schwanz und tänzelt hinter den Schafen und Lämmern hin und her. Ich habe Mühe, das Gatter noch rechtzeitig zu öffnen und über die langen Grasbüschel zu heben. Die Herde rast an mir vorbei, und die Mutterschafe drängen sich gegenseitig auf die nächste Weide. Sie wissen, wo es langgeht, doch ein Lamm büchst aus, und Tosh kreist es ein und treibt es zurück zum Gatter. Bald schauen ihre Köpfe wieder nach unten und grasen die Schafe. Sie haben ihre Lämmer wieder an ihrer Seite und sind zufrieden. Ich schließe das Tor. Es wird nur noch ein paar Wochen dauern, bis einige dieser Schafe und Lämmer zur Sommerweide in die höheren Bergregionen gebracht werden, und dann werden wir die Wiesen ruhen lassen, damit das Gras nachwächst und wir für den Winter Heu ernten können.

Ich steige wieder auf das Quad. Wir müssen weiter, um nach dem frischen Kalb zu schauen. Als wir losfahren, wühlen sich die Hunde hinter mir mit ihren Schnauzen durch meine Haare, um die beste Aussicht über meine Schultern zu bekommen. Als Tosh sich mit seinen beiden Vorderpfoten auf meinem Rücken aufstellt, muss ich lachen. James fährt die gerade Straße entlang, die von einer Reihe von Eichen gesäumt wird, die den Wiesen ihren Namen geben und vor der hochstehenden Nachmittagssonne Schatten spenden. Kurz vor der Brücke verringert er die Geschwindigkeit und hält an, um mich absteigen zu lassen. Ich öffne das Gatter. Die Herde hat unter ein paar Bäumen in der Nähe des Zauns Unterschlupf gefunden, beim Fahren über die Wiese holpern die Reifen über Binsenbüschel und Spülrinnen, die von den letzten starken Regenfällen gebildet wurden. Direkt vor uns steigt ein Reiher hastig in die Luft, wir haben ihn bei der Jagd nach Fröschen in den Tümpeln gestört. Heidi ruht sich aus. Ihr Kalb hat sich so fest an sie geschmiegt, dass man es fast nicht sehen kann. Es ist alles in Ordnung, wir stören die beiden nicht weiter.

Ich fahre vor Isaacs Schule vor, noch bevor die anderen Eltern eintreffen. Die Grundschule liegt ganz tief im Tal und ist von Bergen umringt. Sie hat hellblau gestrichene Dachrinnen, ein kleines Metalltor und eine einladende Eingangstür, und ihr Gemäuer ist aus Schiefergestein, wie es in der Gegend in Minen abgebaut wird. Herdwick-Schafe grasen auf den Wiesen ringsherum. Es ist ungewöhnlich für mich, dass ich zu früh bin.

»Ich muss mal!«, ruft Tom auf der Rückbank.

»Okay, schnall dich ab. Du kannst da drüben auf das Feld gehen, ich bin mir sicher, Graham hat nichts dagegen.« Graham bringt seine Tochter morgens meist mit einem Sack Schaffutter auf dem Rücksitz zur Schule.

Ich schnalle Tom wieder auf seinem Autositz an und lasse ihn mit offenem Fenster zurück, damit er im Blick behalten kann, wie ich in ein paar Metern Entfernung seinen Bruder Isaac abhole. Am Straßenrand stehend, schimpfe ich auf den Urlaubsverkehr. Die Autos rasen auf ihrem Weg zum Kirkstone-Pass, von wo aus sie sich über die kleinen Straßen durch die Fjälls zu den belebteren Touristenorten Ambleside und Windermere schlängeln, an uns vorbei. Mehr Eltern und Großeltern treffen ein. Wir lächeln und unterhalten uns über das Wetter, doch eigentlich bleibt jeder für sich.

Ich höre Isaac und seine Freunde kommen, noch bevor ich sie sehe. Seine Lehrerin greift nach dem Riegel des Holztors und macht auf.

Sie entschuldigt sich, dass sie ein paar Minuten zu spät sind, da sie noch ein Musikstück zu Ende bringen wollten. Die Kinder drängeln sich heraus, und sie prüft, wer da ist, um sie abzuholen. Als sie mich erblickt, lässt sie Isaac gehen. Er öffnet die Autotür, hat aber nicht genug Platz wegen der Schachteln mit den blauen, weißen und braunen Eiern. Ich nehme ein paar vom Vordersitz und gebe sie, um sie loszuwerden, spontan seiner Lehrerin. Sie bedankt sich und flüstert mir zu, dass er heute hervorragend vorgelesen habe und dass ich ihn bitten solle, mir die Passage später noch mal vorzulesen. Sie sagt, er habe die ganze Klasse mit den Stimmen der Figuren zum Lachen gebracht. Ich lächle. Er mag es überhaupt nicht, in der Öffentlichkeit gelobt zu werden, also mache ich keine große Sache daraus. Wir fahren los und winken ihr und seinen Freunden zum Abschied zu.

Isaac sieht müde aus. Ich frage ihn, was los sei, und er beschwert sich, dass er nicht das Spiel weiterspielen durfte, das sie in der Pause begonnen haben, das Spiel mit den Stöcken als Waffen und Tannenzapfen als Granaten. Sein Gesicht strahlt, als er mir von all den Verstecken erzählt, die sie gebaut haben: »Ich habe den besten Stock für ein Scharfschützengewehr gefunden.« Ich frage ihn, ob er wisse, warum seine Lehrerin Kriegsspiele verboten hat. »Hm, ja … Ich weiß schon, dass Krieg richtig schlimm ist«, antwortet er mit ernster, aber enttäuschter Miene.

»Ich möchte ins Eiscafé gehen, aber nicht zum Eisessen«, unterbricht Tom. Ich brauche Brot, also stimme ich zu, dass wir dort vorbeischauen. Wir halten an und parken auf der Straße vor dem Dorfladen, wo ein Haufen Rucksäcke, Regenschirme, Plastikbälle und wasserdichte Mäntel unter dem Vordach hängen. Tom fleht mich an, reingehen zu dürfen. Manchmal, wenn ich es eilig habe, muss er im Auto warten. Heute lasse ich ihn zwischen den Touristen, die für ein Eis anstehen, aus dem Auto klettern. Er rennt schnurstracks in den Laden, eine Aladinhöhle voller Lebensmittel, Geschenke und Outdoor-Ausrüstung. Der Ladenbesitzer, Rob, sagt »Hallo, Tom«, und Tom schaut auf und grinst. Eine alte Dame steht an der Theke und kauft ein paar Karotten und einen Kuchen, und eine Gruppe von Teenagern, die wahrscheinlich gerade auf einer Jugendfreizeit sind, hält Dosen mit Sprudelgetränken, Chips und Schokoriegeln in den Händen. Tom hat eine Packung meiner Lieblingskekse mitgenommen. Er drückt sie mir in die Hand, bevor er um die Ecke zu den Süßigkeiten und Spielsachen geht. Er denkt, er muss mich nur ein bisschen weichklopfen, dann bekommt er, was er will. Und wenn ich ehrlich sein soll, gelingt ihm das auch. Ein Tässchen Tee mit einem Keks kann ich jetzt gut gebrauchen. Er nimmt eine schimmernde, weiche, mit Sand gefüllte Schildkröte in die Hand, woraufhin ich sage: »Du kannst nicht beides haben: Süßigkeiten und ein Spielzeug … Du musst dich entscheiden: die Schokolade oder die Schildkröte?« Er schaut sehnsüchtig auf den Gang mit den Süßigkeiten und drückt dann die Schildkröte an sein Gesicht. »Ich liebe diese Schildkröte, ich möchte sie Steve nennen!« Wir bringen die Schildkröte, eine Tüte Tiefkühlerbsen, eine Packung Milch, die Kekse und einen Laib Brot zur Kasse. Rob berechnet ihm für das Spielzeug weniger als den vollen Preis, und ich stecke Tom ein paar Münzen zum Bezahlen zu, die ich noch vom gestrigen Eierverkauf in der Tasche habe.

3

ROASTBEEF UND YORKSHIRE-PUDDING

Wasser rinnt an der Plane, die über der Tür hängt, hinab, als ich sie zur Seite ziehe. Ich betrete das leere Zelt. Es macht einen düsteren, trüben Eindruck, sieht aus wie ein Bierzelt auf einer Landwirtschaftsausstellung. Das Gras quietscht unter meinen dreckigen, glitschigen Gummistiefeln. Die weißen Kunststoffplatten sind fleckig, an den transparenten Scheiben an der Vorderseite tröpfelt der Regen hinab und verwässert die Sicht. Ich schlottere in der Kälte. Ich trage eine alte, braune Fleecejacke meiner Mutter. Es ist sieben Uhr morgens, der Tag vor meiner Hochzeit. Es sieht alles so schrecklich aus, und ich frage mich, was ich bloß getan habe.

Bald wimmelt es von Menschen, die überall zugange sind und irgendwelche Dinge erledigen. Meine Familie, die Familie von James, unsere Freunde und die Nachbarn von Mum und Dad, die alle gleichzeitig Fragen stellen.

»Wo soll ich diese Kisten hinstellen?«

»Welche Ecke sollen wir für die älteren Leute herrichten?«

»Wie sollen wir den Eingang schmücken?«

»Wann kommt der Cateringservice?«

Die Leute vom Zeltverleih treffen ein und fangen an, das

Innere des Zelts mit Stoff auszukleiden. Cremefarben-grüne Girlanden bedecken das Plastik und kaschieren die schmuddelige Optik. Ein Lieferwagen mit Tischen und Stühlen kommt mit einer Stunde Verspätung, Dad und Stuart laden sie aus. Dad beschwert sich, dass der Fahrer mit seinen Reifen den Boden aufgewühlt hat und dass es ein Wunder sei, wenn man es schaffe, da wieder herauszukommen, ohne stecken zu bleiben. Mum schimpft und schimpft über den Zustand von allem. Seit einer Woche regnet es in einem fort.

Während ich anpacke und Kartons aus dem Haus trage, hallen die Worte meine Großmutter in meinem Kopf wider. »Ein Zelt bietet weder Stil noch Komfort«, hat sie gesagt, als wir bekanntgegeben haben, dass wir den Hochzeitsempfang in einem Festzelt auf einer Wiese ausrichten würden. Ich weiß, dass Großmutter es lieber hätte, wenn alles in einem gediegenen Hotel stattfinden würde, so wie es sich für eine Hochzeit auf dem Land gehört: mit Roastbeef und Yorkshire-Pudding, mit Silberbesteck und Personal, das so tut, als würde es die Gäste wie Könige hofieren, mit feierlichen Fotoaufnahmen auf den Treppenstufen zum Garten neben den Rosenbüschen, gefolgt von einer weiteren Hochzeit am kommenden Wochenende, die nach demselben Schema abläuft. Ich habe mich gegen all das gesträubt. Ich wollte meine Hochzeit nach meinen eigenen Vorstellungen feiern, und damals schien das eine gute Idee zu sein. Doch nun wird mir klar, wenn es nicht aufhört zu regnen, werden wir alle in dicken Mänteln über unseren schicken Kleidern dasitzen, werden die Schuhabsätze der Frauen auf dem Weg vom Auto zum Festzelt im durchnässten Gras versinken. Ich bin fest entschlossen, meiner Großmutter das Gegenteil zu beweisen, und murmele 100 Stoßgebete, dass die Sonne herauskommen möge.

ROASTBEEF

Die Wahl des richtigen Rindfleischs ist das Wichtigste bei diesem Gericht – man sollte das beste Fleisch kaufen, das man sich leisten kann, am besten hält man Ausschau nach Sonderangeboten direkt vom Bauern. Folgende Partien können verwendet werden: das Rippenstück (am Knochen oder entbeint und zugeschnitten), die Lende, die obere Keule und das Filet. (Dabei sollte bedacht werden, dass Fleisch mit Knochen weniger gleichmäßig gart; man sollte genug Ruhezeit einplanen und im Zweifelsfall ein Fleischthermometer verwenden.)

Zutaten:
1,8 kg Rinderbraten (wie oben beschrieben), auf Zimmertemperatur gebracht
2 Zwiebeln, in Scheiben geschnitten
500 ml frische Brühe oder Restwasser vom Gemüsekochen
1 TL Johannisbeer- oder Brombeergelee
100 ml Rotwein
2 TL Mehl, mit 1 TL Wasser vermischt

Vorbereitungszeit: 15 Minuten
Kochzeit (je nach Größe des Bratens): 2 Stunden
Für 6–8 Personen

Zubereitung:

1. Den Ofen auf 200 °C/Umluft oder Gas Stufe 4 vorheizen. Das Fleisch würzen. Eine oder zwei Zwiebeln in Scheiben schneiden und in die Mitte des Bräters legen.
2. Das Fleisch auf die Zwiebeln legen und in den Ofen schieben, dabei regelmäßig mit dem Bratensaft begießen.
3. Das Rindfleisch entsprechend seinem Gewicht garen: Man geht grob von 15 Minuten pro 450 g aus, zuzüglich 15 Minuten zum Durchgaren mit einer anschließenden Ruhezeit von 20–30 Minuten. Für ein für 18 Uhr geplantes Essen empfiehlt es sich, für ein 1,8 kg schweres Stück Rindfleisch um 15.45 Uhr mit der Zuberei-

tung zu beginnen und ihm 1 ¼ Stunden im Ofen zu geben. Gegen Ende der Garzeit das Fleisch mit einem Spieß testen, um zu sehen, ob ein klarer Saft austritt. Da wir unser Rindfleisch gern rosa essen, würde ich es aus dem Ofen nehmen, bevor der Saft völlig klar ist, und es dann unter der Folie ruhen lassen. Wer noch genauer vorgehen will, kann auch ein Fleischthermometer verwenden – für *medium rare* sollte es 52–54 °C anzeigen, wenn es direkt aus dem Ofen in die Mitte des Bratens gesteckt wird, für *medium* 58–60 °C und für *well done* 65–68 °C.

4. Das Fleisch aus dem Bräter nehmen, die Zwiebel und den Bratensaft in einen kleinen Topf schaben und etwas Brühe hinzufügen (ich verwende für meine Soße immer das restliche Kochwasser von Karotten).
5. Johannisbeer- oder Brombeergelee und den Rotwein hinzufügen und die Mehl-Wasser-Paste einrühren. Bei mittlerer Hitze umrühren, bis die Masse eindickt. Durch ein Sieb in ein vorgewärmtes Kännchen abseihen.

YORKSHIRE PUDDING

Zutaten:
100 g Mehl
½ TL feines Meersalz
2 Eier
280 ml Milch
100 g Schmalz für die Pfanne

Vorbereitungszeit: 5 Minuten
Backzeit: 30 Minuten
Ruhezeit: 20 Minuten
Ergibt 12 Stück
Zubehör: Ein tiefes Muffinblech mit 12 Löchern

Zubereitung:

1. Den Ofen auf 220 °C/Umluft bzw. Gas Stufe 5–6 vorheizen oder die Ofentemperatur erhöhen, nachdem das Rindfleisch herausgenommen wurde. Mehl und Salz in eine Schüssel geben.

2. In der Mitte des Mehls eine Kuhle formen und die Eier hineinschlagen.
3. Mit einem Schneebesen die Eier mit dem Mehl verrühren und die Milch nach und nach hinzugeben, bis ein glatter Teig entsteht. In eine Kanne abfüllen und 30 Minuten lang im Kühlschrank ruhen lassen.
4. 1–3 TL Schmalz in jede Form einer 12er-Muffin-Backform klecksen und für 2–3 Minuten in den heißen Ofen schieben.
5. Das heiße Blech aus dem Ofen nehmen und darauf achtgeben, das geschmolzene Fett nicht zu verschütten, dann jede Muffinform vorsichtig mit dem kalten Teig bis zur Hälfte auffüllen. Er sollte zischen und blubbern, wenn er auf das Fett trifft.
6. Auf der obersten Schiene des Ofens 10–15 Minuten backen, bis der Teig aufgegangen, golden und knusprig, aber nicht ausgetrocknet ist.

In den letzten Monaten habe ich jeden freien Abend und jedes Wochenende damit verbracht, zu planen, Listen zu schreiben, Dinge zu bestellen und das Hochzeitsbriefpapier selbst zu gestalten. Die Programmhefte für den Gottesdienst mit den von mir abgetippten Liedtexten liegen sorgfältig verpackt im Haus bereit, um später in die Kirche gebracht zu werden; auf die Vorderseite habe ich kleine Lavendelzweige geklebt. Eine weitere Lieferung trifft ein: Ein Nachbar, der eine Gärtnerei betreibt, hat mehrere Töpfe mit Efeu gebracht, um die Stangen des Festzelts zu schmücken. Jemand ruft: »Holt eine Leiter!«, und ich sage: »Moment, ich will erst noch ein paar Rosen einflechten.« Mum unterhält sich mit ihrer Nachbarin darüber, wie viel Arbeit noch zu tun sei, und ich kann die Nervosität in ihrer Stimme hören. Stuart wird losgeschickt, um noch ein paar Verlängerungskabel aufzutreiben, und dann kommt der Catering-Service, der das Nebenzelt mit einem mobilen Ofen und weiteren Tischen füllt. Die Band ist auch da; sie tragen ihre Lautsprecher herein und machen einen Soundcheck, die Boxen dröhnen. Meine Mutter fängt mit einer Bürste in der Hand zu tanzen an und ruft der Band zu: »Das könnt ihr ruhig anlassen!« Meine Schwester Alison fädelt in ihrem Regenmantel Windlichter auf eine Wäscheleine. Der Boden wird immer schlammiger, aber alle scheinen Spaß daran zu haben, etwas zu tun, das von ihrem Alltag abweicht. Ich genieße das bunte Treiben. Dieses altmodische Miteinander hat etwas Schönes an sich.

James mäht im Regen das Gras, das entlang des Feldwegs wächst. Er zieht sich bewusst zurück. Er hat immer gesagt, dass es für ihn auch in Ordnung wäre, nicht zu heiraten, dass das doch nur ein Stück Papier sei und dass er mich auch so liebt – wozu also das Geld ausgeben und den ganzen Stress und die Mühe auf sich nehmen? Doch ich will seine Frau sein, mehr als alles in der Welt. Wir gehören zusammen, und ich möchte mich zu ihm bekennen und seinen Nachnamen annehmen. Es ist nur ein Tag, sage ich ihm; auch er wird es genießen, und wir wissen beide, wie viel es unseren Familien bedeutet.

Alison gibt Bescheid, dass die Blumen da sind. Wir versammeln uns um einen weißen Lieferwagen auf dem Hof und helfen, Eimer mit Wicken, Levkojen, Skabiosen, Rittersporn und Rosen durch den Garten in das Festzelt zu tragen. Die Wolken brechen allmählich auf, und die letzten Schauer verziehen sich gen Osten. »Wow, die sehen ja toll aus!« Ich bedanke mich bei der Fahrerin und überreiche ihr einen Scheck. Ich streife mit den Fingern die Lavendeltöpfe, die ich noch zusätzlich in letzter Minute bestellt habe, und halte mir die Hände unter die Nase, um den beruhigenden Duft einzuatmen.

Zurück im Zelt ist es feucht und warm. Ich klappe die Beine eines langen Tischs aus und hebe eine ganze Reihe alter Glasvasen – die Sammlung meiner Großmutter – aus einer Kiste, die am Boden steht, um sie aufzustellen. Ich bitte Stuart, ein paar frische Eimer mit Wasser zu holen, und meine zukünftige

Schwägerin Jane beginnt damit, die Blumen in die Vasen zu stellen. »Wir haben zehn Vasen für zehn Tische, in jede gehen drei hiervon hinein und zwei davon und dann noch ein paar Zweige von denen«, sage ich ihr und wedle mit verschiedenen Blumen. Sie wirkt nervös.

Meine alte Schulfreundin Helen taucht auf. Da sie auf Reisen war, habe ich sie seit Monaten nicht mehr gesehen. Sie umarmt mich aufgeregt, zieht ihren Regenmantel aus und sagt, sie habe den ganzen Nachmittag Zeit. Sie stellt die Stühle um die schlichten runden Holztische und holt, ohne dass ich sie darum bitten muss, einen Mopp und einen Eimer, um den schlammigen Boden zu wischen. Anna, eine Freundin, mit der ich früher im Café auf den Auktionen gearbeitet habe, kommt kurze Zeit später mit einem Schokoladenkuchen und einem ganzen Bündel Regenschirmen vorbei – »nur für den Fall«, sagt sie lächelnd –, dann macht sie sich auf den Weg, um sich für morgen die Nägel maniküren zu lassen.

Ich habe seit Stunden nichts mehr gegessen oder getrunken. Mum macht mir eine Tasse Tee und schneidet den Schokoladenkuchen in Stücke. Er ist klebrig, hat eine dunkle Farbe und schmeckt köstlich. Ich nehme mir einen Moment Zeit, um mich in der Küche des Bauernhauses niederzulassen; inmitten des ganzen Chaos erfahre ich von allen Seiten viel Liebe und Güte.

Ich denke daran zurück, wie wir unsere Hochzeit auf der fünfzigsten Geburtstagsfeier meines Vaters bekannt gegeben haben. »Wir wollen nichts Spektakuläres, eine kleine Hochzeit fänden wir schön.« Und als ich vorschlug: »Wie wäre es, wenn wir im Ausland heiraten?« – ich hatte mir eine Hochzeit im kleinen Kreis auf einem Hügel in Frankreich oder Italien vorgestellt –, stockte den Anwesenden der Atem. Ich konnte sofort die Sorge und Enttäuschung in den Gesichtern meiner Eltern sehen. Auch James' Eltern wirkten irritiert. Ich wusste, dass sie nicht verreisen wollten, geschweige denn ihren Hof allein lassen konnten.

Mum und Dad kündigten an, dass sie die Hochzeit bezahlen würden, dass dies so Tradition sei und dass es eine kirchliche Trauung vor Ort sein sollte. Ich saß in der Falle. Um es allen recht zu machen, aber auch, um meine eigenen Interessen zu wahren, schlug ich vor, die Hochzeit in einem Festzelt neben dem Bauernhaus zu feiern, damit ich so viel wie möglich in Eigenregie erledigen konnte. Ich würde die Einladungen und die ganzen Details so gestalten, dass es aussehen würde wie bei den schicken Hochzeiten, bei denen ich in Oxfordshire gekellnert hatte. James habe ich mit den ganzen Einzelheiten in Ruhe gelassen.

Großtanten und -onkel, die ich seit Jahren nicht mehr gesehen habe, haben in der Woche vor dem »großen Tag« Hochzeitsgeschenke auf dem Hof abgegeben. Sie sprechen mir Mut angesichts des Wetters zu, während sie im Haus im Wohnzimmer sitzen und an ihren Teetassen nippen und Mum davon zu überzeugen versuchen, dass auch ein anhaltender Regen die Stimmung an einem solchen Tag nicht zu trüben vermag. Ich öffne Kartons mit neuen Pfannen und Gläsern, zusammengeschnürte Bettwäsche und Handtücher, Gutscheine für Möbel und Bargeld, Geschenke, die uns alles Gute für unser Eheleben wünschen. Ich lasse mich neben meiner Mutter auf dem Sofa nieder und erstelle eine Liste mit den Geschenken, die wir bekommen haben. Wenn alles vorbei ist, werde ich Dankeskarten schreiben, als wäre ich wieder acht Jahre alt, denn das Schenken und Sich-Bedanken sind Bestandteil ein und desselben Rituals.

Zurück im Festzelt stelle ich meine alte Staffelei mit einem einfachen Sitzplan auf. So langsam verwandelt sich alles. Als Nächstes kommen ein paar frisch gewaschene Gummimatten aus dem Kuhstall zum Einsatz, die über das aufgeweichte Gras gelegt werden. Jemand hat ein Bügeleisen auftreiben können und die weißen Tischdecken gebügelt, die jetzt über den schäbigen Holztischen hängen. Gläschen mit Honig aus Oxfordshire stehen neben kleinen Toffee-Riegeln, ebenfalls ein regionales Produkt aus Penrith. Die sommerlichen Blumen sehen fantastisch aus. Ich habe eine Collage aus Fotoaufnahmen aufgehängt, die Bilder von mir und James aus Kindertagen auf unseren jeweiligen Höfen zeigen sowie von unserer jüngsten Reise nach Chile. Mum und Dad haben für die älteren Leute etwas abseits in der Ecke einen Kaffeetisch mit bequemen Gartenstühlen aufgestellt. Männer aus dem nahe gelegenen Pub bauen die Bar auf.

Ich befestige die Tür zum Zelt mit dem Seil und den Holzpflöcken und schließe sie bis zum großen Tag morgen, an dem ich als verheiratete Frau mit meinem Hochzeitskleid über ihre Schwelle treten werde, ab. Erleichtert atme ich auf, als ich durch Mums hübschen Garten zurück zum Haus gehe; sie ist damit beschäftigt, zum fünften Mal die Sandsteinfliesen auf der Terrasse zu fegen. Am Himmel kann ich die Sterne sehen. Die Regenwolken haben sich verzogen.

Mein frisch gelocktes Haar ist am Hinterkopf hochgesteckt, einzelne Strähnen fallen nach vorn und rahmen mein Gesicht. Ich bezahle den Friseur und habe beim Gehen das Gefühl, meine French Nails würden mir einen Hauch von Glamour verleihen. Bei meiner Rückfahrt aus der Stadt sehe ich das Bauernhaus auf dem Hügel und das auf der Wiese daneben weiß leuchtende Festzelt. Am Himmel ist keine einzige Wolke zu sehen. Die Sonne knallt ins Auto. Mir kommen die Tränen: Tränen der Erleichterung, darüber, dass der Himmel blau ist, und Tränen der Freude.

Ich bin erschöpft. Letzte Nacht habe ich kein Auge zugetan und die frühen Morgenstunden im Bett verbracht, um einer Stickerei, die ich von unserem Bauernhaus angefertigt habe, den letzten Schliff zu verleihen. Ich möchte sie Mum und Dad schenken, als Dank für die ganze Arbeit und Liebe, die sie in diesen Tag gesteckt haben.

Ich wische mir die Tränen ab, um weiterfahren zu können, und denke an all die Menschen, die ich heute wiedersehen werde. Rufe mir selbst ins Gedächtnis, dass das alles nicht möglich gewesen wäre, wenn wir zum Heiraten weggefahren wären. Ich freue mich auf eine Feier bei Sonnenschein.

Ich ziehe meine Schuhe aus und schiebe den bauschigen Rock meines Prinzessinnenkleids beiseite. Es war das erste, das ich vor einigen Monaten anprobiert habe, als meine Mutter und ich an einem Samstag zu einem Brautmodengeschäft in die Stadt gefahren sind. Es ist »schwanenweiß«, an den Miedernähten sind funkelnde Schmucksteine aufgenäht. Es wird mit drei unsichtbaren Haken verschlossen und lässt meine Taille superschmal erscheinen. Die Spaghettiträger aus feinem Satin habe ich im Nacken zu einer Schleife gebunden. Der voluminöse Rock hat eine ähnlich bestickte Schleppe, die wellenförmig hinter mir hergeflossen ist, als ich den Kirchweg und den Mittelgang der Kirche entlanggeschritten bin. Ich fühle mich wie Aschenputtel. Für einen Moment setze ich mich auf einen der Holzstühle, um Luft zu bekommen. Als ich mich umsehe – meine Füße schmerzen, und meine Arme glühen rot von der Sonne, die ich heute noch getankt habe –, denke ich daran, wie James am Altar steht und nach vorn schaut, weil er glaubt, dass er sich nicht umdrehen soll. Ich erinnere mich an unser Lachen während der Zeremonie, weil wir bei der Probe nicht darauf geachtet hatten, was wir tun sollten. Ich möchte dieses Gefühl am liebsten einfangen, aber es ist schon fast wieder verflogen. Die Dame, für die ich sieben Jahre lang im Café auf den Auktionen gearbeitet habe, sitzt ruhig am Tisch neben mir. Sie lehnt sich zu mir rüber und sagt, was für eine schöne Hochzeit ich hinbekommen hätte und dass ich mich mal kurz umsehen solle, wie viel Spaß alle hätten. Sie sagt mir, dass ich die Atmosphäre auf mich wirken lassen solle und dass es ein wundervoller Tag gewesen sei.

ROSENKOHL

Wenn ich Rosenkohl im Dampfgartopf koche, muss ich immer daran denken, wie ich in der kleinen Küche in unserem ersten Haus hinter der Tür stand, leise vor mich hin schluchzend. Eine ganze Reihe Freunde und Familienangehörige saß bereits am Tisch und wartete gespannt auf das Abendessen. Als ich mich zu ihnen gesellte, gab ich der heißen, dampfenden Küche die Schuld an meinem roten, fleckigen Gesicht. An jenem Weihnachtstag im Jahr 2004 schien alles so perfekt und war doch nur gespielt. Ich fühlte mich leer, zerbrechlich und traurig. Es hätte ein schöner und aufregender Tag sein sollen, doch für mich war es ein Tag, den ich einfach nur überstehen wollte. Wir hatten gerade unser erstes Baby verloren.

Ein paar Wochen zuvor hatten wir erfahren, dass ich schwanger war. Ich wartete auf die Ultraschalluntersuchung in der zwölften Woche, bevor wir es irgendjemandem sagen würden, alle machten das so. In der zehnten Schwangerschaftswoche erlitt ich eine Fehlgeburt. Der Verlust erschütterte uns. Wir haben niemandem davon erzählt.

James und ich waren für den jeweils anderen ein sicherer Hafen. Und dies war unsere erste wirkliche Bewährungsprobe, wenn es darum ging, füreinander da zu sein. Für ihn war es auf eine andere Art und Weise schwer; es war mein Körper, dem das passierte, und meine Gefühle und Hormone, die völlig verrücktspielten. Doch ich wusste, dass es auch für ihn ein großer Verlust war. Ich konnte meiner Mutter nicht sagen, wie es mir ging, als die Blutung einsetzte. In dieser schicksalhaften Woche war sie in Schottland, wo ihre Mutter, von der sie sich entfremdet hatte, sie an ihr Krankenbett gerufen hatte. Sie hatte schon genug um die Ohren. Es passierte nur wenige Tage, nachdem ich die ganze Familie zum Weihnachtsessen eingeladen hatte. Wir hatten geplant, bei dieser Gelegenheit die frohe Botschaft zu verkünden, und ich hatte die Einladung auf ein paar Freunde der Familie ausgedehnt, von denen wir wussten, dass sie allein sein würden, wenn sie nicht zu uns kämen. Mein Schwager hatte gerade seine Mutter im Alter von 48 Jahren an Krebs verloren, also luden wir auch seinen Vater und seinen Bruder ein. Ich musste weitermachen. Unser Baby wäre das erste Enkelkind unserer beiden Eltern und der erste Urenkel für meine Großmutter gewesen.

Für uns, wie für so viele Paare, hatte meine Schwangerschaft kein glückliches Ende genommen. Doch meiner Erfahrung nach sprachen die Leute nicht über Fehlgeburten – ich kannte niemanden, der ein Baby verloren hatte. Ich dachte sofort, dass mit mir etwas nicht stimmte und dass ich nie Kinder würde haben können. Über eine Fehlgeburt sprach man nur leise oder hinter verschlossenen Türen; es war zu unangenehm, gehörte sich nicht, war zu intim für ein alltägliches Gespräch. Ein Arzt empfahl mir am Telefon, Paracetamol zu nehmen und mich auszuruhen, es würde bald vorbei sein. Jetzt verstand ich, warum die Frauen bis zur Untersuchung in der zwölften Woche warteten, bevor sie die Schwangerschaft bekannt gaben.

Ich hätte die Schulter einer anderen Frau gut brauchen können, um mich auszuweinen. Ich hätte mich an eine Freundin wenden sollen, um meine Trauer und meine Ängste mit ihr zu teilen. Stattdessen behielt ich meine Gefühle für mich. Ich bin gelaufen und gelaufen, mit unserem Spaniel Bramble an meiner Seite. Ihr hat es großen Spaß gemacht, kilometerweit am Fluss entlangzurennen, während ich mir alle Mühe gab, mich damit abzufinden, nicht mehr schwanger zu sein.

James und ich gaben Vollgas, um die Renovierung des Hauses abzuschließen, das erste von vielen Zielen, die wir uns gesteckt hatten. Wir blieben bis spät in die Nacht auf, um die Badezimmerfliesen abzuschlagen, neue Fliesen zu verlegen und die Decken zu streichen. Wir legten Fußböden aus, ich nähte Kissen und hängte Vorhänge auf, bis das ganze Haus wunderschön aussah. An Heiligabend tauchte ich glänzende, rote Äpfel zur Hälfte in Eierlikör und anschließend in Puderzucker, um einen Schnee-effekt zu erzielen, wie ich es im Fernsehen gesehen hatte. Dann band ich Papierschilder, die in Gold mit den Namen der Gäste beschriftet waren, an die Stiele und legte die Äpfel zu den Gedecken. Der Tisch sah prächtig aus, als ich das Licht ausmachte und zu Bett ging. Das Haus, unser schön hergerichtetes Zuhause – all das diente jedoch nur der Ablenkung.

Von dem Moment an, in dem ich mein Baby verloren habe, wusste ich, dass ich mehr als alles andere in meinem Leben Mutter sein wollte. Ich war magisch davon angezogen. Ich hatte keine Ahnung, wie es sein würde, ein Kind zu gebären und Mutter zu werden, aber es war etwas, das ich unbedingt wollte.

Als ich Oxford verließ, schwor ich mir, nie wieder für jemand anderen zu arbeiten. Im Beisein meiner Freunde tat ich das Ganze mit einem Lachen ab und sagte, mit meinem Lebenslauf sei ich nur schwer zu vermitteln, da ich nur für kurze Zeit richtige Jobs gehabt hätte. Jetzt war es also die Mutterschaft, die ich wollte, und ich wollte sie so sehr, dass mich alles Berufliche nicht mehr im Geringsten interessierte. Arbeit schien unwichtig zu sein, eine stumpfsinnige Notwendigkeit, um die Rechnungen zu bezahlen. Ich hatte noch nie ein so starkes Verlangen verspürt. Ich war wie besessen von meinem Zyklus und meinem Eisprung und wartete im Badezimmer ängstlich darauf, ein weiteres Mal ein positives Testergebnis auf dem kleinen Plastikstäbchen zu sehen. Überall sah ich Leute mit Babys. Ich fuhr ein schönes Auto, sah gut aus und wohnte in einem tollen Haus. Ich wollte ein Baby. Von außen machte es den Eindruck, als würden wir das beste Leben führen, das man sich nur denken konnte. Aber ich wollte ein Baby.

FRÜHLINGSGRÜN

Die rosafarbene Linie ist schwach, aber sie kommt zum Vorschein, als ich mit dem Stäbchen umherwinke und es gegen das Licht des Badezimmerfensters halte. Hoffnungsfroh und doch ungläubig halte ich es in den Händen, drei Monate nach meiner Fehlgeburt. Ich bin wieder schwanger.

Ich atme tief ein und merke, wie meine Hand zittert. Ich setze mich auf den Toilettensitz und wünschte, ich hätte noch einen weiteren Test gekauft, um doppelte Sicherheit zu haben. Eine Mischung aus Aufregung und Angst durchflutet mich; ich bin euphorisch und erschrocken zugleich. Ich möchte James nicht noch einmal auf eine Achterbahnfahrt der Gefühle schicken, aber ich muss es ihm sagen. Er wird erst in ein paar Stunden wieder zu Hause sein. Mein Blick fällt auf Bramble, die ins Badezimmer gekommen ist, um zu sehen, wo ich bin. Sie schaut mich schwanzwedelnd an, und ich vergrabe mein Gesicht in ihrem Fell, Tränen steigen mir in die Augen. Ich wische sie fort und werfe erneut einen Blick auf das Teststäbchen, nur für den Fall, dass die rosa Linie wieder verschwinden könnte. Sie ist noch da, die Farbe ist sogar noch etwas intensiver als eben. Das Leben ist so zerbrechlich. Ich habe den Beweis für meine Schwangerschaft vor mir liegen. In meinem Bauch nistet sich gerade ein kleiner Zellhaufen ein, um zu einem Baby heranzuwachsen.

Unzählige »Was-wäre-wenn«-Gedanken rasen durch meinen Kopf. Ich trauere immer noch um unseren Verlust, und das Ergebnis erscheint mir wie ein Wunder. Diese rosafarbene Linie steht für ein neues Leben. Ich weiß, dass es jeden Moment wieder schiefgehen kann, wie es leider bei sehr vielen Frauen der Fall ist. Aber es könnte auch bedeuten, dass ich in neun Monaten Mutter werde. Ich versuche meine Gedanken zu besänftigen und ruhig zu atmen. Ich bin erst in der sechsten Woche, und weitere sechs Wochen bis zur Ultraschalluntersuchung kommen mir vor wie eine Ewigkeit. Selbst die nächsten drei Stunden kommen mir vor wie eine Ewigkeit. Die Verlusterfahrung schmerzt noch immer.

Ich schreibe James eine SMS und bitte ihn, heute Abend nicht zu spät zu kommen. Dann mache ich mit Bramble einen ausgedehnten Spaziergang. Es ist Februar und bitterkalt, aber ein Spaziergang ist das, was ich jetzt brauche. Ich bin schwanger. Ich bin schwanger. Ich bin SCHWANGER.

Als ich nach Hause komme, stelle ich die Heizung an und koche uns einen großen Topf Nudeln mit Rindfleisch und frischem Gemüse. James ist kaum zur Tür herein, als ich ihm sage, er solle sich das Stäbchen ansehen. Er nimmt mich in den Arm, nachdem er die schmale rosafarbene Linie inspiziert und meine Neuigkeiten angehört hat, doch ich merke, dass er etwas verhalten reagiert, dass er diesem Stück Plastik nicht so recht traut. Er meint, in ein paar Tagen solle ich einen weiteren Test machen. Er will nicht so schnell wieder enttäuscht werden und mich unbedingt davor bewahren, dass ich mir zu große Hoffnungen mache. Doch ich möchte es von den Dächern schreien: Wir bekommen ein Baby!

Jegliches Interesse, das ich noch an meiner Arbeit hatte, verschwindet über Nacht. Ich hatte ein aussichtsreiches, kleines Unternehmen gegründet, um Kunden bei der Suche nach einem Haus behilflich zu sein. Ich arbeitete von zu Hause aus, und alles, was ich brauchte, waren mein Auto, mein Laptop und gute Beziehungen zu den Immobilienmaklern in der Umgebung. Ich mache meine Sache gut, denn ich kenne die Gegend her-

vorragend, und es bereitete mir Spaß, den Leute die passenden Häuser zu vermitteln. Aber jetzt interessiert es mich nicht mehr. Stattdessen bin ich wie besessen davon, mich gesund zu ernähren, viel an die frische Luft zu gehen und das Haus in Ordnung zu halten. Während mein Bauch wächst und die Ultraschallbilder alle in Ordnung sind, konzentriere ich mich darauf, vor der Geburt fit und gesund zu sein. Das ist jetzt mein einziges Ziel. Ich muss noch ein paar Verträge mit Kunden erfüllen und komme dem auch nach, aber das ist nur Mittel zum Zweck.

> Nahrhafte Gerichte, die der Selbstfürsorge dienen, siehe S. 390

NUDELN MIT RINDFLEISCH UND GEMÜSE

Zutaten:
150 g Eiernudeln
1 kleiner Brokkoli-Kopf, in Röschen zerteilt, oder 300 g zarter Stangenbrokkoli
1 EL Sesamöl
1 × 400 g Rindersteak, in Scheiben geschnitten – Rumpsteak oder ein dünnes Minutensteak beispielweise, ansonsten geht auch jedes andere Stück (oder 400 g Geschnetzeltes vom Rind)
2 Handvoll frische Sojasprossen oder 225 g Wasserkastanien aus der Dose
1 Pak Choi, in Stücke geschnitten
2 Frühlingszwiebeln, in feine Ringe geschnitten

Für die Soße:
2 Knoblauchzehen, zerdrückt
2 cm frischer Ingwer, gerieben
3 EL Sojasauce
2 EL Austernsoße
1 EL Weißweinessig
1 EL Tomatenketchup

Vorbereitungszeit: 15 Minuten
Kochzeit: 15 Minuten
Für 4 Personen

Hinweis: Anstelle von Sojasprossen oder Wasserkastanien passen auch Pilze gut zu diesem Gericht; nach dem dritten Schritt das gebratene Fleisch aus der Pfanne nehmen, die Pilze anbraten, im Anschluss beides zusammengeben und die Soße und den Pak Choi hinzufügen.

Zubereitung:

1. Die Nudeln in einem Topf mit siedendem Wasser für fünf Minuten (bzw. nach der Anweisung auf der Packung) kochen. Den Brokkoli 2 Minuten vor Ende der Garzeit der Nudeln hinzufügen und dann den Inhalt abgießen. Unter kaltem Wasser abspülen und beiseitestellen.
2. Die Zutaten für die Soße in einer kleinen Schüssel vermengen.
3. In einem Wok oder einer großen Pfanne das Sesamöl erhitzen und das Rindfleisch bei starker Hitze 3 Minuten lang anbraten, bis es gebräunt, aber nicht vollständig durchgebraten ist.
4. Die Soße 1 Minute lang mit den Sojasprossen bzw. Wasserkastanien und dem Pak Choi in die Pfanne geben, bevor die Nudeln und der Brokkoli untergehoben werden.
5. Mit frischen Frühlingszwiebeln bestreuen.

James und ich sprechen regelmäßig über das Thema Geld, was stets in lautstarken Auseinandersetzungen endet. Er fragt, warum ich nicht mehr Werbung mache und mich um neue Kunden bemühe – das Geschäft habe so viel Potenzial, und meine Kunden seien mit meiner Arbeit sehr zufrieden gewesen und hätten mich an Freunde weiterempfohlen. Ich könnte das doch ausbauen und richtig Geld verdienen. Es frustriert ihn, dass ich davon nichts wissen will. In ein paar Monaten werde ich damit beschäftigt sein, ein Baby zu stillen, und ich denke, er hat nicht bedacht, was dieser Umstand mit sich bringt. Wer soll sich um das Baby kümmern, wenn ich in der Arbeit bin? Ich mache das hier doch nicht alles durch, um meinen Sohn oder meine Tochter dann jemand anderem zur Betreuung zu überlassen. Und warum sollte ich überhaupt lieber an einem Schreibtisch sitzen oder telefonieren wollen, anstatt mich um mein Kind zu kümmern?

Ich habe den Immobilienmarkt trotzdem weiterhin im Blick und stelle fest, dass Häuser in unserer Straße für fast das Doppelte des Preises verkauft werden, den wir für unser Haus hingelegt haben. Wir haben viel renoviert, alles neu verkabelt und eine neue Küche und ein neues Bad eingebaut, also beschließen wir, es auf dem Markt anzubieten und stattdessen nach einem Haus mit Garten zu suchen.

Als wir an einem Wochenende spazieren gehen, sehen wir in einem Vorort ein Schild mit der Aufschrift »Zu verkaufen«. Ich überquere die Straße und schaue durch die Fenster eines leeren, baufälligen alten Hauses, das früher einmal von Fabrikarbeitern bewohnt wurde. Es ist in einer Reihenhaussiedlung gelegen, alle anderen Häuser in der Umgebung sind renoviert. Als wir nach Hause kommen, rufe ich den Makler an und vereinbare einen Besichtigungstermin. Ich weiß, dass so ein Haus schnell weg sein wird. Wir wandern durch die leeren Räume; es wirkt wie ein Museum, mit einer alten Spülküche und einem Kohlenhäuschen sowie kleinen, alten Kaminen in den drei Schlafzimmern und dem vorderen Zimmer im Erdgeschoss.

Für James und Bramble ist der Garten das Beste – im Moment ist er völlig überwuchert und vernachlässigt, aber er hat schätzungsweise eine Länge von 15 Metern. Am Ende des Gartens steht ein alter Apfelbaum.

Die Formalitäten lassen sich problemlos klären, schon bald halten wir die Schlüssel für das Haus in den Händen und können die nächsten Monate nutzen, um zu renovieren. Genug Zeit, bevor das Baby kommt. Die Organisation der Bauarbeiten und die ganzen Genehmigungen und Vorschriften, der Verkauf unseres eigenen Hauses, das Packen der Umzugskisten und die Ausstattung des neuen Heims halten mich auf Trab. Mir bleibt keine

Zeit, mich um neue Kunden zu bemühen, und außerdem ist das Geld, das wir für den Verkauf unseres ersten Hauses bekommen haben, mehr als genug, um die Renovierung unseres neuen Heims zu bezahlen. Die Streitereien lassen für eine Weile nach.

Ich stehe auf einer Trittleiter, und mir ist völlig klar, dass ich das nicht sollte. Ich bin im fünften Monat schwanger und kratze die Tapete im vorderen Schlafzimmer von der Wand. Schicht für Schicht lege ich altes Papier frei, die oberste hat knallblaue Streifen, dann kommen grüne Fleurs-de-Lis, ein verblasster Blumenaufdruck, ein blasses Blattmuster, das mir am besten gefällt, und schließlich der blanke Putz. Einige der Schichten lassen sich gut ablösen. Sie erinnern mich daran, wie sich mir als kleines Mädchen die Haut nach einem Sonnenbrand von den Armen geschält hat. An manchen Stellen bleibt die Tapete aber auch hängen, sodass ich fester kratzen muss. Ich kann aus diesen ganzen Schichten die Geschichte dieses Hauses herauslesen und stelle mir die Menschen vor, die in diesen Räumen gelebt haben. Die oberste Schicht ist die schlimmste, satte, blaue Linien, die jedem den Schlaf rauben. Bramble hat es sich neben meiner Leiter bequem gemacht – sie bleibt stets in meiner Nähe, auch wenn ich nur drei Sprossen erklimme. Helen kommt vorbei, um mir zu helfen. Sie verbietet mir, weiter auf Leitern zu steigen. Gemeinsam machen wir uns daran, die Wände abzutragen, zu verkleiden und zu streichen. Wenn wir hier einziehen, wird dies das Zimmer unseres Babys werden.

Meine Tage folgen einem festen Ablauf. Morgens erledige ich meine Büroarbeit in unserem alten Haus, danach spaziere ich mit Bramble los, immer am Fluss entlang, dem alten Weg der Mühlenarbeiter. In meiner Tasche stecken eine Packung Milch für eine Tasse Tee und ein paar Sandwiches oder einen Salat für mein Mittagessen, dann bin ich den ganzen Tag im Haus zugange. James holt mich am Abend ab, um die Fortschritte in

Augenschein zu nehmen. Wenn ich früh im Haus eintreffe, ist es immer leer und kalt, doch sobald ich mit der Arbeit begonnen habe, wird mir schnell warm.

Die grüne Eingangstür hat ein kleines Schlüsselschild aus Messing und keinen Griff, nur ein Schnappschloss aus Metall, also passe ich auf, dass ich mich nicht aussperre. Während ich über die Schwelle trete, fällt mein Blick auf eine Treppe, die sich direkt vor mir befindet, links geht es in einen quadratischen Raum mit einem alten Kachelofen und einer Tür zur kleinen Küche, die aussieht, als wäre die Zeit in ihr stehen geblieben, mit einem auf dem Boden stehenden Waschbrett, einem dreckigen Belfaster Waschbecken samt geziegeltem Unterbau sowie alten Armaturen aus Kupfer. Die Raumaufteilung ist etwas seltsam: Das Badezimmer befindet sich direkt hinter der Küche; es hat eine gusseiserne, grüne Badewanne mit einem schäbigen, alten Duschvorhang, der sehr liederlich an der Decke befestigt ist – ein Zug, und er segelt herunter. Ich betrachte den Betonboden und denke an die alte Dame, die hier lange Zeit gewohnt hat. Wie es wohl gewesen sein muss, die Wäsche auf einem Waschbrett zu schrubben und auf dem Herd eines Küchenofens zu kochen? Ihr Haus stand nach ihrem Tod zum Verkauf, und ich denke daran, wie sie hier gelebt hat, so ganz ohne Zentralheizung und sonstigen modernen Komfort, nur mit blanken Steinplatten auf dem Küchenboden. Bis vor Kurzem hat sie noch die Kohlen aus dem Kohleschuppen reinschleppen müssen, der an die Rückseite des Hauses angrenzt (und noch immer halb voll ist). Und ich denke, wie merkwürdig es ist, sein Schlafzimmer mit blau-weißen Streifen zu tapezieren. Dass Häuser Geschichten erzählen können, finde ich wahnsinnig spannend. Am liebsten würde ich wissen wollen, wer vor ihr hier gewohnt hat, in diesem Haus, das nach der Tochter des Fabrikbesitzers, Margery, benannt ist. Die Arbeiter, die in diesem Haus wohnten, trugen Holzschuhe und nahmen in einer Blechwanne vor dem offenen Feuer ihr

Bad. Die Entrümpler haben alle Hände voll zu tun und füllen den gelben Container vor der Tür. Sie arbeiten zügig, damit mit dem Anbau begonnen werden kann, dessen Türen sich zu dem langen Garten öffnen sollen.

An einem Samstagmorgen Mitte November fahren wir zum Hof. Bramble springt aus dem Kofferraum, und ich befestige die Leine an ihrem Halsband, während sie um mich herumhüpft. Der Wind peitscht uns entgegen. Ich ziehe meine kuschelige Mütze auf, wickle meinen Schal fest um den Hals und stecke ihn unter meinen Mantel. Wir schlagen ein langsames Tempo an, es ist mehr ein vorsichtiges Watscheln als ein richtiger Spaziergang. Ich führe sie zu der kleinen Buckelbrücke hinter der Wiese mit den Eichen; sie geht bei Fuß. Auf dem Rückweg lasse ich sie los und über das Feld an der Ecke rennen. James schaut mit seinem Vater nach der Herde. In drei Tagen ist es so weit. Die beiden necken mich und sagen, ich bräuchte eine holprige Fahrt auf dem Quad, damit das Baby kommt.

Auf dem Heimweg halten wir an einem Hofladen, in dem auch Bilder zum Verkauf stehen. Wir entscheiden uns für ein einfaches Gemälde eines goldenen Gerstenfelds. Wir haben nicht viel Geld, aber es gefällt uns, und wir haben das Gefühl, dass dies etwas ist, das wir für immer behalten werden. Zurück im Haus packe ich es aus und überlege, wo ich es aufhängen soll. James schaltet den Fernseher ein. Er hat sich auf dem Rückweg das Rugbyspiel im Radio angehört. Ich verbringe den Nachmittag damit, Kleidung zu bügeln, zusammenzulegen und wegzuräumen. Bügle Hemden, die schon seit Ewigkeiten im Korb liegen. Das Hinsetzen fällt mir schwer. Ich laufe im Haus herum und gebe mein Bestes, damit es sauberer und aufgeräumter aussieht. Als ich ein Bad nehme, komme ich kaum wieder raus, also rufe ich James, um mir zu helfen. Ich fühle mich wie ein Elefant, der versucht, ein Flussufer hinaufzuklettern. Und dann geht es los: Krämpfe pulsieren in Wellen durch meinen Unterleib. Ich schätze, das sind Wehen.

»Keine Panik!«, sagt James.

»Ich bin nicht in Panik!«, schnauze ich ihn an. Ich muss die Hemden fertigbügeln und wollte auch noch das Bett beziehen.

Er versucht mich davon zu überzeugen, die Arbeit ruhen zu lassen, aber ich will nicht auf ihn hören. Die Hebamme hat uns eingetrichtert, dass wir nicht zu früh ins Krankenhaus gehen sollten, und ich habe den Eindruck, dass es James auch nichts ausmacht, wenn das Ganze noch ein wenig auf sich warten lässt, denn England ist kurz davor, Neuseeland zu schlagen, und er steht wie gebannt vor dem Fernseher. Da ich nicht sonderlich Appetit auf eine richtige Mahlzeit habe, esse ich eine Schale Müsli und schlage ihm vor, dass er sich Käse und Cracker oder sonst irgendwas zum Abendessen nimmt. Dann gehe ich nach oben und ruhe meine Beine aus, indem ich mich auf einen Geburtsball setze, nicht in der Lage, mich hinzulegen oder still zu stehen; bei jedem Krampf, der durch meinen Körper geht, wippe ich. Ich überprüfe meine Tasche, die ich fürs Krankenhaus fertig gemacht habe, packe sie um und beschließe dort anzurufen und mitzuteilen, dass wir kommen. »Wir müssen los.«

James ist ziemlich aufgeregt, es sind die letzten Minuten des Spiels, aber das interessiert mich nicht. Während ich ins Auto steige, das in der Einfahrt parkt, steht er noch an der Tür und starrt auf den Bildschirm, um den Spielstand zu sehen.

»Beeil dich, das Baby kommt!«, schreie ich.

Er schreckt auf. »Herrgott, warum hast du das nicht gleich gesagt!«

Ich stehe neben einem nach oben gefahrenen Bett in einem schwach beleuchteten Kreißsaal und registriere ein vorbereitetes Babybettchen. Meine Strickjacke hängt über meinen Schultern, und ich atme tief durch. Die Wehen folgen dicht aufeinander und greifen auf meinen ganzen Körper über. Ich vergrabe meinen Kopf im Kissen. Meine Beine sind fest im Boden verankert. James ist an meiner Seite. Er hält mich, streichelt mir über den Rücken, und ich klammere mich an seiner Hand fest. Ich gebe alles, was ich habe und noch mehr, und verliere mich in meiner Atmung, unterbrochen von den Rufen »Und weiter pressen!« Eine Stunde nach unserer Ankunft im Krankenhaus kommt unser kleines Mädchen zur Welt. Es wiegt 3317 Gramm und hat einen dunklen Haarschopf. Man hilft mir ins Bett, um mich auszuruhen, ich bin überglücklich, hungrig und tränenüberströmt. Die Hebammen überreichen James die kleine Molly. Er sieht etwas erschrocken aus und wirkt unsicher, wie er dieses zappelige Persönchen halten soll, aber er grinst von einem Ohr zum anderen. Er hält sie, als sei sie das Kostbarste auf der Welt – und das ist sie natürlich auch. Sie blickt ihm in die Augen, und er singt ihr »Baa, Baa, Black Sheep« vor.

KALTER TEE

Jeden Morgen schiebe ich meinen neuen Silver Cross Kinderwagen den Weg zum Fluss hinunter. Die Räder holpern über das Bordsteinpflaster. Es ist die Strecke, die die Arbeiter der Baumwollspinnerei jeden Tag auf dem Weg zur Fabrik zurückgelegt haben. Bramble läuft an unserer Seite und rennt nicht mehr davon wie früher – als würde sie ihren eigenen Nachwuchs beschützen wollen. Ich gehe immer auf der Straße nach Hause, und als ich die Anhöhe des Hügels erreiche, bin ich ganz außer Atem. Ich hebe den Kinderwagen die drei Stufen hinauf, stelle Molly vor der Haustür ab und lasse sie offenstehen, während ich schnell in die Küche springe, um mir eine Tasse Tee zu machen. Gegenüber von unserem Haus ist eine kleine Grundschule, und die Kinder sind um diese Zeit üblicherweise draußen auf dem

Hof, um zu spielen. Ich würde mich gern zehn Minuten lang mit meinem heißen Getränk hinsetzen und ausruhen, aber pünktlich fünf Minuten, nachdem wir zurück sind, geht es mit dem Schreien los. Ich packe sie wie ein Päckchen aus ihrem kuscheligen Schneeanzug aus und versuche sie zu beruhigen. Ich gehe mit ihr hinein, und es folgt der immer gleiche Ablauf von Füttern, Windelwechseln und Spielen.

James pendelt zwischen drei Jobs hin und her, um unsere Rechnungen zu bezahlen. Er hat eine Arbeit als Berater gefunden, ist in ein paar freiberufliche Projekte eingebunden, und es zieht ihn immer wieder zurück auf den Hof. Er verlässt jeden Morgen vor sieben das Haus und kommt jeden Abend hungrig und müde zurück. Nach Weihnachten werde ich von einem Ehepaar angesprochen, das ein Haus sucht, und ich übernehme den Auftrag, um mein Geschäft am Laufen zu halten. Ich nehme die kleine Molly mit und schnalle sie mir auf den Bauch, während ich Immobilien besichtige und Fotos mache. Bramble fährt im Kofferraum mit und freut sich über einen Spaziergang an einem See oder auf einem Waldweg. In den Augen der anderen scheint das alles gut zusammen zu funktionieren, aber mich stresst dieses ständige Jonglieren allmählich. Schon den Kinderwagen aus dem Haus und in das Auto zu wuchten ist mir zu viel. Ich bin wegen Kleinigkeiten gereizt und ständig frustriert. Zwei Rollen zu übernehmen – die einer »berufstätigen Frau« und die einer »Mutter« – ist etwas, das ich nicht tun kann oder will. Ich möchte eine Mutter sein, und zwar zu 100 Prozent.

Molly ist ein unruhiges Baby. Seit Monaten finde ich kaum noch richtig Schlaf. James bietet mir an, morgens um vier mit ihr eine Runde im Auto zu fahren oder mit ihr spazieren zu gehen, damit ich noch etwas Schlaf bekomme, bevor er zur Arbeit geht. Ich schlage vor, dass er im Gästebett schläft, aber er will bei mir bleiben. Am Ende liegt Molly jede Nacht zwischen uns, und ich mache keine Auge zu, aus Angst, dass er sich auf sie rollt.

Weil ich mir das alles so sehr gewünscht habe, verberge ich vor allen, dass es mir nicht gutgeht. Ich ziehe jeden Tag frische Kleidung an, wasche mir die Haare und versuche mich ein wenig zu schminken; ich lächle, koche eine selbst gemachte Suppe und backe Kuchen für Gäste. Unser Haus ist in einem tadellosen Zustand, während ich das Gefühl habe, mich aufzulösen.

> Mahlzeiten für den Überlebensmodus siehe S. 390

Sechs Wochen nach ihrer Geburt lässt sich Molly immer weniger füttern. Meine Brustwarzen sind rissig und bluten, wenn sie versucht an ihnen zu nuckeln. Sie verliert an Gewicht. Als die Gesundheitsschwester zum Check-up zu mir kommt, zeigt sie mir, wie ich meine rissige Haut mit einer speziellen medizinischen Gaze bedecken kann, die zur Behandlung von Verbrennungen verwendet wird. Das beruhigt mich sofort etwas. Nachdem sie Molly gewogen und sich eine ganze Reihe von Notizen gemacht hat, setzt sie sich zu mir. Sie erkundigt sich nach meinem Tagesablauf, während ich dem kleinen, rosigen Körper eine Windel anziehe und ihn sorgfältig einkleide. Ich berichte ihr, dass sie nach dem Stillen immer unruhig ist und dass ich, damit mein Mann etwas Schlaf abbekommt, sie oft mit nach unten nehme, um die Wäsche zu sortieren oder Fernsehen zu schauen. Ich wiege sie durch die Nacht und singe leise »A Hundred Green Bottles Hanging on the Wall«. Doch es funktioniert nicht – sie schreit einfach am laufenden Band.

Die Schwester sagt mir, ich solle das nächtliche Stillen so beiläufig und wenn möglich bei Dunkelheit durchführen, wenn sie noch im Halbschlaf ist, und versuchen, sie möglichst wenig zu stören, außerdem die Windel nur dann zu wechseln, wenn sie voll ist, nicht wenn sie nass ist. Ich sage ihr, dass mir meine Mutter erzählt habe, dass ich als Baby nur alle vier Stunden gestillt worden sei und dazwischen tief und fest geschlafen habe. Ich versuche, mich zusammenzureißen, doch als sie ihre Hand auf meinen Arm legt, spüre ich, wie ich die Schultern hängen lasse. »Was mache ich nur falsch?«, frage ich sie, während mir die Tränen über das Gesicht laufen. Sie lächelt, reicht mir ein Taschentuch und sagt, dass Babys alle unterschiedlich sind, dass ich nicht so streng mit mir selbst sein solle und dass meine Mutter wahrscheinlich die schwierigeren Zeiten vergessen habe.

Sie schlägt mir vor, dass ich versuchen solle, Molly mit der Flasche zu füttern. Sie fragt mich, ob ich genug esse.

»Nicht wirklich«, antworte ich. »Ich lasse das Frühstück oft ausfallen, um mit dem Hund rauszugehen, und wenn ich zurückkomme, bin ich ziemlich hungrig, also esse ich Schokoriegel, Kuchen oder Kekse, und dann mache ich mir natürlich kein ordentliches Mittagessen. Abends versuche ich schon, eine richtige Mahlzeit zuzubereiten, weil James dann nach Hause kommt, aber meistens kann ich mich nicht dazu durchringen zu kochen, und wir essen stattdessen Müsli oder irgendein Fertigprodukt. Unser Kühlschrank ist randvoll mit Energydrinks und Fertigpizzen.«

»Sie müssen richtig essen«, sagt sie bestimmt. »Lassen Sie das Frühstück nicht aus. Sie brauchen am Morgen Nahrungsmittel wie Haferflocken, Joghurt, Wurst, Speck oder Ei. Mittags sollten Sie Vollkornsandwiches oder Suppe, Reis, Huhn, Fisch und etwas Obst zu sich nehmen. Sie brauchen in jeder Mahlzeit Eiweiß, um Ihren Energiebedarf zu decken.«

»Ich weiß, ich bin auch richtig wütend auf mich selbst. Ich habe die Zügel ziemlich schleifen lassen … Als ich schwanger war, habe ich mich genau so ernährt. Ich habe es eigentlich nur meinen Spaziergängen zu verdanken, dass ich nicht völlig durchdrehe, aber ich weiß, dass ich mich mit anderen Müttern treffen und Freunde besuchen sollte. Es gibt da eine andere Mutter, die ich in einem Geburtsvorbereitungskurs kennengelernt habe – ich werde sie anrufen.«

»Sie müssen aufhören, sich so viel Stress damit zu machen, dass das Haus immer in bester Ordnung ist«, ermahnt sie mich. »Lassen Sie die verdammten Kissen in Ruhe und gönnen Sie sich tagsüber eine Pause, wann immer es möglich ist.«

Wir träumen davon, auf den Hof zu ziehen, aber das gestaltet sich nicht so einfach, und es gibt so viele Hürden zu nehmen. Im Nachhinein betrachtet haben wir uns von Anfang an einfach viel zu viel Druck gemacht – und das mit der Zeit immer mehr, denn da kam immer gleich die nächste große Sache, hinter der wir her waren. James ist ständig gestresst und nervös. Ich sehe keinen Weg, wie wir es schaffen können, und gleichzeitig möchte ich unbedingt, dass wir jetzt unser Leben genießen.

Von außen sieht alles perfekt aus. Wir haben ein wunderschönes Haus, dessen schäbige Eingangstür gestrichen wurde. Wir haben einen hübschen Vorgarten und einen schönen Rasen angelegt, einen nagelneuen Anbau auf der Rückseite hochgezogen, eine neue Küche und ein neues Bad eingebaut, und im Wohnzimmer befindet sich ein stilvoller Kalksteinkamin. Es ist überall hell und sauber. Ich habe passende Kissen auf die beiden Sofas gelegt und ordentliche Tagesdecken fürs Bett organisiert. Es sieht bei uns aus wie in Schöner Wohnen. Ich habe ein geschmackvolles Heim geschaffen, in dem man sich gern aufhält. Und trotzdem bin ich unglücklich. Ein Baby zu wollen und ein Baby zu haben, sind zwei sehr unterschiedliche Dinge. Die in mir aufkommenden Gefühle, mein unbändiger Wunsch, Molly zu beschützen, zu füttern und zu trösten, unser Haus in Ordnung zu halten und den Eindruck zu vermitteln, als hätte ich alles im Griff – das zehrt mich aus. Bevor die Gesundheitsschwester geht, bittet sie mich, einen Fragebogen über meine Gedanken und meine Stimmung auszufüllen. Zu diesem Zeitpunkt ist es mir noch nicht klar, doch nachdem sie sich meine Antworten angesehen hat, teilt sie mir mit, dass sie sich große Sorgen um meine psychische Gesundheit mache.

4

SCHOKOLADEN-KNÖPFE

Molly ist am Zetern und fuchtelt mit ihren Armen durch die Luft. Ich hebe sie hoch. Sie ist mit ihrem Lauflernwagen bei mir in der Küche gestrandet, während ich fünf Tassen Tee für die Handwerker koche. Wenige Monate nach der Fertigstellung unseres vorherigen Hauses sind wir wieder an dem Punkt, an dem wir aus Kisten leben. Die Küchenwände sind bis auf den nackten Stein abgetragen. Der Putz wurde letzte Woche abgeschlagen, und als Nächstes will der Elektriker kommen, um die neuen Leitungen zu verlegen. Molly ist zehn Monate alt und kann noch nicht richtig laufen. Die meiste Zeit des Tages verbringe ich damit, über ihr zu grätschen und ihre beiden Hände zu halten, während sie lernt, einen Fuß vor den anderen zu setzen. Die Lauflernhilfe findet sie furchtbar, sie will nur mich. Ich gebe ihr ein Stück Banane, um sie zu beruhigen, aber sie wirft es auf den dreckigen Betonboden und heult. Ich habe einen verbeulten, alten Wasserkocher auf der Fensterbank in der Küche stehen, der mit einem Verlängerungskabel an die einzige funktionierende Steckdose im Nebenzimmer angeschlossen ist. Das Wasser kommt aus einem Außenhahn. Ich fahre gefühlt ständig mit Molly zwischen dem Haus meiner Eltern und dem neuen

Haus hin und her, wobei ich mir Mühe gebe, die Fahrten so zu planen, dass sie mit ihrem Mittagsschlaf zusammenpassen. Kaum hier angekommen, koche ich Tee, räume auf oder erledige Telefonate, um Material für die Bauarbeiten nachzubestellen. Ich rufe bei den Baumärkten an, um die besten Preise für Ziegel, Dämmstoffe und Holz zu erfahren. Ich vergleiche die Angebote für Dachrinnen, Bodenbeläge und Fliesen und bestelle Farbe. Wir haben ein neues »Projekt«, und ich bin richtig aufgeregt – ich liebe es, alles zu managen und aus einer Schutthalde ein wunderschönes Haus zu machen.

James ist nicht glücklich mit seinem Schreibtischjob, doch wir brauchen das Geld. Er kümmert sich jeden Morgen, noch bevor Molly wach ist, um die Schafe, bevor er aufbricht. Normalerweise schaut er nach der Arbeit noch mal auf dem Hof vorbei und kommt erst nach Hause, wenn sie schon wieder ins Bett muss. Bei den meisten Familien läuft es so, denke ich, wenn ich von der Kinderbetreuung völlig fertig bin. Wir haben uns beide verausgabt, um ein anderes Haus zu kaufen, in dem wir näher am Hof sind. Es kommt mir so vor, als sei dies das Schicksal der früheren Generationen gewesen, nämlich stets dort zu landen, wo man auch vorher schon gelebt hat. Heutzutage scheint das unmöglich zu sein. Wir stoßen an unsere Grenzen, wenn es darum geht, unser Leben nach unseren Vorstellungen zu gestalten. An guten Tagen sind wir voller Zuversicht, dass wir es schaffen werden. Ich sage mir immer wieder: Wer will schon irgendwo einziehen, wo bereits alles fertig ist?

Es ist unser dritter Umzug innerhalb von drei Jahren. Das Haus liegt im Zentrum eines kleinen Orts, ein für die Region typisches lang gestrecktes Haus. Ursprünglich wurde es für den Betriebsleiter eines Hofs erbaut, dem auch das umliegende Land gehörte. Die damaligen Bewohner arbeiteten für den Gutsherrn, der nebenan im großen Herrenhaus wohnte, auf der anderen Seite der Mauer, auf die wir blicken. Unsere Küche befindet sich

W
R F
16
92

in dem Teil des Hauses, in dem ursprünglich die Tiere untergebracht waren. Rinder und Schafe standen hier im Winter unter, um den darüberliegenden Getreidespeicher, der heute das Badezimmer ist, zu wärmen. Das Haus ist für uns ein großer Schritt auf der Immobilienleiter nach oben, und wir konnten es uns nur leisten, weil es in einem so heruntergekommenen Zustand war und im Gutachten alle möglichen Probleme vermerkt waren.

Ich blicke aus dem schmutzigen Fenster auf zwei quadratische, moosbewachsene Rasenflächen, die zu beiden Seiten des Wegs liegen, der zur Eingangstür führt. Über der Tür steht in Stein gemeißelt die Jahreszahl 1692. Rostige Zäune in Schwarz-Weiß umschließen den schmuddeligen Vorgarten; sie müssen mit einer Drahtbürste abgeschrubbt und neu gestrichen werden. Das kleine Tor öffnet sich knarzend zur Straße, die durch den Ort führt. Auf der anderen Straßenseite befindet sich ein steinernes Buswartehäuschen, und soweit ich weiß, fährt der öffentliche Bus nur einmal im Monat hier vorbei. Im Bushäuschen haben Schwalben ihre Nester gebaut, von denen sie ein und aus schwärmen und über den Dorfanger hinwegsegeln. Der Platz wird von einem alten Mann namens Sam regelmäßig gemäht, der immer ganz gebückt geht. Draußen ist es hell und sonnig.

Im Zimmer neben mir spielt ein Radio Songs aus den Neunzigern, während zwei Bauarbeiter Schubkarren voller Gipsmörtel in den Container vor dem Haus auskippen. Gefällt ihnen eine Melodie, fangen sie an mitzusingen. In einem der Schlafzimmer über mir ist ein weiterer alter Mann an den alten Schiebefenstern zugange. Er gibt den anderen gern lauthals Anweisungen, als sei er der Vorarbeiter, und ist der Meinung, er müsse mir erklären, was sie da genau tun, weil er offenbar davon ausgeht, dass ich zu jung bin, um etwas von alten Häusern zu verstehen. »Das Glas ist nur drei Millimeter dick«, erklärt er mir, während er mit einem alten Küchenmesser Kitt in einer Schüssel zerdrückt. »Wussten Sie, dass diese Fenster Yorkshire Lights genannt werden? Damals bekam man kein Glas mit dickeren Scheiben.« Von Kindesbeinen an arbeitet er an historischen Häusern wie diesem, weshalb er über das nötige Werkzeug und Know-how verfügt, um alte Dinge zu reparieren. Seinen Lebtag verbringt er mit Gelegenheitsarbeiten in alten Gemäuern und erzählt jedem, der ihm ein Ohr leiht, Anekdoten aus seinem Arbeitsleben, wie zum Beispiel die, als er angewiesen wurde, auf einer Straße von einer Leiter herunterzusteigen, weil der Konvoi des Prince of Wales gleich vorbeifahren würde. Er weigerte sich und meinte, er habe keine Zeit, seine Arbeit für solch einen Unsinn zu unterbrechen, woraufhin der Wagen sich verlangsamte und anhielt, und der Prinz ausstieg, um sich mit ihm über seine Arbeit zu unterhalten.

Zu beiden Seiten der weitgehend unbenutzten Eingangstür, deren Rahmen auf der Innenseite mit Spinnweben verhangen ist, stehen zwei schlecht beschnittene, tropfenförmige Eiben. Ich stelle mir vor, wie ich im nächsten Sommer aus meinem Küchenfenster auf einen getrimmten Rasen blicke, auf dem ich für Molly eine Picknickdecke zum Spielen auslegen kann, umgeben von Beeten voller Rittersporn, Rosen und Geranien, und einen Weg, der von einer Lavendelhecke eingezäunt ist, über die ich beim Entlanggehen mit den Fingern streichen werde, um mich an ihrem Duft zu erfreuen. Die Haustür soll in einem zarten Salbeigrün gestrichen werden. Im Moment haben dieses Haus und der Garten noch etwas von einer Müllhalde, aber ich weiß, dass ich daraus das Heim meiner Träume machen kann.

Die Innenwände sollen in einem hellen Enteneierblau oder Cremeton gestrichen und die Fenster mit Vorhängen verkleidet werden, die ich selbst genäht habe. Im Erdgeschoss sollen Kokosfasermatten ausgelegt werden, wie es in vornehmen Häusern üblich ist, und im Obergeschoss weiche, helle Wollteppiche. Wir können eine Badewanne im viktorianischen Stil einbauen und die Wände des Badezimmers mit Nut und Feder vertäfeln, wie ich es mir damals in Oxford erträumt habe. Auf den niedrigen Fensterbänken sollen Vasen mit frischen Schnittblumen oder Familienfotos stehen, oder die Waschschüsseln und Krüge, die ich auf Flohmärkten erstanden habe. In der Küche werde ich unsere Lieblingsgerichte zubereiten, und James wird mit Molly vor dem Kamin spielen, während Bramble es sich in ihrem Hundebett gemütlich macht. Und beim Blick aus dem hinteren Fenster der Küche stelle ich mir einen aufgeräumten Hinterhof vor, in dem sich aufgestapelte Holzscheite befinden.

Ich warte auf einen Küchenplaner aus einer nahe gelegenen Schreinerei, der mir bei der Gestaltung des Raums helfen soll. Er ist spät dran. Ich kann Molly nicht mehr lang bei Laune halten, bevor sie lauthals nach ihrem Mittagessen und ihrem Schläfchen verlangt. Der Zementmischer tuckert im Hinterhof vor sich hin. Noch fühlt es sich nicht wie mein Haus an – überall sind diese Männer, die ihr Pensum abarbeiten und besser Bescheid wissen als ich, wie man das alles hier in Ordnung bringt –, doch eines Tages wird es meins sein. Gerade sind sie dabei, einen Teil der Rückwand des Hauses zu erneuern, die sich im Lauf der Jahre abgesenkt hat. Ich sehe ein Auto neben dem Container vorfahren, also laufe ich mit Molly auf dem Arm durch das Haus und öffne die knarzende Haustür, um den Maße-Mann zu empfangen. Mit einem unruhigen Kleinkind auf dem Arm versuche ich, das Gespräch zu meistern und dabei die ganze Zeit zu lächeln und den Eindruck zu erwecken, als hätte ich alles im Griff.

Ich führe ihn durch die Räumlichkeiten. Wir bahnen uns einen Weg durch Schutt und Staub, und ich achte darauf, einen großen Bogen um den Lufttrockner zu machen. Er lacht: »Da haben Sie ja noch ein ordentliches Stückchen Arbeit vor sich, meine Liebe!« Ich schaue mich um, und mein sonst so unerschütterlicher Optimismus gerät ins Wanken; ich fühle mich mit einem Mal völlig überwältigt von dem Berg an Arbeit und den Kosten, die noch vor uns liegen. Die Teppiche sind mit

Flöhen übersät und die Wände des Schlafzimmers im Obergeschoss noch lilafarben und dunkelgrün gestrichen. An der Küchendecke klebt altes Frittierfett, was bedeutet, dass wir sie abziehen und das Ganze neu tapezieren müssen. Ich versuche, mir die Euphorie zu bewahren, die ich hatte, als wir das Haus vor einigen Wochen besichtigten. Zu diesem Zeitpunkt habe ich über das dreckige Badezimmer mit der verschimmelten Dusche und den Stockflecken an der Decke hinweggesehen. Doch jetzt habe ich nur noch Augen für diese ganzen Probleme. Das hier ist ein hundsmiserabler Ort für ein zehn Monate altes Baby – es ist nirgendwo sicher. Sie will krabbeln, Dinge anfassen und in den Mund nehmen. Dieses Haus wird noch Monate lang unbewohnbar sein. Ich habe meinen Eltern gesagt, dass wir nur für 14 Tage bei ihnen unterkommen müssten, und das ist jetzt schon Wochen her.

Das Gespräch über die neue Küche muntert mich etwas auf. Ich bespreche den Plan mit dem Mann von der Schreinerei und treffe aus seinen Mustervorlagen und dem Katalog eine Auswahl: Arbeitsplatten aus Eiche und cremefarbene Schränke sollen es werden, alles in einer Zeile angeordnet, um die Kosten gering zu halten. Molly wird in Gegenwart von Fremden nervös. Sie klammert sich an mich wie eines dieser Orang-Utan-Jungen in den Dokumentarfilmen von David Attenborough und beobachtet ihn mit wachen Augen. Sie zupft an meinen Haaren und versucht, mir mit der Hand den Mund zuzuhalten, während ich rede. Ich fasse mich kurz und bringe das Gespräch auf den Punkt. Er will mir noch zusätzliche Oberschränke und sonstige Einbauelemente verkaufen, die ich nicht brauche. Ich biete ihm auch nichts zu trinken an und begleite ihn kurz darauf zur Tür. Ich muss mich jetzt um unser Mittagessen kümmern.

> Einfache Snacks für die Kleinen siehe S. 391

Mir schwirrt der Kopf, und ich muss Molly zurück in ihre Laufhilfe setzen, um nachsehen zu können, was der Kühlschrank hergibt. Mir ist klar, dass sie anfangen wird zu schreien, sobald ich sie loslasse, aber es geht nicht anders. Nachdem ich ihr ein, zwei Grissini angeboten habe, beruhigt sie sich. Ich wärme den Rest Nudeln von gestern Abend in der Mikrowelle auf, die ich in die Küche gestellt habe, damit die Bauarbeiter sich eine Suppe machen können – Makkaroni durchmengt mit Tomatensoße und Speck. Dann gebe ich Molly ein paar Käsestücke und Gurkenstifte, während das Essen etwas abkühlt, koche mir noch einen Tee und beiße in ein Schinkensandwich aus meiner Brotzeitbox. Molly versucht selbst, etwas zu sich zu nehmen, doch sie bekleckert sich mit der roten Soße, also übernehme ich und führe ihr löffelweise mundgerechte Portionen zu. Bramble sabbert und wartet darauf, dass uns etwas runterfällt.

Nachdem ich sie mit ein paar Babytüchern schnell gesäubert habe, bringe ich Molly zum Auto und wechsle auf dem Rücksitz ihre Windel; sie dreht und windet sich und versucht, mir zu entwischen. Als ich ihren Buggy aus dem Kofferraum hebe, hüpft Bramble schwanzwedelnd um mich herum. Bis jetzt war sie sehr geduldig. Wir laufen die Straße hinauf zum Ententeich und dann über einen Weg am Nachbarhof vorbei. Molly beobachtet die schwarz-weiß gefleckten Milchkühe, die das Gras in ihren Mäulern verschwinden lassen. Sie sind neugierig und strecken ihre Köpfe über das Gatter, sodass wir den feuchten, warmen Atem aus ihren Schnauzen spüren. Die Sonne wärmt mein Gesicht. Ich lächle Molly an und hole für sie eine Packung mit Schoko-Knöpfen aus meiner Tasche.

Ein paar Wochen später – ich bin mächtig stolz auf meine bereits bestellte und bezahlte preiswerte Küche – entdecke ich auf einer Ausstellung schicke Kalksteinfliesen. Ich bin außer Rand und Band, gebe eine Bestellung auf und rufe James an, um ihm mitzuteilen, dass wir einiges sparen können, wenn wir sie selbst verlegen. Ein paar Wochen später beschwert er sich bitterlich, weil es ihn eine ordentliche Anzahl an Nächten kostet, um sie zuzuschneiden, zu verlegen, zu verfugen, ein erstes Mal zu versiegeln und dann noch ein zweites Mal mit einer speziellen Schutzschicht. Aber die Fliesen sehen großartig aus und lassen den Raum gleich heller erscheinen. Im Lauf der nächsten sieben Jahre erweisen sie sich allerdings als eine ziemliche Katastrophe, wenn es darum geht, sie sauber zu halten (ich hüte mich davor, dies James gegenüber zu erwähnen, denn er hätte bestimmt ein günstigeres und praktischeres Modell gekauft). Das andere Highlight im Haus ist der Herd, ein gusseiserner Rayburn-Herd mit einer klassischen, cremefarbenen Oberfläche aus Emaille, den wir in die alte Feuerstelle aus Sandstein in der Küche einbauen werden. Wir können ihn uns eigentlich gar nicht leisten, aber für mich ist er das Herzstück des Hauses – ohne ihn kann ich hier nicht leben, sage ich mir. Der Baumeister hat aus dem Sandstein auf jeder Seite zwei geschwungene Ablageflächen geformt, was richtig toll aussieht. Aber unsere Ölrechnungen werden horrend sein. In den nächsten Wochen wasche, schrubbe, streiche und poliere ich und arbeite unermüdlich darauf hin, meine eigene Küche im Landhausstil zu gestalten. Ich platziere den Stellschrank (gleichzeitig meine Garderobe) in die Ecke und hänge ein altes Regal aus Kiefernholz auf, um meine liebste Töpferware zur Geltung zu bringen. Unser Holztisch und die Stühle aus Oxford sind ordentlich am Fenster arrangiert. Wir lassen die großen quadratischen Schlafzimmer tapezieren und streichen und leihen uns für die Fertigstellung des Hauses zusätzlich Geld. Bei den letzten beiden Häusern, die wir auf diese Weise hergerichtet haben, hat sich die Investition mehr als bezahlt gemacht. Dieses Argument bringe ich vor, um unsere wachsenden Schulden zu rechtfertigen. Dabei habe ich gar nicht die Absicht, es wieder zu verkaufen.

Unsere ganzen Möbel lagern in der Garage meiner Großmutter. Sie freut sich, wenn wir anrufen, um etwas abzuholen oder unterzustellen. Jedes Mal möchte sie, dass wir länger bleiben, als unsere Zeit es zulässt, um mit ihr zusammenzusitzen und zu plaudern. Sie lebt allein und klammert sich an jeden Besucher wie eine Klette. Sie schenkt James einen Whisky ein und bietet mir einen Sherry an, den sie von dem silbernen Tablett mit den Getränken nimmt, das im Wohnzimmer in dem glänzenden Mahagoni-Schrank steht. Ich sage ihr, dass ich nicht trinken kann, weil ich fahre. »Ach, ein kleiner Schluck wird nicht schaden«, entgegnet sie, während sie mein Glas füllt.

Bei unserem heutigen Besuch sitzt Grandma in ihrem Sessel, hält ihre warmen Hände im Schoß und sieht Molly lächelnd beim Spielen zu. Ich habe sie mit einer Tasche voller Spielzeug auf den Boden gesetzt. Sie schiebt kleine Autos hin und her und setzt bunte Ringe auf einen Holzstab. Nach ein paar Besuchen dieser Art mache ich den Vorschlag, dass wir eine kleine Kiste mit ein paar Spielsachen bei ihr deponieren, damit ich nicht jedes Mal daran denken muss, welche mitzubringen. Großmutter stellt mir dieselben Fragen wie beim letzten Mal, als wir hier waren, über das Haus und wann es fertig sein wird. Sie erzählt mir davon, wie sie sich damals nach Möbeln umgesehen hat, um das Bauernhaus einzurichten, das sie frisch bezogen hatten. »Der Porzellanschrank hinter dir stammt von meiner Mutter«, sagt sie, »und das Teeservice war ein Hochzeitsgeschenk für sie – möchtest du es haben, wenn ich mal nicht mehr bin?« Sie besteht schon fast darauf, dass ich es gleich mitnehme, aber ich sage: »Das wäre natürlich schön, aber es sieht so hübsch hier aus, lassen wir es erst mal noch dort stehen.«

Ich setze Molly bei geöffneten Türen auf den Boden, damit ich sie von der Küche aus hören kann, und koche Großmutter eine Tasse Kaffee mit einem winzigen Schuss Sahne, so wie sie ihn gern hat. Während der Wasserkocher brodelt, spüle ich das Geschirr vom Mittagessen ab. Sie scheint jeden Tag das Gleiche zu essen, Brot mit etwas Schinken oder Käse und Chutney dazu, eine Birne und eine Kokosnusstarte oder ein Stück Obstkuchen. Auf der Arbeitsplatte taut ein Lammkotelett auf, daneben steht ein Topf mit kaltem Wasser, in dem sich ein paar geschälte und geschnittene Kartoffeln befinden, und ein Kohlkopf wartet auf seine Zubereitung. »Kann ich irgendetwas machen, solange ich hier bin?«, rufe ich. Sie antwortet, dass ich das Laken von der Wäscheleine holen könne, weil ihr Knie schlechter werde und sie die Stufen so schwer hochkommt. Ich weiß, dass sie sich gern noch etwas mehr unterhalten würde, aber ich habe einfach nicht genug Zeit. Ich bin in Eile, da ich die Besuche zwischen Mollys Stillzeiten und dem Mittagsschläfchen einschieben und rechtzeitig zurück beim Haus sein muss, wenn der Klempner kommt.

Grandmas Tage sind lang und leer. Der Minutenzeiger auf der Uhr im Flur rückt träge voran.

Wir wohnen aktuell bei meinen Eltern, und ich möchte, dass das Haus bald fertig wird und wir einziehen können. Sie können es ebenfalls kaum erwarten, dass wir bald wieder ausziehen – ich weiß es, auch ohne dass sie es laut sagen. Wir haben uns einen strengen Zeitplan gesetzt: Noch vor Weihnachten wollen wir umziehen. Die Teppichleger kommen als Letzte, danach können wir die Betten aufbauen. Die Abende, wenn Molly schläft, verbringe ich damit, die Vorhänge zu nähen. Ich gehe mit ihr ein paar neue Kissen aussuchen, um unsere alten Sofas aufzuhübschen, auch wenn wir eigentlich kein Geld mehr dafür haben. In einem großen Einrichtungshaus macht sie ihre ersten eigenen Schritte, und ich applaudiere ihr, als sie an den herausgeputzten Räumen vorbeiläuft und mir Rollen mit Tapetenmustern bringt, die sie aus einer Kiste geholt hat. Ich möchte für uns drei ein richtig schönes Zuhause schaffen, damit James sich von den Stunden, die er fern von uns mit einer Arbeit zubringt, die ihm so zusetzt, um das alles zu finanzieren, besser erholen kann. Jeden Abend, jedes Wochenende und jeden Urlaubstag, den

James von seinem Job nehmen kann, sind wir damit beschäftigt, Sockelleisten zu schleifen, irgendetwas anzustreichen oder zu kacheln und die Nägel aus den alten Deckenbalken zu ziehen. Unzählige Male bitten wir Freunde und Verwandte, uns einen Gefallen zu tun und bei den Arbeiten zu helfen oder auf Molly aufzupassen. Um in dieser Welt unser Glück zu machen, sind wir auf viele andere Menschen angewiesen.

Während der monatelangen Renovierungsarbeiten bin ich es, die bei Mum und Dad zu Hause kocht, um sie etwas zu entlasten – sie mögen meine Lasagne. Aber ich weiß nie, wann James heimkommt, also essen wir zu unterschiedlichen Zeiten. Meine Mum tut ihr Bestes, um uns entgegenzukommen, aber ich möchte ihr nicht noch mehr abverlangen. Ihr Kühlschrank ist voll mit Mollys kleinen Bechern mit püriertem Gemüse, Joghurts und Flaschen mit Babymilch. Es gibt zwei Sorten von Butter: Mums Lieblingsbutter mit wenig Kalorien und unsere Butter, die echte. Außerdem kaufe ich Currypasten und Hummus, was sie nicht essen, sodass kein Platz mehr für Dads Käse ist. Es sind nur Kleinigkeiten, aber sie summieren sich langsam. Mums Küchenfläche ist vollgestellt mit dem Sterilisator, dem Mixer und meiner Küchenmaschine. Unsere Wäsche nimmt kein Ende. Meine Mutter wäscht sie zusammen mit ihrer, hängt die nassen Sachen auf Wäscheständer und bügelt dann alles, weil sie keinen Trockner hat. Ich habe ein schlechtes Gewissen wegen der ganzen zusätzlichen Arbeit. In der Badewanne liegt Plastikspielzeug, auf dem Boden sind bunt bemalte Blöcke und Stifte verstreut. Dad mosert vor sich hin, wenn er keinen freien Kleiderhaken mehr für seine Jacke findet. Der Buggy ist ständig im Weg und das Bad dauernd besetzt. Der Entschluss, näher an die Familie zu ziehen, verlangt uns allen viel ab. James und ich sind gern ein unabhängiges Paar, doch jetzt, wo das erste Enkelkind auf der Welt ist und wir mit meinen Eltern unter einem Dach leben, können sie unser Leben pausenlos kommentieren.

Alle Entscheidungen, die wir treffen müssen, werden ausdiskutiert. Es ist laut, und immer wieder herrscht eine schlechte Stimmung. Ich kann es kaum erwarten, hier wieder rauszukommen, denn es ist einfach unglaublich anstrengend, ständig die Wogen zu glätten. Ich weiß, dass das Letzte, was James nach einem langen Tag hören will, mein Gejammer darüber ist, dass Dad den Milchreis weggeworfen hat, den ich für ihn aufheben wollte.

LASAGNE

DIE EDLE VARIANTE

Wenn möglich, eine große Menge Bolognese zubereiten (also die Angaben im Rezept einfach verdoppeln) und den Rest davon für einen anderen Tag einfrieren. Die Soße kann bis zu vier Tage vor Zubereitung der Lasagne gekocht und gut verschlossen im Kühlschrank aufbewahrt werden. Für die Béchamelsoße füge ich alle Zutaten gleichzeitig zusammen und rühre sie mit dem Schneebesen ein, bis sie dickflüssig wird – ich gebe keinen Käse in meine Soße, sondern streue ihn lieber vor dem Backen im Ofen über die Lasagne.

Zutaten:

Für die Lasagne:

2 EL Olivenöl

250 g Rinderhackfleisch

250 g Schweinehackfleisch

Salz und Pfeffer

2 Knoblauchzehen, zerdrückt

1 Zwiebel, fein gehackt

3 Stangen Sellerie, fein gehackt

1 Karotte, klein gehackt

50 g Pancetta oder durchwachsener Speck, gewürfelt und gebraten

5 Champignons (bei Bedarf), in Scheiben geschnitten

1 EL Tomatenmark

1 Flasche Tomatenpassata (690 g)

1 Glas Rotwein

200 ml Rinderbrühe

50 ml Vollmilch oder ein Schuss Sahne
500 g Lasagneblätter (je nachdem, welche Auflaufform verwendet wird, werden nicht alle benötigt, und manche müssen möglicherweise zurechtgebrochen werden, um zu passen)

Für die Béchamelsoße:
50 g Butter
50 g Mehl
570 ml Vollmilch
Parmesan oder Cheddar, gerieben, zum Bestreuen

Vorbereitungszeit: 45 Minuten
Kochzeit: 1 Stunde 30 Minuten
Ergibt 6–8 Portionen

Zubereitung:

1. In eine große Pfanne mit beschichtetem Boden 1 EL Olivenöl geben und das Hackfleisch anbraten. Während des Bratens gut würzen.
2. Das Hackfleisch in einen Schongarer oder eine Kasserolle geben.
3. Das restliche Öl in die Pfanne geben und den Speck und das Gemüse, außer die Pilze (falls verwendet), hinzufügen. 15 Minuten bei mittlerer Hitze anbraten, bis alles gar ist, und etwas Wasser hinzugeben, falls der Inhalt anhockt.
4. Gemüse und Speck zusammen mit dem Hackfleisch in den Gartopf oder die Kasserolle geben.
5. Alle anderen Zutaten (Tomatenmark, Passata, Rotwein, Rinderbrühe) außer Milch bzw. Sahne hinzugeben. Gut umrühren.
6. 3 Stunden auf niedriger Stufe köcheln lassen und in der letzten Stunde die Pilze hinzugeben.
7. 10 Minuten vor Ende der Garzeit die Milch oder Sahne in die Mischung einrühren. Vom Herd nehmen und abkühlen lassen.
8. Die Béchamelsoße zubereiten. Alle Zutaten in einen Topf geben und bei mittlerer Hitze 5–10 Minuten lang verrühren, bis sie eindickt. Die Soße sollte nicht pampig sein, sondern eine sämige Konsistenz aufweisen. Gut würzen.

9. Den Backofen auf 200 °C/Umluft bzw. Gas Stufe 4 vorheizen. In einer großen Auflaufform – etwa 30 × 30 cm – die abgekühlte Bolognese auf die Lasagneblätter schichten und mit der Béchamelsoße und dem geriebenen Käse bedecken. Bei dieser Menge an Soße ergeben sich drei Schichten. 40 Minuten lang backen, bis die Lasagne goldgelb ist und blubbert.
Hinweis: Professionelle Köche bereiten die Béchamelsoße zu, indem sie die Butter zuerst in einer Pfanne erhitzen, Mehl hinzufügen und das Ganze zu einer Mehlschwitze verrühren. Dann rühren sie nach und nach die kalte Milch unter und verquirlen die Menge auf niedriger Stufe, bis sich die Milch mit dem Mehl und der Butter verbunden hat und die Soße eingedickt ist.

MOGELLASAGNE

Eine schnellere Bolognese lässt sich zubereiten, indem das Hackfleisch angebraten wird, dann ein oder zwei Gläser fertige Pastasoße hinzugefügt werden und man das Ganze für 20 Minuten köcheln lässt. Ich würde empfehlen, 50 ml Milch hinzuzugeben oder einen Schuss Sahne, damit die Soße reichhaltiger wird. Die Béchamelsoße genauso zubereiten, die Bestandteile aufeinanderschichten und wie oben beschrieben backen.

MILCHREIS AUF DREIERLEI ART

Mit einer schnell selbst gemachten Himbeermarmelade (Rezept siehe weiter unten) servieren.

EINFACHE VARIANTE

Zutaten:
Ein Stück Butter zum Einfetten der Form

100 g Milchreis
100 g Feiner Zucker
1,2 l Vollmilch

Vorbereitungszeit: 10 Minuten

Kochzeit: 2 Stunden
Für 6–8 Personen

Zubereitung:

1. Den Backofen auf 170 °C/Umluft bzw. Gas Stufe 2 vorheizen.
2. Eine 20 × 20 cm große Auflaufform einfetten.
3. Den Reis in einem Sieb unter kaltem Wasser abspülen.
4. Reis, Zucker und Milch in die Auflaufform geben und miteinander verrühren.
5. Bei niedriger Temperatur 2 Stunden lang backen – in der ersten Stunde ein paarmal umrühren und dann eine bräunliche Haut bilden lassen.

IM SCHONGARER

Bei dieser Garmethode bildet sich keine bräunliche Haut auf dem Milchreis, doch sie ist ideal geeignet, wenn Sie nicht so lange den Ofen anstellen möchten.

Zutaten – wie oben
Vorbereitungszeit: 5 Minuten

Kochzeit: 4 Stunden
Für 6–8 Personen

Zubereitung:

Den Schongarer einfetten und Reis, Zucker und Milch hineingeben.
Den Deckel aufsetzen und 4 Stunden lang auf höchster Stufe kochen (oder bis der Reis die gesamte Milch aufgesogen hat), dabei nach der Hälfte der Kochzeit umrühren.

MILCHREIS DELUXE (MIT SAHNE)

Zutaten:
Ein Stück Butter zum Einfetten der Form
850 ml Vollmilch
280 ml Doppelrahm (Crème double)
1 Becher Schlagsahne (227 g)
1 Vanilleschote, aufgeschlitzt
100 g Milchreis
100 g Rohrzucker
Frisch geriebene Muskatnuss zum Dekorieren

Vorbereitungszeit: 15 Minuten
Kochzeit: 1 Stunde 35 Minuten
Für 6–8 Personen

Zubereitung:

1. Den Ofen auf 180 °C/Umluft bzw. Gas Stufe 3 vorheizen. Eine 20 × 20 cm große Auflaufform einfetten.
2. Milch, Doppelrahm und Sahne mit der Vanilleschote in einen großen Topf geben und aufkochen – passen Sie auf, dass der Inhalt nicht überkocht.
3. Vom Herd nehmen, Reis und Zucker hinzufügen und gut umrühren. Die Vanilleschote herausnehmen, vorsichtig ausspülen und im abgetrockneten Zustand wiederverwenden.
4. Den heißen Brei in die Auflaufform geben und den Reis mit einer Gabel oder einem Löffel gleichmäßig verstreichen.
5. 20 Minuten backen, dann den Ofen auf 160 °C/Umluft bzw. Gas Stufe 1–2 herunterdrehen und eine weitere Stunde backen, bis die Oberfläche bräunlich ist und Blasen wirft. Vor dem Servieren etwas abkühlen lassen und mit Muskatnuss bestreuen.

SCHNELLE HIMBEERMARMELADE (10 MINUTEN)

Ergibt 1 kleines Marmeladenglas

Zutaten:
100 g Feiner Zucker
2 EL Wasser
225 g frische oder gefrorene Himbeeren

Zubereitung:

1. Zucker und Wasser in einem Topf erhitzen, bis sich der Zucker aufgelöst hat.
2. Die Himbeeren hinzugeben und mit dem Rücken eines Löffels oder einer Gabel zerkleinern. 3–4 Minuten lang kochen, bis sich die Konsistenz einer Marmelade ergibt – sie wird beim Einkochen eindicken. Im Kühlschrank 3–4 Tage haltbar.

Bramble ist auch so ein Streitpunkt. Mum liebt sie, aber sie liebt nicht ihre nassen, schlammigen Spanielpfoten. Aus zwei Wochen sind drei nervenaufreibende Monate geworden. Nachdem wir schließlich unsere Sachen gepackt haben und wieder ausgezogen sind, ruft Mum mich ein paar Tage später an, um mir mitzuteilen, dass sie das Haus jetzt von den ganzen furchtbaren Hundehaaren gesäubert habe und darauf besteht, dass ich Bramble regelmäßiger scheren lasse. Ich erwidere ihr, dass ich schon seit Monaten nicht mehr dazu gekommen bin, meine eigenen Haare schneiden zu lassen, von den verdammten Hundehaaren ganz zu schweigen.

Es macht mir großen Spaß, für uns drei etwas zu kochen, wenn wir im Haus am Werkeln sind. Porridge, Speck und Eier, Nudeln – im Grunde alles, was in einer Pfanne auf dem Campingkocher zubereitet werden kann. Wir essen auch viel Brot, Käse und Aufschnitt. Der Kühlschrank verbirgt sich unter einer Abdeckplane, damit er keine Farbe abbekommt. Aus dem mit Farbspritzern übersäten Wasserkocher bereite ich zur Stärkung zahlreiche Tassen Tee mit Milch zu. Als die Küche dann endlich fertig wird und der Rayburn eingeschaltet werden kann, mache ich zur Feier des Tages ein Brathuhn mit Rhabarber-Streusel-Kuchen als Dessert und lade Mum und Dad ein. Alle sind erleichtert. Ich backe Bleche voller Lebkuchen und Karamellkeksen und bringe sie Freunden vorbei, um mich bei ihnen zu revanchieren. Im November feiert Molly ihren ersten Geburtstag, und ich wünsche mir nichts mehr als ein paar geruhsame Tage.

Kurz vor Weihnachten veranstalten wir eine Einweihungsparty, zu der wir alle einladen, die uns bei der Fertigstellung des Hauses geholfen haben, um uns bei ihnen zu bedanken. Das Haus ist so schön geworden, dass es alle meine Erwartungen übertrifft. Als wir ein paar Wochen zuvor im Wohnzimmer den Putz abgeschlagen haben, kam uns ein riesiger Brocken entgegen, der den alten Kamin enthüllte – ein aus Stein gehauenes Exemplar aus dem siebzehnten Jahrhundert, der ähnlich gestaltet war wie das Relief mit der Datierung über unserer Eingangstür. Diese Entdeckung ließ uns einen kurzen Moment der Freude verspüren und gab uns das Gefühl, dass die ganze schmutzige Renovierungsarbeit die Mühe wert war.

Für die Feier beschneidet und schmückt James die beiden Eiben vor der Haustür mit Lichterketten. Der Klempner ist damit beschäftigt, das letzte Waschbecken und die letzte Toilette im WC im Erdgeschoß einzubauen, während ich in der Küche das Essen vorbereite. Das Haus ist voll, an die 60 Leute sind gekommen. Die Gäste schnabulieren von Schalen und Tabletts mit ausgefallenen Knabbereien wie geröstetem Babymais im Speckmantel oder Crostini mit Pilzpastete. Ausgefallene Snacks, mit deren Herstellung ich seit dem Morgengrauen beschäftigt bin. Jeder sucht sich einen Platz zum Sitzen oder Stehen und isst einen Teller mit hausgemachtem Beef Bourguignon und dampfendem Kartoffelpüree mit Wintergemüse. Wir öffnen mehrere Flaschen günstigen Schampus, um auf all unsere Helfer und unsere neuen Nachbarn anzustoßen, die die lauten Arbeiten geduldig hingenommen haben. Nichts von alldem haben wir allein bewältigen können, wie wir anfangs dachten. Unser Leben hat sich mit dem von vielen anderen verflochten.

AUSGEFALLENE SNACKS

HONIG-SENF-WÜRSTCHEN

Zutaten:
Würstchen aus hochwertigem Schweinefleisch (2–3 pro Person)
Dijon- oder körniger Senf
Honig

Vorbereitungszeit: 5 Minuten
Kochzeit: 15 Minuten

Zubereitung:

1. Die Würstchen entweder in einer Pfanne auf dem Herd mit etwas Öl bei mittlerer Hitze oder in einer feuerfesten Form im Ofen bei 200 °C/Umluft bzw. Gas Stufe 4 für 10 Minuten rösten.
2. Die Würstchen mit Dijon- oder körnigem Senf und Honig marinieren. Auf 12 Stück kommen 2 TL.
3. Die Würstchen im Ofen oder auf dem Herd weitere 5 Minuten garen, bis sie durch sind. Sie können heiß oder kalt serviert werden.

BLINIS MIT CRÈME FRAÎCHE UND RÄUCHERLACHS

Man kann auch fertige Blinis kaufen: Diese einfach auf einem Backblech erwärmen, dann etwas abkühlen lassen, bevor sie mit einem Klecks Crème fraîche oder Frischkäse, einem kleinen Stück Räucherlachs und einem Dillzweig belegt werden.

Zutaten:
170 g Weizenmehl (oder halb Vollkorn-, halb Weizenmehl)

1 TL Instanthefe oder
½ 7 g-Päckchen
Eine Prise Salz
1 Ei
250 ml lauwarme Milch
Öl oder Butter zum Braten
Vorbereitungszeit:
15 Minuten zzgl. Ruhezeit
Kochzeit: 25 Minuten
Ergibt 45 Mini-Blinis

Zubereitung:

1. Mehl, Hefe und Salz in einer Schüssel zu einem Teig verarbeiten. Eine Kuhle in die Mitte drücken, das Ei hineingeben und mit einem Schneebesen vorsichtig verquirlen, dabei nach und nach etwas Milch hinzugeben, bis sich alles miteinander verbunden hat.
2. Zugedeckt mindestens 1 Stunde lang ruhen lassen. Der Teig kann auch 24 Stunden vorher zubereitet und bis zur Zubereitung im Kühlschrank aufbewahrt werden.
3. Etwas Öl oder Butter in einer großen Pfanne erhitzen und kleine Löffel des Teigs – etwa 1 gehäufter TL wie für Canapés – hineingeben, um kleine Pfannkuchen zuzubereiten.
4. Auf jeder Seite 1–2 Minuten bei mittlerer Hitze backen (sobald sich Blasen an der Oberfläche bilden, wenden). Den Vorgang wiederholen, bis der gesamte Teig aufgebraucht ist.
5. Leicht abkühlen lassen, bevor die Blinis belegt und serviert werden. Oder vollständig abkühlen lassen und in einem Behälter 1–2 Tage aufbewahren oder einfrieren.

EINFACHER AUBERGINEN-DIP/BABA GHANOUSH

Zutaten:
1 Aubergine
2 Knoblauchzehen, mit der Schale zerdrückt
4 EL Olivenöl
Saft von ½ Zitrone
2 EL Sesammus (Tahin)
Pitta, Crostini oder rohes Gemüse zum Servieren
Vorbereitungszeit:
5 Minuten

Kochzeit: 40 Minuten

Ergibt 1 Portion (je nach Bedarf verdoppeln – lässt sich auch gut einfrieren)

Zubereitung:

1. Den Backofen auf 180 °C/Umluft bzw. Gas Stufe 3 vorheizen.
2. Die Aubergine halbieren und mit der Hautseite nach unten auf ein Backblech mit den Knoblauchzehen legen. Mit 1 EL Olivenöl beträufeln und gut mit Salz und Pfeffer würzen. 30–40 Minuten im Ofen rösten.
3. Die geröstete Aubergine etwas abkühlen lassen, dann zusammen mit den Knoblauchzehen (geschält), dem Zitronensaft, der Sesampaste und dem restlichen Öl in einen Mixer geben und pürieren.
4. Um eine schöne Dip-Konsistenz zu erhalten, muss eventuell etwas mehr Zitronensaft, Olivenöl oder etwas Wasser hinzugefügt werden, aber erst eine Geschmacksprobe nehmen.
5. Mit getoasteten Pitta-Scheiben, Crostini oder Rohkost wie Paprika, Sellerie, Karotten und Gurke servieren.

> Rezepte für Räucherlachs-Ecken, Hummus mit Parmaschinken, Crostini, Hühnerleberpastete und Räucherlachspastete siehe S. 402–406

Ich nehme ein leises Klopfen an der Tür wahr. James hat es nicht gehört, aber ich stupse ihn an und flüstere ihm zu, dass ich glaube, da draußen sei jemand. Eigentlich sollte ein Licht angehen, wenn sich jemand der Tür nähert, aber der Sensor ist offenbar defekt. Er knipst das Licht an und öffnet die Tür. Normalerweise bekommen wir am Abend keinen Besuch. Eine Frau steht im Schatten des Eingangs, und ich höre sie reden, ohne ihre Worte im Einzelnen zu verstehen. Ich wickle mein Neugeborenes in seine Decke und laufe durch das Wohnzimmer zur Tür. Als sie sich nach vorn beugt, wird das Gesicht der Frau von dem warmen Licht ausgeleuchtet. Sie hält ein Backblech in der Hand, das mit einem Geschirrtuch bedeckt ist, und überreicht es James.

»Ich habe gehört, dass Sie ein Baby bekommen haben«, sagt sie. »Ich will nicht aufdringlich sein, aber ich habe Zitronenkuchen gebacken, zur Stärkung. Herzlichen Glückwunsch!«

»Danke«, sagen wir beide und sind überrascht, dass sich die Neuigkeit so schnell herumgesprochen hat und wir gleich so nett beschenkt werden.

James trägt das Tablett in die Küche. Ich höre kleine Schritte auf der Treppe: Molly ist noch nicht eingeschlafen und hat das Bett verlassen, um zu sehen, wer da ist. Ich rieche den warmen Kuchen, der frisch aus dem Ofen kommt. Die Frau lächelt, als sie mein kleines, eingewickeltes Mädchen sieht, und ich lasse sie einen Blick in die Decke werfen.

»Kommen Sie herein«, sage ich, doch sie bleibt an der Tür stehen und antwortet: »Ich möchte Sie nicht stören, aber sagen Sie mir Bescheid, wenn Sie etwas brauchen. Ich bin Krankenschwester und wohne dort unten am Ende der Straße.«

Ich erzähle ihr, dass ich gestern zu Hause entbunden habe.

»Wie wundervoll!«, sagt sie.

»Ich bringe das Blech in ein oder zwei Tagen zurück«, entgegne ich.

Sie wünscht uns eine Gute Nacht, und als ich mich umdrehe, um Mollys Hand zu nehmen und mit ihr zurück nach oben zu gehen, kullert mir eine Träne über die Wange.

»Ist das nicht schön?«, sage ich zu Molly. »Die Dame kennt uns nicht, aber sie hat uns einen Kuchen gebacken.«

ESSIG

Zwei Tage zuvor: Es ist ein Morgen Mitte Oktober, die Luft ist kühl und frisch, der Raureif funkelt auf dem Gras, als ich Bramble vor die Tür lasse. Zurück im Haus, steigt sie wieder in ihr Hundebett, dreht sich im Kreis und schmiegt ihren Kopf an den Körper. Sie schließt die Augen, als wolle sie mir sagen, dass es zu früh zum Aufstehen ist. Ich laufe im Haus hin und her, zwischen den drei Zimmern im Erdgeschoss, und hebe Spielzeug auf, richte die Kissen und stelle die Bücher zurück ins Regal. Unter der Küchenspüle finde ich ein weiches Tuch, das ich mit Essig betupfe und damit über die Spiegel wische, um die Fliegenflecken zu entfernen, wie meine Großmutter es mir beigebracht hat. Ich mache mir in der Küche eine weitere Tasse Tee und lehne mich über die Stuhllehne nach vorn, während der Wasserkocher brodelt. Ich spüre, wie es in meinem Körper pulsiert und Krämpfe in Wellen durch meinen Unterleib gehen. Als Molly aufwacht, habe ich bereits zwei Maschinen Wäsche gewaschen, einen Korb voll Wäsche aus dem Trockner zusammengefaltet und weggeräumt. Ich mache Molly einen Toast und spüre, wie sich mein Körper verändert, als ob das Gelb, das meine innere Ampel seit geraumer Zeit angezeigt hat, jetzt auf Grün umgesprungen ist. Ich stelle ein Glas Marmelade auf den Tisch und gehe zu James. Auf der Treppe halte ich inne und muss mich am Geländer festhalten. Mein Körper weiß, dass es an der Zeit ist.

Die Sonne erwärmt sanft Mollys Schlafzimmer. Durch die kleinen Fensterluken wird das Licht rautenförmig an die cremefarben gestrichene Wand geworfen. Eine Amsel sitzt auf der Fensterbank und wacht über den Garten. Sie flattert davon, als die Hebamme zur Tür hereinkommt.

Sie findet mich im Stehen vor, auf das Fußende des gebogenen Rahmens des gusseisernen Betts gestützt, zwischen den

Wehen hin und her schaukelnd und schwankend. Bei jeder weiteren Wehe schließe ich die Augen und ziehe mich ganz weit in mich zurück, als würde ich allein in einen tiefen Wald gehen, ohne jemanden an meiner Seite zu haben; es fühlt sich dunkel dort an, und der Wald droht, mich zu verschlingen, stachelige Äste versperren mir den Weg und versuchen, mir ein Bein zu stellen. Unterbewusst weiß ich, dass ich schon einmal hier war, und ich weiß, dass ich bald die andere Seite erreichen werde. Während ich immer tiefer in diesen traumähnlichen Zustand abdrifte, höre ich eine Stimme: »Helen, geht es dir gut?« Eine Lichtung tut sich auf. Ich blinzle mit den Augen dem Licht entgegen und bin wieder hier, in diesem Zimmer, und ich atme. Ich konzentriere mich zuerst auf das Bett, auf dem ich vorhin noch die Teddybären ordentlich drapiert hatte. Über dem Bett hängt das Bild eines Hasen, dessen großes glasiges Auge sanft über mir wacht.

Ich trage den blassblauen Morgenmantel, den James mir letztes Jahr zu Weihnachten geschenkt hat. Er fühlt sich weich und samtig auf meiner Haut an. Der Gürtel hat sich bei der letzten Wehe gelöst, und als ich ihn zusammenbinde, fühle ich mich wieder sicher, als befände ich mich in einem Kokon. Ich halte für einen Moment inne.

Meine Hebamme schlägt vor, mich zu untersuchen, aber ich schüttle den Kopf; ich will mich keinen Zentimeter von der Stelle rühren. Meine Füße sind wie Baumstämme im Boden verankert, deren Wurzeln mit jeder Wehe tiefer nach unten wachsen. Ich halte an diesem Ort fest. Ich will nicht durcheinandergebracht werden mit Anweisungen, dass ich mich bewegen muss oder dass ich mich hinlegen und meine Beine spreizen soll, um sehen zu können, wie viele Zentimeter der Muttermund gedehnt ist. Wenn es nur drei oder vier Zentimeter sind, versetzt mir das einen Dämpfer, und wenn es acht oder neun sind, weiß ich, dass es bald so weit ist, und gerate vielleicht in Panik, weil ich weiß, dass ich jetzt aus dem Nichts Kraft schöpfen muss, um zu pressen. Mein Körper tut, was er tun muss. Ich habe das Zeitgefühl verloren. Keine Ahnung, wie lang ich schon hier bin. Minuten? Stunden? Es spielt keine Rolle.

Die Hebamme schnallt ein Kontrollgerät um meinen riesigen Bauch und hört den Herzschlag des Babys ab. »Donnerwetter, das ist aber ordentlich«, sagt sie, als sie ihr Stethoskop wegnimmt und das Gerät wieder entfernt. Dem Baby geht es bestens, und es befindet sich genau dort, wo es sein sollte. Ich bin überrascht, wie tief das Stethoskop auflag. Bei den regulären Ultraschalluntersuchungen war das Herz viel weiter oben. Erleichterung macht sich in mir breit. Ich lächle und blicke in das freundliche Gesicht der Hebamme. Ich habe volles Vertrauen zu ihr.

»Brauchen Sie etwas?«, fragt James sie leise, als sie sich neben mir auf den Teppichboden setzt und einen Ordner mit endlos viel Papierkram hervorholt. Sie antwortet: »Hebammen hält man mit Tee am Laufen«, und er geht nach unten, um Wasser aufzusetzen. Ich höre das Geräusch von Hufen, die am Haus vorbeitraben. Unsere Nachbarin macht sich mit ihren beiden Pferden auf den Weg die Dorfstraße hinunter, um sie den Tag über auf die Weide zu lassen.

Ich wiege und schaukle meinen Körper hin und her und atme durch jeden Krampf, der meinen Körper erschüttert, hindurch. Die Wehen werden immer stärker, der Abstand zwischen ihnen verringert sich. Den Sauerstoff, der bei Bedarf bereitsteht, lehne ich ab. Ich schnauze James an, als er vorschlägt, das Inhalationsgerät aus dem Nebenzimmer zu holen. Ich weiß, dass er nur helfen will, aber ich wusste schon in dem Moment, in dem die Atemgasflaschen geliefert wurden und ich ein Formular für die Lagerung unterschreiben musste, dass ich keinen Gebrauch davon machen wollte. Mir ist klar, dass er sich in diesem Moment ziemlich nutzlos fühlen muss – alles, was er will, ist, das Ganze für mich irgendwie erträglicher zu machen. Doch das Wissen, dass mir davon schwindelig oder übel werden könnte, reicht mir schon, um es nicht ausprobieren zu wollen. Ich will mich jetzt keinesfalls krank fühlen. Außerdem möchte ich jede Sekunde des ganzen Vorgangs miterleben. Insgeheim möchte ich mich testen, wie zäh ich bin. Alles, worauf ich mich konzentrieren muss, ist das Atmen. Ein und aus. Langsam. Tief und ruhig.

Als mich die nächste Welle erfasst, schließe ich die Augen und ziehe mich wieder weit in mich zurück. Ich nehme einen tiefen Atemzug, als würde ich gleich ins Wasser tauchen und müsste eine ganze Weile dort bleiben. Ich vergesse die Welt über mir. Ich bin auf mich allein gestellt und gebe mich voll und ganz meinem Körper hin.

Zwischen den Wehen schöpfe ich Kraft, indem ich an zahllose Generationen von Frauen denke, die ihre Babys auf Feldern, in Hütten mit nacktem Boden, in Wäldern und Höhlen zur Welt gebracht haben. Babys, die unter extremen Bedingungen und an weit entlegenen Orten geboren wurden, außerhalb der Reichweite von Ärzten, medizinischer Hilfe und Krankenhäusern. Von dem Moment an, als ich erfuhr, dass ich mit unserem zweiten Kind schwanger war, wollte ich eine Hausgeburt. Molly im Krankenhaus zu bekommen, hatte mir nicht zugesagt. Ich bin zwar gut versorgt worden, aber ich hatte zwei verschiedene Hebammen im Schichtwechsel, die ich vorher nicht kannte, und James durfte kurz nach der Geburt nicht mehr bei mir bleiben. Als Erstgebärende hatte ich zu diesem Zeitpunkt keine Ahnung von den Höhen und Tiefen, die ich körperlich und psychisch während der Geburt und in den ersten kostbaren Stunden danach durchmachen würde. Alles war so ungewohnt; ich erinnere mich daran, wie nervös, ängstlich und unwohl ich mich gefühlt habe. Dieses Mal wollte ich meine eigenen Erfahrungen machen, in meinem eigenen Haus sein und meine Liebsten um mich haben, damit ich mich sicher fühlen konnte, wenn der Moment kam, die Kontrolle abzugeben, und es nur noch zu pressen galt.

Jetzt bin ich von Menschen umgeben, die mir zur Seite stehen, wenn irgendetwas schiefgeht. Ich habe keine Angst. Ich habe mein ganzes Leben lang mit Tieren zu tun gehabt, die ihre Jungen zur Welt bringen, und ich habe Vertrauen in den natürlichen Prozess, den eine Geburt darstellt.

Die Hebamme an meiner Seite ist ruhig und gelassen. Ich weiß, dass sie meine Wertvorstellungen teilt. In den Wochen vor dem großen Tag haben wir mehrere Gespräche geführt. Mein Körper hat das schon einmal ohne Komplikationen geschafft, ich bin jung, fit und gesund – es sollte keinen Grund zur Sorge geben. Draußen höre ich Stimmen. James ruft: »Viel Spaß mit Oma im Park!« Er schließt die Autotür, und der Motor springt leise brummend an. Eine Träne kullert über meine Wange.

»Was ist los?«, fragt die Hebamme, und ich sage ihr, dass ich an Molly denke. »Ich habe mich nicht von ihr verabschieden können. Geht es ihr gut? Hat sie einen Mantel mitgenommen?« Ich fühle mich nicht wohl dabei, dass wir jetzt voneinander getrennt sind. Ich möchte nicht, dass sie sich ausgegrenzt fühlt. »Hat sie eine Mütze auf? Ich liebe sie über alles«, platzt es aus mir heraus, und noch mehr Tränen fließen. »Was ist, wenn dieses Kind uns im Weg steht – kann es genug Liebe für beide geben?«

Ein strahlendes Lächeln breitet sich über ihr Gesicht, und sie schmunzelt. »Sie werden schon sehen«, sagt sie aufmunternd. »Es ist immer genug Liebe da.«

James bringt mir ein Glas frisch gepressten Orangensaft, den er im Kühlschrank kalt gestellt hat. Ich nehme einen Schluck. Er schmeckt lecker und erfrischend. »Du brauchst den Zucker«, sagt er, und ich kippe den Rest hinunter. Ich bin müde, aber fest entschlossen, stehen zu bleiben. Molly wurde auch so geboren. Ich möchte, dass die Schwerkraft mir hilft. Meine Hebamme schlägt vor, einen kleinen Spaziergang zum Bad zu machen, also halte ich mich an James' Arm fest, und er stützt mich, während ich über den weichen Teppich bis zum Ende des Flurs laufe. Ein Schmetterling sitzt auf dem Griff des Milchglasfensters. James öffnet es vorsichtig, ohne die zarten Flügel zu verletzen, damit er davonfliegen kann. Er lässt mich für einen Moment allein und lehnt die Tür an. Das Haus wirkt so friedlich. Das weiße Bad glänzt, nachdem ich es gestern erst geputzt habe. Auf dem gefliesten Boden steht ein Korb mit frischen Handtüchern, und ein Emaillekrug gefüllt mit getrocknetem Lavendel dekoriert die Fensterbank. Mollys Gummienten sind auf dem Nut-und-Feder-vertäfelten Regal aufgereiht. Mein Haus ist genau der Ort, an dem ich jetzt sein möchte. Ich hocke mich auf die Toilette. Meine Beine sind dankbar, vor der nächsten Wehe für einen Moment entlastet zu werden.

Plötzlich beginnt es in meinem Körper, mit einer ungeahnten Kraft nach unten zu drücken. »Es schiebt!«, rufe ich laut und durchbreche die Stille im Haus. Binnen einer Sekunde sind sie alle da, zwei Hebammen und James, wir sind in dem kleinen Badezimmer wie eingepfercht. James ist sofort an meiner Seite am Waschbecken. Mittlerweile stehe ich wieder. Ich lege meine Arme um ihn und vergrabe meinen Kopf in seiner Brust, er hält mich fest. Das Gefühl, zu bersten, überrollt mich. Ich fühle ein Brennen, es brennt ganz gewaltig da unten. Ich will, dass es aufhört. Noch einmal presse ich mit ganzer Kraft. »Der Kopf des Babys ist draußen«, höre ich sie sagen. Ich neige mein Kinn zur Brust und klammere mich noch fester an James, halte den Atem an, als die nächste Wehe kommt. Ich will, dass es endlich aufhört, will meinem Körper entfliehen, aber ich kann nicht, da muss ich jetzt durch. Sie feuern mich aufge-

regt an und lachen voller Vorfreude. Ich nehme meine restliche Kraft zusammen, um weiter zu pressen. Mir ist nicht nach Lachen zumute, ich habe das Gefühl, es nicht zu schaffen, doch ich schaffe es. Ich schließe die Augen. Ich muss das jetzt durchziehen – ich weiß, dass es bald zu Ende ist, aber es ist erdrückend, ich fühle mich überwältigt. Dann platzt die Fruchtblase. Ich spüre eine immense und schlagartige Erleichterung. Ich habe gegen die Fruchtblase angepresst, sagt die Hebamme. Ich bin froh, dass wir im Bad sind. »Es ist ein Mädchen«, sagen sie.

Kaum ist sie aus mir heraus und in den Händen der Hebamme, gibt sie ihren ersten Schrei von sich. Ich höre, wie meine Schwiegermutter die Küchentür unterhalb des Badezimmers öffnet und die kleine Molly vor sich hinplappert.

»Was ist das für ein Geräusch, Oma?«

»Das kommt von deinem kleinen Bruder oder deiner kleinen Schwester!«

Es folgt ein Schrei der Begeisterung.

Ich stehe am Waschbecken im Bad und weine vor Freude. Meine Beine wackeln und zittern von der Anstrengung, seit einer gefühlten Ewigkeit zu stehen. Vom Badezimmerfenster spüre ich einen leichten Windzug, während ich meine Beine mit einem Tuch abwische. Die Hebammen wickeln mein rosiges, zappelndes Baby rasch in eine Decke, die eine der beiden aus dem Kinderbett geholt hat.

»Ich muss das nie wieder tun«, sage ich dreimal zu James, wie ein Mantra, das man immer wieder wiederholt.

Er lacht, mit Tränen in den Augen und ganz stolz, hält seine Tochter im Arm, als wäre sie für ihn eine große Überraschung. »Du hast es geschafft, jetzt ist sie da«, sagt er.

Ich habe es geschafft, ich spiele es immer wieder in meinem Kopf durch; ich habe zwei gesunde kleine Mädchen im Abstand von knapp zwei Jahren. Ich kann mein Glück kaum fassen. Diese ersten Momente fühlen sich so pur und lebendig an. Ein Hochgefühl durchströmt mich, das kleine Badezimmer ist erfüllt von Liebe und Glück. Neues Leben, direkt in seinen Armen. Neues Leben, das wir gemeinsam begründet haben. Neues Leben, das ich ausgetragen und auf die Welt gebracht habe.

Er hält sein kleines Mädchen wie ein kostbares Geschenk vor sein Gesicht und küsst es auf die Stirn. Sie ist vollkommen. »Du hast es geschafft«, sagt er wieder, mit noch mehr Tränen in den Augen, und ich antworte: »Und ich muss es nie wieder schaffen.«

Ihr Name ist Beatrice, teile ich der Hebamme mit. Kurz: Bea.

James sieht mich etwas irritiert an. Wir haben das nicht besprochen – oder besser gesagt, wir haben es besprochen, waren uns aber nicht einig. Er wollte sie Ruth nennen. »Ja, sie heißt Beatrice.« Ich weiß, dass er sich nicht mit seiner Frau streiten wird, die gerade ein Kind zur Welt gebracht hat. »Okay«, sagt er, und später höre ich, als er seine Kumpels am Telefon hat und es ihm Mühe bereitet, Beatrice zu sagen, als sei das zu vornehm für ihn. »Ja, wir werden sie Bea nennen«, sagt er.

Als ich ihr Gesicht zum ersten Mal richtig anschaue, weiß ich, dass sie schön und furchtlos ist. Langsam laufe ich über den Hausflur und klettere ins Bett. James steht am Fenster und wiegt Bea in seinen Armen, und die Hebamme hilft mir mit der Nachgeburt. Ich bekomme sie kaum zu Gesicht: Dieses unglaubliche Ding, das mein Baby am Leben erhalten hat, landet in einem Eimer und wird weggebracht. Sie legt mir ein paar saugfähige Kompressen unter, um die Laken zu schützen, ich stütze mich auf die weichen Daunenkissen und setze mich auf.

James ruft Molly nach oben. Sie hat in der Küche mit ihrer Großmutter Schinkensandwiches zubereitet. Auch Bramble stürmt vor lauter Aufregung die Treppe hinauf. Molly krabbelt aufs Bett und schmiegt sich an uns. Die kleine Bea liegt an meiner Brust und beginnt zu saugen. Molly schaut fasziniert zu und möchte sie auf den Arm nehmen. »In ein paar Minuten«, flüstere ich ihr zu. Die Sonne dringt durch das kleine Fenster unseres Schlafzimmers. Das hier ist meine Welt.

Mum verstummt, als sie James am Apparat hat. »Hallo«, sagt er in einem ernsten Ton. Sie ist es nicht gewohnt, dass er sie anruft. »Ist alles in Ordnung?« Sie scheint nervös zu sein, und er verkündet stolz, dass sie erneut Oma geworden ist. Ein Freudenschrei am anderen Ende der Leitung ist im ganzen Raum zu hören, sie gratuliert uns. Wir alle lachen über ihre quietschende Stimme, die immer wieder sagt: »Ach du meine Güte! Ach du meine Güte!« Ich sehe sie vor meinem geistigen Auge, wie sie durch die Küche tanzt. Wir haben ihr absichtlich nichts davon erzählt, dass ich in den Wehen lag, da sie sich sonst nur Sorgen gemacht hätte. Eine Stunde später etwa höre ich ihr Auto vorfahren und dann aufgeregte Stimmen unten auf der Treppe, wo sie Bramble überschwänglich begrüßt, wie ich es sonst gar nicht von ihr kenne. Sie stiehlt sich auf Zehenspitzen die Stufen hinauf, aber ich weiß natürlich, dass sie kommt. Sie späht durch die Schlafzimmertür, und ich sage: »Komm herein, sie ist wach.« Und als ich ihr mein Baby zeige, strahlt sie vor Glück.

Sie blickt auf das kleine Gesicht herunter und sagt leise, mit den Tränen ringend: »Willkommen in unserer Familie.« Dann, an Molly gewandt: »Na, wer ist dieses kleine Persönchen?«

Und Molly antwortet: »Baby Bea, Oma, das ist mein Baby Bea.«

Bald darauf macht sich Mum in der Küche an die Arbeit. Ich habe den ganzen Tag nicht mehr als ein oder zwei Scheiben Toast gegessen und bin am Verhungern. Sie kocht für uns alle Steaks und Pommes frites und bringt mir das Essen auf einem Tablett nach oben, als wäre ich eine Königin. Selbst gemachte Pommes mit Erbsen und zwei verschiedenen Dips, dicke Scheiben Butterbrot auf einem weiteren Teller und noch ein großes Glas frisch gepresster Orangensaft, für meine Vitamin-C-Zufuhr. Sie meint, das Eisen im roten Fleisch würde mir jetzt ebenfalls guttun. Während ich die üppigen Steakscheiben verschlinge, die sie für mich bereits geschnitten hat, wiegt sie Bea und erzählt ihr und Molly eine lebhafte Geschichte, wie sie letzte Nacht durch das Geräusch eines Käuzchens wachgeworden ist. Sie wollte einen Blick aus dem Fenster werfen, um zu sehen, ob der Kauz dort auf dem Baum saß, doch als sie die Vorhänge öffnete, zuckte sie zusammen, denn das Tier saß direkt auf dem Fenstersims. Es drehte seinen Kopf herum und starrte sie an.

Sie meint, das Käuzchen habe ihr mitgeteilt, dass sie bald ein neues Familienmitglied bekämen. Es habe ihr ein Zeichen gegeben, sagt sie. Und schiebt hinterher: »Hoo-Hoo.«

STEAK MIT HAUSGEMACHTEN POMMES

Hierbei das beste Steak auswählen, das Sie sich leisten können; direkt vom Bauern oder von einem Metzger Ihres Vertrauens. Rib-Eye, Lende, Rumpsteak, Tomahawk, Filet oder Minuten-/Flachsteak kommen als mögliche Stücke infrage, die sich in Preis und Größe unterscheiden. Die im Folgenden angegebenen Zeiten gelten für ein Lendensteak, ein größeres Stück am Knochen muss je nach Größe wie beschrieben angebraten und im heißen Ofen gegart werden. Um eine schnelle Soße zum Steak herzustellen, können Pilze, Zwiebeln, Knoblauch und ein wenig Sahne und Dijon-Senf zum Fleischsaft in die Pfanne gegeben werden.

Zutaten:
2 × 2,5 cm dicke Lendensteaks, jeweils ca. 250 g
Butter zum Braten

Vorbereitungszeit:
5 Minuten

Kochzeit: 15–20 Minuten (zzgl. 30 Minuten für Pommes frites aus dem Ofen)

Ergibt 2 Portionen

Zubereitung:

1. Das Steak gut würzen und vor der Zubereitung auf Zimmertemperatur kommen lassen (nie direkt aus dem Kühlschrank anbraten). Eine beschichtete Pfanne auf hoher Stufe erhitzen und etwas Öl oder Fett hineingeben.
2. Beim Braten eines Rinderfilets mit hohem Fettgehalt erst mit einer Zange das Steak mit der Hautseite nach unten in die heiße Pfanne halten, um das Fett auszulösen.
3. Das Steak erst auf einer Seite anbraten, wenden und regelmäßig mit einem Stück Butter bestreichen.
4. Das Steak abhängig von der persönlichen Präferenz blutig, medium oder gut durchgaren. Dafür braucht es ein wenig Übung und Erfahrung. Die ungefähren Garzeiten für ein 2,5 cm dickes Lendensteak betragen: 1,5–2 Minuten pro Seite für blutig, 2–3 Minuten für halb gar, 3–4 Minuten für medium bis gut durch und 5–6 Minuten für gut durch.
5. Das Steak vor dem Servieren bis zu 10 Minuten auf einem vorgewärmten Teller ruhen lassen (oder einem Brett mit seitlicher Einkerbung, um den Saft aufzufangen).

HAUSGEMACHTE POMMES

Sie können frittiert oder alternativ im Ofen zubereitet werden, wofür weniger Fett benötigt wird. Ich versuche, Öle wie Sonnenblumen-, Raps-, Mais- und andere Salatöle vom Speiseplan meiner Familie zu streichen, da sie stark verarbeitet sind.

FRITTIERTE POMMES

Zutaten:

2–3 große, mehligkochende Kartoffeln, ca. 700 g (1–2 Kartoffeln) pro Person

Ausreichend Rinderfett, um eine Pfanne zu 1/3 zu befüllen, oder ein paar Esslöffel für eine Heißluftfritteuse

Vorbereitungszeit: 10 Minuten
Ruhezeit: 1 Stunde
Kochzeit: 10 Minuten pro Vorgang

Zubereitung:

1. Die Kartoffeln schälen, in Stifte schneiden und eine Stunde lang in kaltem Wasser ziehen lassen.
2. Das Rinderfett in der Pfanne oder der Fritteuse erhitzen.
3. Die Pommes-Stifte vor dem Frittieren mit einem Geschirrtuch oder Küchenpapier abtrocknen.
4. Die Pommes ein erstes Mal 5–10 Minuten lang frittieren, bis sie gar, aber nicht gebräunt sind. Aus der Pfanne nehmen und das Fett wieder heiß werden lassen.
5. Die Pommes dann ein zweites Mal frittieren, bis sie bräunlich und knusprig werden – Achtung, wenn die Stifte sehr schmal geschnitten sind. Danach aus der Pfanne oder Fritteuse entnehmen, nach Vorliebe würzen und servieren.

POMMES AUS DEM OFEN

Zutaten:
2–3 große Kartoffeln, ca. 700 g (wie oben)
3 EL Rinderfett oder Schmalz (z. B. von der Gans)

Zubereitung:

1. Den Backofen auf 200 °C/Umluft oder Gas Stufe 4 vorheizen.
2. Die Kartoffeln wie zuvor schälen und in Stifte schneiden, etwa eine Stunde lang in kaltem Wasser einweichen lassen, dann abgießen und trocknen.
3. Ein paar Esslöffel Fett auf einem großen Backblech im Ofen schmelzen lassen. Aus dem Ofen nehmen und die Kartoffeln auf dem Blech hin und her schwenken, damit sie gut mit Fett bedeckt sind.

4. Je nach Durchmesser 30–40 Minuten rösten, bis sie bräunlich und knusprig sind, und nach Vorliebe würzen.

Hinweis: Wenn die Kartoffeln gewaschen sind, kann die Schale dranbleiben. Ich mache die Ofenkartoffeln auch gern als Würfel und mische vor dem Rösten noch gehackte Zwiebeln, Knoblauch und Kräuter unter. Experimentieren Sie und finden Sie heraus, wie Ihre Familie sie am liebsten mag.

Mums Mutter starb ein paar Wochen nach Beas Geburt. Mum hatte sie ein paar Tage zuvor noch besucht und ihr die Neuigkeit überbracht. »Beatrice, was für ein schöner Name«, sagte sie. Meine Eltern gingen zur Beerdigung; sie waren nicht der Meinung, dass mein Bruder, meine Schwester und ich auch mitkommen sollten. Als sie das Haus meiner Großmutter ausräumten, behielt Mum den weißen Porzellanhund. Ihre Mutter hatte gewollt, dass sie ihn bekommt.

GEFANGEN

Es ist Montagmorgen. Mein Blick geht aus dem Schlafzimmerfenster gen Himmel, und ich sehe, wie dunkle Wolken am Horizont aufziehen. Es ist noch gar nicht richtig hell geworden. Der Wind weht durch die kahlen Äste der Bäume an der Bushaltestelle; einer ist in der Nacht abgebrochen und auf das Rasenstück gefallen. Helen wird gleich hier sein, dann können wir unseren üblichen Morgenspaziergang machen, um uns auszutauschen. Ich muss die Mädchen anziehen und fertig machen.

Ich will in Form bleiben und nicht das Gefühl haben, die Kontrolle zu verlieren. Ich ziehe meine Lieblingsjeans an, die ich schon lange nicht mehr getragen habe, aber sie passt mir noch immer nicht wieder. Ich winde mich wieder aus den Hosenbeinen und schlüpfe in die Umstandsjeans, in der ich mich mittlerweile seit Monaten bewege. Ich hatte gehofft, sechs Monate nach der Geburt alle meine Umstandskleider entsorgen zu können, aber dazu ist es nicht gekommen. Helen ist nach der Geburt ihres Kindes in eine Sportgruppe für Mütter gegangen, um wieder fit zu werden, und sie hat versucht, mich davon zu überzeugen, mitzukommen, aber es gibt immer einen Grund, warum ich es nicht schaffe. Da James nie da ist, kann ich die Mädchen nicht bei ihm lassen. Er ist gerade mit seinem Vater auf dem Hof mit dem Ablammen beschäftigt. Jeden Tag den Doppelkinderwagen mit einer Zweijährigen und einem Baby und dann noch dem Hund die Straße hinauf in den nächsten Ort zu schieben ist so viel Bewegung, wie ich es gerade so hinbekomme.

Bea zieht Molly an den Haaren, und die beiden kreischen in ihrem Kinderzimmer. Ich ziehe ein altes T-Shirt über und eile herbei, um sanft auf Bea einzuwirken, loszulassen, und erkläre Molly, dass ihre Schwester noch zu klein ist, um zu wissen, dass sie ihr wehtut und dass sie ihr Haar einfach schön findet. Das Zimmer ist ein einziges Trümmerfeld, überall liegen Teddys, Spielzeug und Kleidung herum. Ich durchforste das Chaos, um etwas Sauberes für die beiden zu finden, und kitzle Bea, damit sie sich hinlegt und sich die Windel wechseln lässt. Ich ziehe die Matte unter ihrem Bettchen hervor und fange sie ein. Sie rollt sich von mir weg und steckt ihre Finger in die dicke weiße Creme, die ich gerade geöffnet habe, um sie einzuschmieren, und wischt sie dann auf dem Teppich ab. Molly rennt halb angezogen die Treppe hinunter, als Helen mit ihrer kleinen Tochter Grace ankommt. Ich rufe nach unten, dass sie schon mal den Wasserkocher anmachen solle, ich sei gleich so weit. Ich entferne die Creme so gut es geht, ziehe Bea an, schnappe mir Mollys Hose, hebe Bea hoch – ich hänge sie mir über den Arm wie einen Sack Kartoffeln – und greife nach der schmutzigen Windel. Bevor ich nach unten gehe, nehme ich mir noch einen Pullover für mich selbst mit.

Ich setze Bea in ihre Babyschaukel und lasse mich neben den anderen beiden Mädchen nieder. Helen wischt die Arbeitsfläche und spült die Tassen ab. Ich wasche mir die Hände, packe das Brot ein, stelle die Butter zurück in den Kühlschrank und räume die Frühstücksschalen der Mädchen vom Hochstuhl und vom Tisch ab. Bramble springt schwanzwedelnd um uns herum, um unsere Aufmerksamkeit zu erregen, er spürt, dass der Spaziergang naht. Helen plaudert mit mir über ihre Mutter, während ich die Geschirrspülmaschine ausräume. Ich vermeide es, ihr ins Gesicht zu sehen, und schaue, ob es den Mädchen gut geht. Sie sind im Nebenzimmer mit dem Spielzeugkorb beschäftigt. Bea sitzt lächelnd in der Mitte und kaut auf etwas herum, das Molly ihr gegeben hat.

»Wie geht es dir?«, fragt Helen und mustert mich. Meine Miene spricht Bände. »Oh, komm her«, sagt sie und umarmt mich, und dann bricht alles aus mir heraus.

Schon bald bin ich nur noch ein rotzendes Etwas und weine in ihre Schulter. Ich nehme ein Stück von der Küchenrolle und schnäuze mir die Nase. »Ich bin dir so unglaublich dankbar, dass du das machst«, schniefe ich. Ich lasse meine Schultern hängen und habe das Gefühl, endlich alles loslassen zu können, woran ich so stark festgehalten habe. »Ich bin erschöpft«, sage ich. Und während sie das kochende Wasser in zwei Tassen mit Teebeuteln gießt, erzähle ich ihr, wie unglücklich James mit seiner Arbeit ist und dass wir gestern Abend wieder einen furchtbaren Streit wegen des Geldes hatten. Er hat daraufhin im Gästezimmer geschlafen und heute Morgen kein Wort mit mir geredet.

»Ach, Liebes«, sagt sie und umarmt mich noch einmal. »Ist schon gut. Komm, wir gehen zu Nicola und schnappen ein bisschen frische Luft.«

Nicola wohnt am oberen Ende des Dorfs, ihre kleine Tochter Maia ist ungefähr im selben Alter wie Molly, fast zwei. Nun ist sie mit ihrem zweiten Kind schwanger. Wir haben uns beim Gassigehen mit den Hunden kennengelernt. An der Haustür werden wir von ihrem kleinen Hund Archie, einem frechen Border Terrier, mit einem aufgeweckten Bellen begrüßt. Im Hintergrund läuft eine entspannte Musik, und Maia sitzt im Wohnzimmer und spielt mit ihrem Fisher-Price-Bus, in den sie die Spielfiguren hineinsetzt und wieder herausnimmt. Ich rufe Nicola, die damit beschäftigt ist, irgendwelche Sachen in den Regalen der Gartenlaube zu verstauen, zu, dass wir da sind. Dann machen wir uns mit unseren drei Buggys auf den Weg, meiner so breit wie ein Bus mit den beiden Mädchen nebeneinander angeschnallt, und zwei Hunden. Wir haben ein ziemliches Tempo drauf, denn es ist nur eine Frage von Minuten, bis eines oder mehrere der Kinder zu hampeln beginnt und absteigen will. Wir versuchen uns jede Woche in dieser Konstellation zu treffen, manchmal auch noch mit einer anderen Freundin, die wir im nächsten Ort besuchen, doch sie arbeitet mittlerweile wieder, sodass wir jetzt nur noch zu dritt sind.

Während des Spaziergangs kommen wir auf unsere Probleme zu sprechen. Wir reden über den Schlafmangel, vergleichen unsere schlechten Nächte miteinander und stöhnen, wie furchtbar die Wutanfälle zweijähriger Mädchen sein können. Nicola beklagt sich darüber, dass sie am Wochenende schreckliche Migräne hatte und ihre Mutter zu sich holen musste, damit sie bei ihr übernachtet. Wir müssen lachen, als Helen uns erzählt, wie wenig handwerkliches Geschick ihr Mann doch besitzt. Stolz berichtet sie, dass sie gestern eigenhändig den alten Gartenschuppen abgerissen habe. Erst habe sie ihn abgebrannt und dann mit dem Bau eines neuen begonnen. Während wir die Buggys die Hügel hoch und runter schieben, lasse ich mich von der Unterhaltung berieseln und denke die ganze Zeit an die wütenden Worte, die James und ich uns gestern Abend an den Kopf geworfen haben. Wir haben uns gegenseitig verletzt. Als er zur Arbeit gegangen ist, machte er ein Gesicht wie drei Tage Regenwetter.

Der Wind hat die dunklen Wolken weggeblasen, der Himmel ist blau, und die Sonne kommt langsam raus. Bramble trabt gehorsam neben mir her, bis sie das Gackern eines Fasans hört und ich sie in den Wald rennen lasse, um die Fährte aufzunehmen. Nach einigen Minuten flattert der Vogel aus den Bäumen hervor und fliegt weiter zum nächsten Feld. Bramble taucht weiter unten auf der Straße wieder auf, kommt schwanzwedelnd zu mir zurück und freut sich, ihre Sache gut gemacht zu haben.

Wir quatschen für die Dauer der fast fünf Kilometer langen Strecke und machen Pläne für die restliche Woche. Nicola und ich leiten die Spielgruppe im Ort, und sie schlägt vor, ein paar Samen, Töpfe und Kompost für die Kleinen mitzubringen. Ich sage, dass ich neue Farben besorgen werde, da die alten eingetrocknet sind. Die Spielgruppe findet jeden Mittwochmorgen im Gemeinderaum statt, und unsere Aufgabe besteht hauptsächlich darin, dass wir beide früh dort sind, um ein paar Matten auszulegen, ein altes Klettergerüst aufzubauen und dann jede Menge Eimer mit gebrauchten Spielsachen und Dreirädern hervorzuholen. Wir trinken Tee, stellen Kekse und Knabbereien bereit, unterhalten uns mit den anderen Müttern und haben ein Auge auf unsere Kinder. Wir versuchen sie davon abzuhalten, sich gegenseitig zu schlagen oder zu beißen oder das Spielzeug wegzunehmen. Die Beschäftigungen sind eigentlich für die Kinder gedacht, doch meistens sind es die Mütter, die am Ende um die kleinen Tische auf den Stühlen sitzen und basteln oder Bilder ausmalen, während die Kinder wild umhertollen.

Als wir zu mir nach Hause kommen, hole ich einen Behälter mit selbst gemachter Suppe aus dem Kühlschrank, und Nicola schneidet etwas Brot in Scheiben. Sie amüsieren sich darüber, dass es wieder Kürbis-Karotte geworden ist. Helen geht zum Auto, um eine Dose mit selbst gebackenen Brownies zu holen. Wir teilen das Essen am Tisch auf und füttern zuerst die Kleinen. Dann geht Nicola nach Hause, und Helen umarmt mich beim

Abschied und sagt mir, dass alles gut werde. Sie ist sich sicher, dass sich die Dinge bis heute Abend beruhigt haben werden und wir uns nächste Woche wie gewohnt wiedersehen; ich solle sie jederzeit anrufen. Sie ahnen nicht, wie viel Halt sie mir geben.

LINSEN-TOMATEN-SUPPE FÜR DEN VORRATSSCHRANK

Zutaten:
2 EL Olivenöl
1 Zwiebel, gehackt
1 Karotte, gehackt
100 g rote, gespaltene Linsen
½ TL gemahlener Kreuzkümmel
½ TL gemahlener Koriander
Salz und Pfeffer
1 Dose Tomaten (400 g)
700 ml Hühner- oder Gemüsebrühe
75 g Speck oder Pancetta, gewürfelt

Vorbereitungszeit: 10 Minuten
Kochzeit: 40 Minuten
Für 4 Personen

Zubereitung:
1. Olivenöl in einem großen Topf mit Antihaftbeschichtung erhitzen und Zwiebeln und Karotten hinzugeben. Bei schwacher Hitze etwa 10 Minuten blanchieren, bis sie gar sind.
2. Linsen und Gewürze sowie eine gute Prise Salz und Pfeffer hinzufügen. 1–2 Minuten aufkochen, bis sie ihre Aromen entfalten.
3. Dosentomaten und den überwiegenden Teil der Brühe hinzugeben. Umrühren und auf niedriger Stufe, mit gekipptem Deckel, 30 Minuten lang köcheln lassen. Wenn der Inhalt zu dickflüssig wird, noch etwas Brühe hinzugeben.
4. In der Zwischenzeit Speck- oder Pancetta-Würfel anbraten und beiseitestellen.
5. Das eingekochte Gemüse mit einem Stabmixer (oder in der Küchenmaschine) zu einer Suppe pürieren.
6. Fleischwürfel und etwas Pfannenfett unterrühren und servieren.

WIESENCHAMPIGNONSUPPE

Zutaten:
50 g ungesalzene Butter
2 mittelgroße Zwiebeln, gehackt
2 Knoblauchzehen, zerdrückt
500 g Wiesenchampignons, gewürfelt – alternativ Riesenchampignons (oder eine Mischung aus beidem). Vor dem Zerkleinern die Lamellen mit einem Backpinsel säubern und die Pilze auf etwaiges Geziefer untersuchen – abklopfen genügt für gewöhnlich.
1 Glas Weißwein
2 TL Mehl
200 ml Hühnerbrühe
200 ml Vollmilch
Muskatnuss, gerieben
Petersilie und Sahne zum Servieren
Vorbereitungszeit: 10 Minuten
Kochzeit: 30 Minuten
Für 2–4 Personen

Zubereitung:
1. In einem großen Topf mit Antihaftbeschichtung Zwiebeln und Knoblauch in der Butter etwa 10 Minuten auf niedriger Stufe andünsten.
2. Die Pilze hinzugeben und weitere 3 Minuten blanchieren, dabei gut würzen. Mit dem Wein ablöschen, zum Kochen bringen und 2 Minuten köcheln lassen.
3. Das Mehl einstreuen, um die Flüssigkeit zu binden, und eine Minute köcheln lassen, bevor die Brühe hinzugefügt wird.
4. Etwa 15 Minuten brodeln lassen, dann Milch und Muskatnuss hinzugeben und durchwärmen ohne aufzukochen. Zum Schluss pürieren. Mit einem Schuss Sahne und fein gehackter Petersilie servieren.

Nachdem ich die Waschmaschine geleert und wieder neu befüllt und die nassen Sachen zum Trocknen aufgehängt habe, packe ich die Mädchen ins Auto, um in die Stadt zum Gesundheitscheck zu fahren. Bea schläft auf dem Weg dorthin ein, aber sie ist gut gelaunt und lächelt, als ich sie wecke. Nachdem sie gewogen und gemessen wurde, spreche ich mit der Gesundheitsschwester darüber, wie es ihr geht. Molly ist mit den Spielsachen auf dem Boden beschäftigt. Wir unterhalten uns allgemein über das Stillen und Abstillen, und sie sagt mir, wie gut ich meine Sache mache. Dann erkundigt sie sich, wie es denn mir ginge.

»Was tun Sie für sich selbst?«, fragt sie, und erneut steigen mir Tränen in die Augen. Ich wende meinen Blick ab und versuche mich zu sammeln, doch sie wartet geduldig auf meine Antwort.

»Für mich selbst?« Ich denke nach. »Ich bin doch fast nie allein. Es gibt keine ›Zeit für mich‹. Ich bin mir nicht einmal sicher, ob es überhaupt noch ein ›Ich‹ gibt«, füge ich leise hinzu. Ich atme tief durch. »Wir sind gerade dabei, eine Baugenehmigung für den Hof der Familie meines Mannes zu beantragen.« Die Gesundheitsschwester sitzt still da und nickt, als ich fortfahre. »Es handelt sich um eine alte Scheune aus Stein, die etwa 800 Meter von der Straße entfernt auf einem Feld am Rand des Walds liegt, ohne fließendes Wasser und Strom – sie muss vollständig renoviert werden, und das wird ein Vermögen kosten. Im Moment sind da sogar noch Schafe untergebracht!« Sie muss ein wenig darüber lachen, aber so ist es. »Wir haben wirklich viel dafür getan, um uns auf dem Land ein Zuhause zu schaffen. Es gefällt mir ausgesprochen gut, ich habe Freunde um mich herum, ich kann zu Fuß zur Schule und zum Kindergarten gehen, und die Mädchen spielen gern im Park. Ich möchte nicht weg von dort, aber …«, sage ich und halte inne, woraufhin sie einhakt: »Ja, es gibt immer ein Aber …«, und ich schließlich fortfahre: »Mein Mann ist kaum zu Hause, und wenn, dann ist er hungrig oder müde, oder er muss noch mal ins Büro oder auf den Hof, und dann isst er einfach nur schnell etwas. Ich hätte gern, dass er mehr Zeit mit den Kindern verbringt.« Ich schaue zu den beiden hinüber, wie sie auf dem Boden spielen, und wende mich ab, bevor Molly meinen Blick bemerkt. »Er ist so reizend zu ihnen, wenn er mit ihnen zusammen ist, aber sie werden so schnell groß, und ich mache mir Sorgen, dass ihm etwas entgeht.« Ich schniefe.

»Unternehmen Sie irgendetwas zusammen, nur Sie beide?«, fragt sie. »Zum Beispiel mal irgendwo übernachten?«

»Nein, wir haben keine Zeit mehr für uns allein. Es ist schwierig, so was einzuplanen, weil ich ja die ganze Nacht stille, und ich möchte auch niemanden bitten, über Nacht zu bleiben, und außerdem ist er ständig gestresst wegen der Finanzen.«

Wenn ich mich selbst so reden höre, klingt es, als würde ich sagen, dass ihm das Geld wichtiger sei als die Kinder und ich, und ich weiß, dass das nicht richtig und unfair ist, denn er arbeitet ja deswegen nur so viel, um uns ein gutes Leben zu ermöglichen. Doch die ganze Sache mit der Baugenehmigung bedeutet eine Menge Stress für ihn, und wenn ich das richtig sehe, ist seine Belastungsgrenze bereits überschritten.

Ich fahre fort, ihr zu erklären, dass es immer ein Streitpunkt zwischen uns ist, dass nur einer von beiden etwas verdient. Wir finden nie Zeit, uns hinzusetzen und vernünftig miteinander darüber zu reden; es staut sich einfach auf, bis ich mich irgendwann bei ihm beschwere, dass er kein Verständnis für meine Situation habe, und er dann sagt, dass er ja gar keine andere Wahl habe, weil ich nichts verdienen würde.

»Wie geht es Ihnen damit?«, fragt sie.

»Ich fühle mich dann so wertlos«, sage ich und füge hinzu: »Wenn ich wieder arbeiten gehen würde – und es gibt jetzt nichts Bestimmtes, zu dem ich zurückkehren könnte –, müssten wir für die Betreuung der Kinder Kitagebühren oder eine Tagesmutter bezahlen. Ich habe versucht, ihm zu erklären, dass das wahrscheinlich noch mehr kosten würde, als ich verdienen würde.« Dann schluchze ich auf und füge sehr laut und deutlich hinzu: »Ich habe doch keine Kinder bekommen, damit jemand anderes sie großzieht!« Ich schnäuze meine Nase mit dem zerfledderten Taschentuch, das ich im Ärmel stecken habe.

Sie reicht mir eine Schachtel mit frischen Tüchern. Sie hört zu, ohne etwas zu bewerten, und hält meine Hände in den ihren, ruhig wartend, bis ich mich wieder fange.

Molly und Bea stapeln weiter Klötze aufeinander. Bea strampelt mit den Beinen, und ihr Gesicht strahlt jedes Mal, wenn sie den Turm umstößt. Ihre kleinen Füße stecken in Mollys alten weichen Lederpantoffeln mit den knalligen rosafarbenen Blumen darauf, und sie fuchtelt mit den Händen auf und ab, damit Molly ihr hilft, ihn wieder aufzubauen. Molly fängt an, das Spielzeugtelefon mit den Wackelaugen durchs Zimmer zu ziehen; es bimmelt bei jeder Bewegung. Ich erzähle der Schwester, dass ich als Mädchen auch so ein Telefon gehabt hätte, und tue so, als würde ich einen Hörer abnehmen und telefonieren.

Sie lächelt. Sie sagt mir wieder, was für wunderbare Mädchen sie doch seien, und dass das sehr für mich sprechen würde. Sie redet mir sanft zu, dass ich gelegentlich versuchen sollte, meinen Mann allein auf die Kinder aufpassen zu lassen, oder dass ich vielleicht meine Familie darum bitten könnte, damit ich auch einmal Zeit für mich hätte. Aber ich kenne die Antworten auf diese Vorschläge bereits. Ich weiß, dass James sein Bestes tun würde, aber alles, was er dann anbieten kann, ist vielleicht eine Stunde, damit ich zum Zahnarzt kann oder um einkaufen zu gehen. Von Mum verlange ich ohnehin schon zu viel. Und ich möchte auch nicht, dass meine Schwiegermutter sich um meine Kinder kümmern muss, außer vielleicht hier und da ein bisschen zu babysitten. Die beiden haben, was das Aufpassen auf kleine Kinder betrifft, ihr Soll erfüllt. Sie zu bitten, nach den Mädchen zu schauen, nur weil ich einen Spaziergang mache oder einen Wellness-Tag einlege, erscheint mir einfach unangebracht.

Die allgemeinen Vorstellungen von einem gesunden, ausgewogenen Leben beruhen offenbar auf Annahmen, die auf uns nicht zutreffen. Jeder scheint eine Arbeit und etwas Freizeit zu haben; die anderen sind nicht endlos beschäftigt und ständig am Jonglieren – oder vielleicht fühlt es sich auch nur so an, weil wir erschöpft sind. Die guten Ratschläge, die die Leute geben, sind schon irgendwie richtig, aber im Moment einfach nicht umsetzbar.

Als ich nach Hause fahre, sehe ich, wie Molly in ihrem Kindersitz eine Packung Rosinen nascht und Bea sie mit Argusaugen beobachtet, und ich denke, dass wir uns im Grunde selbst eine Art Falle gestellt haben. Indem wir versucht haben, unser Traumleben zu führen, sind wir in die alten Geschlechterrollen zurückgefallen. Er ist der Ernährer, ich bin die Mutter und Hausfrau. Ich weiß, dass wir dieselben Werte teilen – dass einer von uns zu Hause bei den Kindern sein sollte, bis sie alt genug sind, um in den Kindergarten oder die Schule zu gehen –, aber ich habe das Gefühl, dass ich zu Hause ebenso gefangen bin wie James in seinem Job. So ein Mensch wollte er nie werden. Er kann nicht auf Teilzeit umstellen und sich um die Mädchen kümmern, damit ich arbeiten gehe, denn mit dem, was ich arbeiten könnte, würden wir nicht annähernd so viel Geld verdienen, wie wir brauchen, um die Rechnungen zu bezahlen.

Ich möchte, dass James weiß, dass zu Hause zu bleiben deutlich mehr ist als das, wonach es aussieht. Dass ich nicht einfach nur herumsitze, fernsehe und mit meinen Freundinnen plaudere. Diese langen Tage mit einem Kleinkind und einem Baby sind eine kräftezehrende und undankbare Angelegenheit. Wenn ich andere Frauen um mich herum sehe, habe ich das Gefühl, alles falsch zu machen. Wie schaffen sie es nur, dass es so einfach aussieht? Ich fühle mich alles andere als eine »Yummy Mummy«, was auch immer das sein mag: Ich fühle mich furchtbar trutschig. Das Fernsehen ist tagsüber voll von geschminkten Frauen, die über die beste Schönheitscreme oder die neuesten Erziehungstipps diskutieren. Den ganzen Tag hetze ich zwischen den unzähligen Aufgaben hin und her, als hätte ich mehrere Töpfe mit Milch auf dem Herd stehen, jeder auf einer unterschiedlich hohen Stufe, und würde verzweifelt versuchen zu verhindern, dass einer davon überkocht. Zwischen Hausarbeit, Einkaufen, Rechnungen bezahlen, Gassi gehen und dem Mittagsschlaf der Mädchen koordiniere ich ihre täglichen Aktivitäten. Ihre Stimmung verändert sich ständig. Mutter zu sein heißt, in einem Hamsterrad von Erwartungen zu stecken – mental, emotional und körperlich. Ich habe nie das Gefühl, irgendetwas mal zu Ende zu bringen oder richtig zu machen. Ich werde ständig nur angeschrien. Sie schreien, wenn ihr Teller oder der Löffel nicht der richtige ist, wenn sie Hunger haben, wenn ihnen zu heiß oder zu kalt ist, wenn sie müde sind oder überreizt oder wenn ihnen langweilig ist. Ich wische ihnen den Hintern ab, mache ihre Gesichter sauber, wasche ihre klebrigen Finger und reibe mit dem Geschirrtuch die Schmutzflecken von meinem Pullover. Ich beziehe die Betten, entferne Kotze von den Kissen, schrubbe immer wieder die Toilettenschüssel und wasche die dreckige Unterwäsche. Ich lächle, singe ihnen Schlaflieder vor, spiele Kaufladen und drücke die Knete zurück in die bunten Töpfchen.

Ich bin die Unterhalterin, die Erzieherin, die Krankenschwester, die Köchin, die Putzfrau, der sichere Hafen, die emotionale Müllhalde.

Mein Körper hat jegliche Form und Kraft verloren, die er einmal hatte. Meine Brüste schmerzen oder triefen vor Milch und geben mir deutlich zu verstehen, dass es wieder an der Zeit ist, mich hinzusetzen und zu stillen. Ich bin ständig erschöpft. Mein Gehirn ist völlig vernebelt, und oft kann ich mich an grundlegende Dinge nicht erinnern, wie zum Beispiel, an welchem Tag der Müll abgeholt wird. Die Wochentage verschmelzen miteinander. Ich versuche das zu kompensieren, indem ich länger und mehr schufte, um »den Schein zu wahren«. Die einzigen Bücher, die ich lese, sind Geschichten wie Der Grüffelo oder Ja, wo is' er denn? Die meiste Musik, die ich höre, sind Kinderreime im Auto. Mein ganzes kreatives Talent ist in der Plackerei des häuslichen Alltags untergegangen. Ich habe im Moment keine Energie, um an etwas anderes zu denken oder jemand anderes zu sein. Habe mich regelrecht aufgelöst. Ich bin nicht mehr die Person, die mein Mann einmal geheiratet hat.

Ich bin stumpfsinnig, übergewichtig und langweilig. Irrational, erschöpft und gereizt. Ich schimpfe die ganze Zeit mit ihm.

Ich weiß, dass James gern mehr Zeit mit den Mädchen verbringen und weniger gestresst sein würde. Alles dreht sich ums Geld und den Alltag, den wir uns aufgebaut haben – dieses Streben nach dem »perfekten Leben« zehrt uns beide aus. Und ich sehe keinen Ausweg. Ich habe das alles so sehr gewollt und so hart dafür gearbeitet, doch ich habe noch immer das Gefühl, dass es nicht genug ist. Als hätte sich die Zielgerade in dem Moment verschoben, in dem wir dachten, wir hätten das erreicht, was wir wollten. Er hingegen glaubt, dass wir das noch lange nicht erreicht haben, dass wir gerade einmal die Hälfte der Strecke zurückgelegt haben: die zum Hof. Wir sind schrecklich wütend aufeinander. Ich nehme ihm die Freiheit übel, über die er verfügt. Er fährt jeden Morgen los und muss sich um niemanden kümmern. Er kann den größten Teil des Tages allein verbringen. Es ärgert mich, dass ich solche Gefühle hege.

Ich habe so viel Arbeit, für die ich verantwortlich bin, doch ich bin unsichtbar, weil ich kein verdammtes Geld verdiene. All die Mühe, die ich auf mich nehme, fühlt sich weniger wert an. Mittlerweile ist mir dieses »schöne« Leben regelrecht zuwider.

Es macht mich unglücklich, James so unglücklich zu sehen. Und es macht ihn unglücklich, wenn er sieht, dass ich mit den Mädchen nach außen glücklich zu sein scheine, denn wie es auch immer hinter den Kulissen zugehen mag, versuche ich doch, für sie mein Bestes zu geben. Wir sind zu einem klischeehaften, zänkischen Paar geworden. Finden ständig irgendwelche Kleinigkeiten, für die wir einander hassen, aber im Grunde wissen wir beide, dass wir so nicht auf Dauer weitermachen können. Ich habe keine Ahnung, wie ich das in Ordnung bringen soll.

Mehr als alles andere wollte ich Mutter werden. Es war meine freie Entscheidung.

EIER

Ich rufe beim Metzger im Ort an, Bea schläft tief und fest in ihrem Kindersitz, den ich auf meinem schmerzenden Arm trage, und Molly läuft neben mir her. Ich lasse sie das Brot nehmen, suche ein paar Schinkensteaks aus und hole noch etwas Milch, doch viel mehr schaffe ich nicht. Ich werde uns heute Abend das Steak mit Ei und Pommes machen und eventuell auch noch einen Milchreis, und vielleicht ist er bis dahin über den Streit hinweg.

Als James nach Hause kommt, küsst er die Mädchen auf den Kopf, und Molly quasselt auf ihn ein und zeigt ihm das Bild, das sie gemalt hat. Er umarmt mich und sagt, dass es ihm leidtäte und wir den letzten Abend vergessen sollten. Ich wende mich dem Herd zu, versuche wieder, meine Tränen zurückzuhalten, und schlage drei Eier in die Pfanne. Molly hat den Tisch mit einer wahllosen Anzahl an Besteck, Melamintellern und -bechern gedeckt. James hebt Bea vom Boden hoch, prustet auf ihren Bauch und erzeugt Furzgeräusche, dann setzt er sie mit wackeligen Beinen in ihren Hochstuhl. Er legt ihr ein paar Erbsen auf die Ablagefläche, zählt sie mit ihr und verschlingt ein paar davon, woraufhin sie kichern muss. Er schmiert für Molly ein Brot, und ich kann an seinem Gesicht ablesen, dass sein Tag schon lang genug war, als dass er jetzt noch irgendein Drama gebrauchen könnte. Ich gebe die fertigen, noch etwas glibberigen Spiegeleier auf einen Teller, und während ich die Pommes aus der Pfanne nehme und in eine Schüssel fülle, denke ich darüber nach, ob ich vielleicht sogar den besseren Part habe, weil ich tagsüber zu Hause bleibe. Vielleicht bin ich es, die die Freiheit hat. Vielleicht habe ich ihm eine Falle gestellt. Er will ja nur für unsere Familie sorgen. Niemand sagt mir, wann ich wo zu sein habe, wann ich Pause machen darf und was ich den ganzen Tag tun soll. Auch wenn ich erschöpft bin von den vielen schlaflosen Nächten und den Anforderungen, die ein Baby und ein kleines Kind an mich stellen, kann ich immer noch entscheiden, wie ich meine Zeit verbringe, und ich kann sie mit meinen Kindern verbringen. Ich blicke zurück zum Tisch und sehe Beas kleines, pausbäckiges Gesicht, das ihren Vater anlächelt, und ich reiche Molly die Pommes und sage ihr, sie solle vorsichtig sein und pusten, weil sie noch heiß sind.

EIER IN SECHS VARIATIONEN

Bio-Eier aus Freilandhaltung sind fantastisch. Sie sind eine hervorragende Eiweißquelle und stecken voller Nährstoffe. Eier sind eine eigenständige, volle Mahlzeit.

RÜHREI

Ein größeres Stück Butter in einer Pfanne zerlassen, dann 2–3 gut gewürzte, zerschlagene Eier pro Person hinzugeben. Einen Spatel verwenden, um die Eier bei niedriger bis mittlerer Temperatur zu verrühren, bis sich eine lockere, quarkartige Masse ergibt. Wenn Sie mit Sorgfalt und Geduld vorgehen, bekommen Sie als Resultat eine seidig-weiche Konsistenz, die ganz köstlich schmeckt. Rührei ist mein Favorit und passt gut zu Räucherlachs, Toast, Würstchen, Pilzen und gegrillten Tomaten.

OMELETT

Für ein Omelett nehme ich 2 bis 3 Eier, ein Stückchen Butter, einen Esslöffel frische, gehackte Kräuter, eine Handvoll geriebenen Käse und eine beliebige andere Füllung, z. B. ein paar gedünstete Pilze oder eine Scheibe gehackten Schinken. Die Butter in einer Pfanne schmelzen lassen und dann das gequirlte Ei hinzugeben. Das Ei mit einem Spatel in die Mitte der Pfanne schaben, dann die Pfanne schwenken, um die noch rohe Eiflüssigkeit an den Rand zu befördern. Bei mittlerer Hitze garen, bis es blubbert, und die Füllung darauf verteilen. Wenn die Oberseite zum Teil durchgegart zu sein scheint, die Pfanne zu sich drehen und eine Seite des Omeletts umklappen. Noch eine Minute in der Pfanne lassen, damit auch das Innere gar wird.

POCHIERTES EI

Ein ganz frisches Ei in eine Tasse aufschlagen. Einen Topf mit Wasser zum Köcheln bringen und das Wasser mit einem Löffel zu einem Strudel umrühren. Das Ei vorsichtig in das wirbelnde Wasser kippen. Die Herdplatte ausdrehen und genau 4 Minuten ziehen lassen. Mit einem Schaumlöffel vorsichtig herausnehmen. Bei zwei oder mehr Eiern im selben Topf dauert es länger.

GEKOCHTES EI

Die Eier in einen Topf mit kaltem Wasser geben und zum Kochen bringen. Sobald das Wasser zu sprudeln beginnt, den Herd ausschalten und einen Deckel auf den Topf setzen – 3 Minuten ziehen lassen, um ein weich gekochtes Ei, 7 Minuten, um

ein hartes Ei zu erhalten. Wir mögen unsere Eier am liebsten weich und flüssig, sodass man Toastbrot in das Eigelb tunken kann.

SPIEGELEI

Ich habe die amerikanische Variante von Spiegeleiern, normal gebraten mit dem Eigelb nach oben oder beidseitig gebraten mit noch weichem Eigelb, nie verstanden. Ich bereite meine Spiegeleier einfach in einer Pfanne mit etwas Fett vom Schinkenspeck oder Schmalz zu und lasse sie 2–3 Minuten garen, wobei ich etwas Fett über das Spiegelei träufle.

ARME RITTER (FRENCH TOAST)

2–3 Eier pro Person in eine flache Schüssel aufschlagen und ein Stück Brot zum Einweichen hineinlegen – altes Brot oder Brioche eignet sich gut – und nach 1 Minute wenden. Ein größeres Stück Butter in einer Pfanne erhitzen, bis es Blasen wirft, und dann das nasse Brot in die Pfanne geben. Auf jeder Seite 2–3 Minuten braten, bis es bräunlich wird. Mit Puderzucker und Zimt bestreuen oder mit Obst und Ahornsirup beträufelt servieren. Die herzhafte Variante funktioniert mit knusprigem Bacon.

FRITTATA

Zutaten:

250 g Früh- oder Babykartoffeln (Typ festkochend wie bspw. Charlotte)
1 EL Olivenöl
1 Zwiebel, in feine Scheiben geschnitten
1 große Zucchini oder 2 kleine Zucchini, in dünne Scheiben geschnitten
75 g ungesalzene Butter
9 Eier
Eine Handvoll gehackte Minze

Vorbereitungszeit: 20 Minuten

Kochzeit: 35 Minuten
Für 6 Personen

Zubereitung:

1. Den Ofen auf 220 °C/Umluft bzw. Gas Stufe 4 vorheizen. Die Kartöffelchen 8 Minuten in gesalztem Wasser kochen oder bis sie stichfest sind.
2. In der Zwischenzeit das Öl in einer beschichteten, ofenfesten Pfanne (Durchmesser 30 cm) erhitzen und die Zwiebeln 3–4 Minuten lang dünsten, bis sie weich werden. Die Zwiebeln auf einen Teller geben. Die Zucchinischeiben und etwas Butter in die Pfanne geben und 3 Minuten lang braten und gelegentlich wenden, bis sie weich sind.
3. Die gekochten Kartoffeln abgießen und in 3–4 mm dicke Scheiben schneiden.
4. Die restliche Butter, die Kartoffelscheiben und die Zwiebel zu den Zucchini in die Pfanne geben. Die ganze Mischung vorsichtig umrühren, damit die Kartoffeln nicht zerfallen, und bei mittlerer Hitze braten, bis einige der Kartoffeln etwas bräunlich werden.
5. In einer Schüssel die Eier aufschlagen und verquirlen, Salz, Pfeffer und die gehackte Minze hinzugeben.
6. Die Eier über die Kartoffel-Zwiebel-Zucchini-Mischung gießen und die Pfanne leicht hin und her schwenken, um sicherzugehen, dass das Ei den Pfannenboden bedeckt. Nicht umrühren, denn Sie wollen ja kein Rührei.
7. 1–2 Minuten auf der Herdplatte lassen und darauf achten, dass das Ei nicht anbrennt, dann vorsichtig in den Ofen schieben, um die Frittata zu backen.
8. 20 Minuten backen, bis die Frittata an der Oberfläche aufgeht und goldbraun wird.
9. Etwas abkühlen lassen, dann mit einem Messer am Pfannenrand entlangfahren und entweder auf einen Teller stürzen oder in der Pfanne lassen. In Scheiben schneiden und mit Salat servieren. Ich

mag die Frittata gern warm, aber sie lassen sich auch gut im Kühlschrank aufbewahren und kalt servieren.

> Osmanische Eier und Łukasz' Shakshuka siehe S. 404–406

PICKNICK

Ich bin 18 Jahre alt. James ist 21. Er will mir den Hof seines Großvaters in den Fjälls zeigen, wo er die Herde hüten und nach dem Vieh im Stall sehen muss. Der Wind bläst die Autotür fast weg, als ich sie öffne. Wir haben bei den Schafställen geparkt. Durch den gestrigen Regen ist der Boden ganz aufgeweicht. Vorsichtig laufe ich um das Auto herum, damit ich mir meine sauberen Stiefel im Matsch nicht ruiniere. Dann ziehe ich die Gummistiefel an, die auf dem Rücksitz liegen. Die Wolken jagen über den Himmel, und ich rufe: »Warte auf mich!«, doch James kann mich im Wind nicht hören. Er ist bereits über das Gatter gesprungen und marschiert mit einem Futtersack über der Schulter den Hang hinauf. Ich renne hinterher, setze mir einen Hut auf, den ich vom Vordersitz mitgenommen habe, und versuche, nachdem ich den Reißverschluss meines Mantels hochgezogen habe, meine Handschuhe in den Taschen zu finden. Wir sind auf dem Weg zu einer alten Steinscheune in der Nähe eines Bachs. Wir queren die abschüssige Wiese, ich im Laufschritt, um den Anschluss nicht zu verlieren. Ein Mäusebussard kreist über uns, so nah, dass ich seinen gelben Schnabel und sein braun geflecktes Gefieder erkennen kann. James ist draußen am glücklichsten; er läuft drauflos und zeigt auf alles, was ihm gerade ins Auge fällt, auf eine Stelle, wo ein Fuchs durch den Zaun gekommen ist. Und dann auf einen Hasen – dem wir zuschauen, wie er über die Wiese vor uns davonhoppelt.

Wir kommen zu der aus blauem Lakeland-Stein erbauten

Scheune. Sie liegt etwas versteckt in einer kleinen Senke, sodass sie nicht für jedermann einsehbar ist. Er erzählt mir, dass sie um 1890 errichtet wurde, als Winterquartier für Rinder und Schafe und um auf dem Dachboden darüber Heu zu lagern. James hebt den Holzbalken an, um die großen Doppeltüren zu öffnen, und fünf junge Ochsen purzeln heraus. Mit durch den Schlamm schmatzenden Hufen drängeln sie sich aneinander vorbei, um aus dem Bach zu trinken.

James macht diese Arbeit schon sein ganzes Leben lang. Er weiß intuitiv, wenn eines der Tiere krank ist, was zu tun ist, wenn sie etwas brauchen, und wie man sich in ihrer Nähe bewegt. »Komm rein«, sagt er zu mir, während ich am anderen Ende des Stalls ängstlich darauf warte, dass die Tiere beiseite gehen und die Luft rein ist. Obwohl ich so etwas wie ein »Bauernmädchen« bin, habe ich nicht viel Erfahrung mit Rindern. Ich fühle mich in ihrer Nähe nie ganz sicher – ich bin recht klein, und die jungen Ochsen können sehr ungestüm sein. Ich bahne mir einen Weg durch den Dreck – die Rinder haben mit ihren Hufen Kuhlen hinterlassen, die aussehen wie Pockennarben und in denen das Wasser steht – und gehe in den Stall. Es ist muffig, dunkel und schwül. James streut gerade frisches Stroh in dem Abteil aus, in dem die Kühe unterstehen.

Ich quetsche mich durch das Metallgatter auf die andere Seite, wo eine nach draußen führende Holztür halb offen steht. Von hier kann man über das Tal bis zu den Fjälls schauen. Der Blick ist atemberaubend.

»Der See ist gleich dort drüben«, sagt James und streckt den Zeigefinger aus. Dann klettert er eine wackelige Leiter hoch.

»Das sieht nicht besonders sicher aus«, sage ich, folge ihm aber und steige über eine fehlende Sprosse hinweg.

Als ich oben ankomme, zieht er mich an der Hand auf einen hölzernen Dachboden, und da höre ich mit einem Mal das Rasseln und Flattern schlagender Flügel um uns herum; die Schwingen eines Waldkauzes streifen fast meine Wange. Durch das offene Fenster fliegt er den Hang hinunter. Spinnweben hängen von den Dachbalken.

»Es ist eine Bankscheune«, sagt James. »Hier hinten führt die Tür zum Erdgeschoss, siehst du?« Und als er die große, hölzerne Rundbogentür öffnet, fällt mehr Licht herein. Eine Feldmaus huscht unter einen Heuballen. »Hier möchte ich leben«, sagt er. »Wäre es nicht schön, jeden Tag hier aufzuwachen?«

Ich lächle, weil ich denke, dass er scherzt, doch ich sehe, wie sein Blick in die Ferne zu den Bergen hin schweift. Er meint es sehr ernst.

Er wirft ein paar Ballen hinunter, um die Heuraufe aufzufüllen, und ich verlasse die Scheune. Er schließt die Tür hinter mir und sagt: »Ich treffe dich dann vorn.« Der Schlamm auf der Rückseite ist noch schlimmer als auf der Vorderseite, dick, nass und lehmig. Ich habe Mühe, zum Rasen zu gelangen, und einer meiner Gummistiefel bleibt in dem Modder hängen; ich stürze fast, als ich versuche, meinen Fuß herauszuziehen. »Der Wetterbericht ist gut, wir lassen sie heute draußen«, sagt er. Die Rinder stehen bereits unten auf der Weide und grasen.

James fing an, dort seine eigene Schafherde zu halten – Herdwick-Schafe, eine andere Rasse als die, die sein Vater gehalten hat. Er wollte selbst über die Zuchtlinien entscheiden. Auf dem Hof seines Vaters hatte er mitgeholfen, ohne Geld dafür zu bekommen. Mein Schwiegervater machte regelmäßig Bemerkungen darüber, dass James sich keine Hoffnungen machen solle, das Land einmal selbst bewirtschaften zu können, da er plane, es zu verkaufen. Immer wieder sagte der Vater, wie er das Tal im Winter hasse. Jedes Jahr, wenn der Herbst nahte und die Arbeit im Freien an kalten, nassen, dunklen Tagen immer länger dauerte und anstrengender wurde, wurde sein Murren lauter. Mit jedem Frühjahr wirkte er entschlossener, sich das nicht noch einmal anzutun. Ich konnte mir also nicht vorstellen, wie das Ganze funktionieren sollte. Einen Hof mit zugehörigem Land gab es nicht mehr – dieser war vor etwa 15 Jahren verkauft worden, als James' Großvater starb. Das Vermögen war zwischen den drei Kindern, James' Vater und seinen beiden Tanten, aufgeteilt worden. James' Eltern besaßen und bewirtschafteten nun zwar ein Stück Land, hatten aber kein Haus darauf stehen. Doch das Bauernleben war für James wie eine Droge. Wenn er nicht draußen auf dem Land mit seinen Schafen zu tun hatte, überwältigte ihn das Gefühl, den Halt zu verlieren.

In den kommenden Monaten führten wir Gespräche mit einem Architekten, mit Bauunternehmern, Vermessungsingenieuren, Planungsberatern und dem Nationalpark. Dass so viele Personen involviert wurden, fühlte sich für mich sehr beängstigend an. James suchte mit viel Fingerspitzengefühl das Gespräch mit seinen Eltern, was die Nachfolge betraf.

Mittlerweile sind acht Jahre vergangen, seit wir verschiedene Bauanträge gestellt haben, die allesamt abgelehnt wurden. Unser Vorhaben sorgt für Unruhe im Tal, und Leute, die wir persönlich kennen, erheben Einspruch. Einer von ihnen hat sogar eine Petition eingereicht, um alle weiteren Schritte zu verhindern. Er kam bei einer Planungsbesprechung auf unser Land gestürmt, marschierte, gerade mit dem Zug aus London gekommen, in seinem Anzug und mit seinen schicken Schuhen über die schlammige Wiese und winkte uns mit Papieren zu. Mein Schwiegervater brüllte ihn an, dass dies ein internes Treffen sei und er abhauen solle. Wir amüsierten uns darüber, dass er sich seine Budapester ruinierte. Wir wissen, dass es ihm nur darum geht, »seine schöne Aussicht« zu bewahren, für die er viel zu viel bezahlt hat, aber es tut trotzdem weh.

Mir schwant, dass James' Traum zu einem Ding der Unmöglichkeit werden könnte. Der Bau eines Wohnhauses wird wahrscheinlich viel mehr kosten, als wir es uns leisten können, und

Jahre dauern, bis er abgeschlossen ist. Ich scheine die Einzige zu sein, die sich Sorgen über die Probleme macht, die mit einem solchen Umzug auf uns zukommen. Wir werden nicht nur finanzielle Opfer bringen müssen, und ich habe nicht das Gefühl, dass James das so richtig in Betracht zieht – oder wenn doch, dann steht sein Wunsch, ein Leben für uns auf dem Hof zu eröffnen, über allem anderen. Ich muss entweder mitmachen oder bleibe auf der Strecke. Sollte der nächste Bauantrag genehmigt werden, wird sich alles ändern. Dann muss ich meine Sachen packen und mein Zuhause verlassen. Ich werde von Freunden und Nachbarn Abschied nehmen müssen. Es wird keine spontanen Besuche mehr geben, man wird nicht mal kurz auf eine Tasse Tee in der Küche des anderen vorbeischauen können, um ein bisschen zu quatschen, oder nach Mehl oder Butter zu fragen, wenn man selbst nichts mehr hat. Wir können nicht mehr zur Schule laufen und uns mit Freunden an der Schaukel treffen, damit die Kinder herumtollen können. Der Hof ist ziemlich abgelegen; ich weiß nicht, ob ich das Gefühl haben werde, festzusitzen. Die Worte meines Schwiegervaters wollen mir nicht aus dem Kopf gehen: »Wer zum Teufel will schon dort oben leben?«

Ich weiß auch, dass ich diejenige sein werde, die die Mädchen aus ihrer geliebten Grundschule herausreißt, ihren netten Lehrern zum Abschied winkt und sie in neuen Uniformen in eine neue Schule mit unbekannten Gesichtern steckt. Ich werde diejenige sein, die ihnen vor dem Schlafengehen die Tränen wegwischt, weil sie ihre Freunde vermissen. Und ich habe Angst vor der ganzen Packerei, dem Räumen, Heben und Tragen, dem Sortieren und Im-Kopf-behalten-Müssen, wo sich alles befindet. Ich werde diejenige sein, die während der ganzen Zeit ein Baby auf dem Arm hält. Ich muss ein Haus ausfindig machen, das wir übergangsweise mieten können, sollten wir unser Haus verkauft haben, solange der Schafstall noch nicht umgebaut ist – das müssen wir als Erstes in Angriff nehmen, denn für die

Stromversorgung vor Ort ist geplant, Solarzellen auf dem Dach zu installieren. Der Standort wird gänzlich unabhängig vom Netz sein. Und all das muss erledigt sein, bevor wir überhaupt mit dem Umbau der Scheune zu einem Haus beginnen können. Ich weiß, dass allein der Papierkram eine Vollzeitbeschäftigung sein wird, ganz zu schweigen von den Entscheidungen, die wir mit den Bauherren treffen müssen, von der Beschaffung der ganzen Materialien und der Ausstattung des Hauses, über die Betreuung der Kinder bis hin zur Erledigung der Hausarbeit. Wahrscheinlich werden wir während des Hausbaus monate-, wenn nicht sogar jahrelang mit zwei Kindern in einem Wohnwagen leben, und diese Aussicht gefällt mir ganz und gar nicht.

James strebt nach etwas, an das ich nicht so richtig glaube, und das entfernt uns voneinander. Aber ich weiß auch, dass wir es weiter versuchen müssen. Die Monate gehen ins Land, und es kommt mir vor, als dauere diese Phase unseres Lebens eine Ewigkeit. Wir kaufen einen alten, schäbigen Wohnwagen, der als Unterschlupf für James und seinen Vater dienen soll. Wenn ich zu ihnen komme, halte ich mich mit den Kindern darin auf und bringe den Männern Kekse oder Kuchen für die Kaffee- und Teepausen mit. Ich versuche, die Mädchen daran zu hindern, auf dem schmutzigen Boden herumzukrabbeln oder den toten Fliegen, die sich in den Vorhängen aus Netzstoff verfangen haben, die Flügel auszurupfen. Ich bin nicht gern hier, ich gehöre hier nicht hin. Ich kann mich im Betrieb nicht nützlich machen. Ich kann keine Schafe einfangen, sie wenden und ihnen die Klauen schneiden oder Heu auf das Quad laden und damit die hügeligen Wiesen hinauffahren, solange ich auf kleine Kinder aufpassen muss, und abgesehen davon brauchen sie mich auch nicht. Außer dem Bach am Straßenrand gibt es kein fließendes Wasser, und eine Toilette gibt es auch nicht. Unser Zuhause liegt 27 Kilometer entfernt. Ich kann wirklich nichts Romantisches an diesem Traum finden.

Wir versuchen ein paarmal, im Wohnwagen zu übernachten, doch es ist zugig und kalt, und die Heizung riecht gefährlich nach Gas, wenn sie an ist, also lasse ich sie lieber aus. Schon bald kommt die Zeit des Ablammens, und wir verfügen nur über wenige überdachte Plätze, wo wir die Schafe mit ihren Lämmern problemlos unterstellen können, einer davon ist die Steinscheune, in die James uns einquartieren will. Jedes Mal, wenn ich hier bin, ist es schlammig und nass, und ich habe große Mühe, mit den Kleinen neben mir und in der Trage an mir über die Wiese zu laufen. Er hat keine Zeit, um mit der Arbeit zu pausieren und sich mit den Kindern zu beschäftigen, und ich habe hier nichts zu tun und sitze nur auf der Reservebank herum.

Eines Tages, die Mädchen sind noch klein, machen wir für James und seinen Vater ein Lunchpaket und bringen es ihnen vorbei. Sie sind gerade mit dem Heu beschäftigt. Ich schalte das Radio ein und lasse die Fenster herunter. Molly und ich singen zu Lily Allen mit, Bea wippt mit den Beinen im Takt.

Seit das Gras vor fünf Tagen gemäht wurde, ist James jeden Tag zum Feld gefahren, um das Heu zu wenden. Er hat den Wetterbericht genau verfolgt. Am Morgen hat sein Vater angerufen, um ihm zu sagen, dass die Ballenpresse heute käme und er sie an den Traktor anschließen müsse.

Bei unserer Ankunft auf dem Hof fahre ich an den Schafställen vorbei und auf das Feld hinaus, wo ich sehen kann, dass bereits mehrere Ballen gestapelt wurden. Molly rennt los und jagt hinter Bramble her. »Warte!«, rufe ich, folge ihr über den trockenen, stoppeligen Boden und helfe ihr, auf einen der Stapel zu klettern. Weil Bea derweil im Auto schläft, habe ich die Türen und den Kofferraum offengelassen, damit sie frische Luft bekommt. Bramble ist damit beschäftigt, im nahe gelegenen Bach nach Steinen zu graben, und kommt den Traktoren nicht in die Quere. Molly sieht dabei zu, wie die Ballenpresse hinter dem Traktor herfährt, dabei eine Reihe getrockneter Gräser in ihrem Bauch verschwinden lässt und ab und zu einen Ballen ausspuckt. Wir zählen die Ballen, die wir auf der Erde liegen sehen. James' Vater kommt mit einem anderen Traktor, der einen flachen Anhänger hinter sich herzieht, auf das Feld gefahren. James springt von der Ladefläche und beginnt, die Ballen aufzuladen. Sobald er voll ist, bringen sie diese Ladung in die Steinscheune auf der anderen Straßenseite, um sie für den Winter einzulagern.

»Schau, da ist Opa«, sage ich, als er auf uns zufährt. Er hält an und steigt vom Traktor ab, um Molly in den Arm zu nehmen und ihr einen Kuss zu geben. »Wir haben euch ein Picknick mitgebracht«, verkünde ich freudig, und er entgegnet: »Das ist nett. Ich habe zwar ein Sandwich dabei, aber zu einem Stück Kuchen sage ich nicht Nein.« Ich öffne den Korb und schenke ihm einen Becher Tee ein. Während unserer Unterhaltung hat James zwei Stapel aufgeladen. Er kommt zu uns herüber und nimmt einen Schluck aus der Plastikflasche mit Saft; er ist verschwitzt und voller Staub und Heuhalmen. »Es gibt Sandwiches, Schottische

Eier, Würstchen im Schlafrock, Äpfel, Früchtebrot und ein paar Mars-Riegel.« Molly mümmelt bereits ein Schinkensandwich.

»Wir haben nicht viel Zeit«, sagt er, während er ein Würstchen im Schlafrock verschlingt und einen bereits halb geschmolzenen Mars-Riegel auspackt. »Wir müssen das Heu komplett einfahren und uns dann noch um das Eichenfeld und die Wiese an der Brücke kümmern. Für heute Abend ist Regen angesagt.« Und mit diesen Worten sind sie wieder bei der Arbeit, doch kurz bevor sie gehen, zücke ich noch meine Kamera und mache ein Bild von Molly, die oben auf dem Ballenstapel sitzt. Sie lächelt in die Sonne, der Arm ihres Großvaters hält sie umschlungen.

WÜRSTCHEN IM SCHLAFROCK

Zutaten:
500 g fertiger Blätterteig
500 g hochwertiges Wurstbrät oder 6 Würstchen, gepellt. Ich kaufe immer Cumberland-Würstchen aus regionaler Erzeugung oder nehme Fleisch von unseren eigenen Schweinen.
1 kleine oder ½ mittelgroße Zwiebel, sehr fein gehackt (am besten in einer Küchenmaschine zerkleinert)
1 kleiner Bund Salbeiblätter, fein gehackt
1 Ei, verquirlt, zum Glasieren

Vorbereitungszeit: 30 Minuten
Kochzeit: 40 Minuten
Ergibt 24 kleine oder 10 große Portionen

Zubereitung:

1. Den Ofen auf 200 °C/Umluft bzw. Gas Stufe 4 vorheizen. Den Teig auf einer leicht bemehlten Fläche zu zwei langen Rechtecken von 35 × 11,5 cm ausrollen, sodass sie etwa 3 mm dick sind.
2. Das Wurstbrät mit der Zwiebel und dem Salbei in einer Schüssel gründlich vermengen. Ich finde es am einfachsten, das Ganze mit

der Hand zu verkneten. Die Hände können vorher unter dem Wasserhahn befeuchtet werden, um aus der Fleischmischung eine auf dem Teig mittig aufliegende, längliche Wurst zu formen.

3. Die Längskante des Teigs unter Verwendung eines Backpinsels oder mit den Fingern mit frischem, kaltem Wasser anfeuchten.
4. Die Hände waschen, abtrocknen und die Wurst von der anderen Seite bis zur feuchten Teigkante einrollen und verschließen.
5. Die lange Wurstrolle auf ein Schneidebrett legen und mit einem scharfen Messer auf die gewünschte Länge schneiden. Kleine, mundgerechte Stücke sind ideal für Kinder und Festivitäten, längere für Hauptmahlzeiten oder Lunchpakete. Die rohen Teiglinge können auch für einen späteren Backzeitpunkt eingefroren werden.
6. Die aufgeschnittenen Würstchen im Schlafrock auf ein Backblech legen und bei größeren Schnitten auf der Oberseite einschlitzen, damit der Dampf entweichen kann. Mit dem verquirlten Ei bestreichen und 30–40 Minuten backen, bis sie goldbraun sind.

Wenn ich mir dieses Foto heute ansehe, muss ich immer an den ganzen Streit denken. Zwischen James und mir gab es ständig Auseinandersetzungen wegen der Arbeit, des Gelds und des Familienlebens. Jeder kämpfte darum, an seiner Lebensweise festzuhalten. Doch vielleicht am schwersten wog mein persönlicher Kampf: mein Widerstand gegen das, was zu diesem Zeitpunkt sein großer Traum war.

James hat eine tiefsitzende Abneigung gegenüber dem Angestelltenverhältnis. Es ist nicht das Arbeiten, das ihn stört, sondern der Umstand, an feste Arbeitszeiten gebunden zu sein, zu langweiligen Besprechungen zu gehen und sich mit den Ärgernissen anderer Leute herumschlagen zu müssen. Aus diesem Grund gibt er seinen gut bezahlten Job auf und macht sich selbstständig. Das ist riskant. Das monatliche Hypothekendarlehen ist beängstigend und lastet schwer auf uns. Wir stehen kurz davor, den Kredit nicht mehr abzahlen zu können. James mietet ein kleines Büro im Ort, aber es ist zu teuer. Ich helfe ihm, so gut ich kann, übernehme an manchen Vormittagen einen Teil der Verwaltungsarbeit und Recherche für seine Projekte, wenn Molly im Kindergarten ist und meine Mum auf Bea aufpasst. Wir beschließen, uns Geld zu leihen und ein Gartenhäuschen aufzustellen, das als Büroraum genutzt werden kann – das wird auf längere Sicht günstiger sein. Die hölzerne Hütte wird hinter dem Haus errichtet, weit genug entfernt, damit James, ohne ständig von den Mädchen abgelenkt zu werden, arbeiten kann. Ich richte mir dort auch einen Platz ein, nutze ihn jedoch kaum. Am Ende sieht das Bezahlen der Rechnungen so aus, dass ich am Küchentisch inmitten von Knetmasse Schecks ausstelle.

Ich war davon ausgegangen, dass James die Mädchen öfter sieht, wenn er von zu Hause aus arbeitet. Das hatten wir so auch besprochen und waren uns einig. Irrtümlicherweise bin ich davon ausgegangen, dass er seine Arbeits- und Freizeit klar voneinander trennen würde, doch er schaltet einfach nie richtig ab. Jedes Mal, wenn ich das anspreche, sieht er mich an, als wäre ich bescheuert, hebt die Arme und sagt: »Sag mir wie!« Ich bringe ihm regelmäßig eine Tasse Tee und räume sie wieder ab. Er hockt Tag und Nacht in diesem Häuschen und schreibt Berichte oder füllt Förderanträge aus. Was auch immer Geld einbringen könnte. Er ist ständig hinterher, den nächsten Kunden an Land zu ziehen, damit Geld in die Kasse kommt. Wenn jemand mit einem Eilauftrag kommt, sagt er einfach zu, auch wenn das bedeutet, wieder die ganze Nacht durcharbeiten zu müssen. Er kann das. Außerdem hat er beschlossen, den doch eher nutzlosen Planungsberater zu schassen und den Bauantrag für den Hof komplett selbst zu erstellen.

Am späten Nachmittag bringe ich ihm einen getoasteten Teekuchen an den Schreibtisch. Helen war mit Grace zu Besuch. Die

Sonne scheint, und wir haben im Garten gespielt. Molly folgt mir. »Komm und schau dir die Höhle an, die wir unterm Trampolin gebaut haben«, bittet sie ihn und zieht an seinem Arm.

Ich sage: »Tut mir leid, dass du nicht zum Mittagessen kommen konntest«, und frage ihn unbefangen, ob er bald fertig sei.

Er antwortet schroff. »Fertig? Ich habe am Mittwoch einen Abgabetermin für diese ganze Sache mit der Lotterie-Finanzierung. Ich bin nie fertig, verdammt noch mal. Ich werde die ganze Nacht hier zubringen.«

Ich scheuche Molly hinaus und sage ihr, sie solle nach Bea sehen, die im Buggy an der Haustür schläft. Mir war nicht klar, dass die Frist am Mittwoch abläuft.

Er sieht ausgebrannt und wütend aus und raunzt mich an: »Verdammt, auf welchem Planeten lebst du eigentlich? Ich kann nicht mit meinen Freunden im Garten mit Teddybären picknicken, während jemand anderes die Rechnungen bezahlt.«

»Du kannst mich mal, ich lasse mir deine Gemeinheiten nicht länger bieten. Ich habe dir etwas zum Essen gebracht und dachte, du könntest vielleicht einfach mal zehn Minuten Pause machen. Wir haben dich den ganzen Tag in Ruhe gelassen. Es war deine Entscheidung, deinen Job aufzugeben. Ich tue alles, um die Mädchen davon abzuhalten, alle fünf Minuten zu ›Daddy‹ zu wollen. Glaubst du etwa, es ist leicht, mit ihren Wutanfällen und dem ganzen Theater fertigzuwerden? Ich gebe hier mein Bestes, verflucht noch mal!«

»Was soll ich denn deiner Meinung nach tun?«

»Ich hab es einfach satt, die ganze Zeit mit ihnen allein zu sein!«

Doch er ist so wütend, dass es ihm egal ist, was ich zu sagen habe. Seiner Meinung nach bin ich bereit, ihn zu opfern, nur um das Leben zu führen, das mir vorschwebt. Ich bin nicht in der Lage, den ganzen Druck von ihm zu nehmen. Ich weiß nicht, wie ich das Problem lösen soll, und er will mir nicht zuhören, wenn ich darüber sprechen möchte, was wir anders machen könnten. Das Einzige, was er weiß, ist, wie man sich abrackert – so ist er erzogen worden. Er ist im Begriff, mich erneut anzugreifen, aber ich will nichts davon hören. Wutentbrannt schließe ich die Tür hinter mir zu und schreie durch das Fenster: »Du hast kein Recht, so mit mir zu reden. Ich werde jetzt den beschissenen Schlüssel wegwerfen!« Es ist mir egal, was er zurückschreit – soll er doch da drin vor sich hin schmoren.

Ich gehe zurück zum Haus und sage Molly, dass sie ihre Gummistiefel anziehen soll, dann stürme ich die Straße zum Ententeich hinauf, den Buggy mit der noch schlafenden Bea vor mir herschiebend. Molly läuft im Gras hinter mir her. Als wir oben auf dem Hügel angelangt sind, zupft sie an mir. »Was ist los, Mami?«

»Es geht mir gut«, sage ich schniefend und gebe mir Mühe, mir nicht anmerken zu lassen, wie aufgewühlt ich bin. Ich versuche mich zu beruhigen und weiß nicht, ob ich die beiden Mädchen ins Auto packen und weit weg fahren oder mich schluchzend auf die Wiese werfen soll. »Dein Vater ist müde. Er hat viel zu arbeiten. Er hat nicht mit Absicht so etwas Gemeines gesagt. Ich wollte nur, dass er mit uns spielt.« Ich nehme sie in den Arm, und Bea muss niesen; die Sonne scheint ihr direkt ins Gesicht. Ich drehe den Buggy um. »Gesundheit«, sage ich, hebe sie heraus und drücke sie fest an mich.

James hat sich in den Kopf gesetzt, den Hof zu bekommen und war wie besessen davon. Er war wahnsinnig zielstrebig und bereit, wenn nötig, gegen die Welt anzukämpfen. Ich überlebte, indem ich mich reinhängte und noch mehr arbeitete. Ich überstand diese schwierige Zeit, indem ich mich emotional abkapselte. Ich wurde ihm gegenüber kalt, als würde ich ihn dafür bestrafen, und es muss ihm wie eine doppelte Bestrafung vorgekommen sein. Wir verbitterten in unseren jeweiligen Rollen und wurden immer wütender aufeinander. Wir verwandelten uns in regelrechte Monster. Durch die Art und Weise, wie jeder für sich durch diese Zeit kam, fügten wir uns gegenseitig Verletzungen zu. Es war ein richtiges Schlamassel.

SPÄTER NACHMITTAG

Als wir von der Schule nach Hause kommen, zieht sich Isaac um und rennt davon, um James zu suchen. Er möchte das neue Kalb sehen. Tom stellt währenddessen seinen anderen Spielsachen »Steve, die Schildkröte« vor. Ich werfe einen Blick in den Kühlschrank. Ich habe etwas Lammhackfleisch aufgetaut und ein wenig Gemüse da. Ich werde Currylamm mit Reis zubereiten, ein Gericht, das ich vor einigen Wochen kreiert habe. Für die Jungs werde ich ein paar Würstchen warm machen, da sie lieber etwas Einfacheres essen.

Ich schalte den Ofen an und finde noch eine Aubergine im Kühlschrank, die verbraucht werden muss. Ich fange an und schneide sie in Würfel. Da Tom helfen möchte, bitte ich ihn, die Würfel auf ein Backblech zu legen. Er steht auf einem Hocker, bestückt die Ladeschaufel seines Spielzeugtraktors und lässt sie damit auf das Blech fallen. Ich gebe eine Mischung aus Gewürzen, Salz und Pfeffer und ein wenig Olivenöl dazu. Während der Ofen vorwärmt, brate ich das Hackfleisch mit einer Zwiebel in einer großen, beschichteten Pfanne an. Dazu gebe ich eine halbe gelbe Paprikaschote, ziemlich klein geschnitten, eine halbe Zucchini und drei Champignons. Ich schaue die Gläser im obersten Fach meines Kühlschranks durch, auf der Suche nach der offenen Korma-Curry-Paste. Zwei Teelöffel davon rühre ich in der Pfanne unter, zischelnd verbindet sie sich mit dem Fleisch- und Gemüsesaft.

Egal was der Tag mit sich bringt, ich gebe mein Bestes, uns ein schönes Abendessen zu kochen. Ja, manchmal habe ich es satt, für das, was jeder Einzelne isst, verantwortlich zu sein. Aber irgendjemand muss es ja tun. Die schlimmste Frage ist immer die, was es geben soll. Ich bin keiner dieser superorganisierten Menschen, die regelmäßig Essenspläne erstellen. Ich bin wahrscheinlich sogar ziemlich chaotisch und meiner Mutter ähnlicher, als ich zugeben möchte. Meistens weiß ich um 17 Uhr noch nicht, was ich machen werde. So wie es auch bei ihr in all den Jahren war.

Sobald ich mit der Zubereitung einer Mahlzeit anfange, weicht alle Anspannung von mir, und es geht mir für gewöhnlich besser, während ich koche. Ich bin stolz auf mein Ergebnis, auch wenn das Essen manchmal einfach ist. Ich bin gut darin geworden zu improvisieren und aus ein paar einfachen Zutaten eine anständige Mahlzeit zuzubereiten. Ich öffne den Kühlschrank, um zu sehen, was als Nächstes abläuft. Ich habe immer verschiedene Portionen Fleisch zum Auftauen vorrätig, die die Grundlage meiner Gerichte bilden. Jede Woche bekommen wir eine regionale Gemüselieferung, im Sommer bauen wir selbst etwas an. Außerdem achte ich darauf, dass die Vorratskammer immer gut gefüllt ist.

Durch mein Leben auf dem Hof hat sich mein Verhältnis zu Lebensmitteln verändert. Ich habe mich schon immer für Kochen und Backen interessiert, aber als ich jung war, habe ich mir wenig Gedanken darüber gemacht, woher die Zutaten kommen. Da ich auf einem Bauernhof aufgewachsen bin, hätte es mich eigentlich interessieren sollen, aber das tat es lange Zeit nicht. Ich war beim Einkaufen ziemlich gedankenlos, daran gewöhnt, mir einfach aus den Supermarktregalen zu nehmen und den Einkaufswagen damit zu füllen, was ich eben gerade so wollte, ohne dabei auf die Saison oder Herkunft zu achten, und oft habe ich zum billigsten, in Plastik verpackten Hühnchen gegriffen. Die Konsequenzen meines Handelns habe ich nicht richtig bedacht. Aber heute wissen wir zweifelslos, dass billige Lebensmittel aus nicht nachhaltiger Landwirtschaft unsere Welt kaputt machen.

Wir sollten überaus misstrauisch gegenüber Lebensmitteln sein, die zu günstig sind, um wahr zu sein, denn irgendwo zahlt ein Feld, ein Tier, ein Bauer oder ein Arbeiter den Preis dafür. Doch vieles von dem, was wir heutzutage essen, ist für uns fertig abgepackt oder vorgekocht, und hochverarbeitete Zutaten schleichen sich über alle möglichen Wege in unsere Ernährung – sie stecken in Kuchen und Sandwiches, landen in Cafés, Restaurants und Take-aways, in Krankenhäusern und Schulkantinen auf unseren Tellern. Als Einzelner etwas dagegen zu unternehmen, gestaltet sich schwierig. Ganz so einfach, wie auf eine »pflanzliche Ernährung« umzustellen, um den Planeten zu retten, ist es nicht. Die schädlichste Form des Landwirtschaftens, wie sie weltweit betrieben wird, ist das Umpflügen hektargroßer Flächen für den Anbau von Weizen, Soja und Mais, wodurch ganze Landstriche entstehen, die künstlich angelegt sind. Die dort kultivierten Getreidepflanzen gedeihen nur unter dem Einsatz synthetischer Chemikalien – Pestiziden, Herbiziden und Düngemitteln aus fossilen Brennstoffen, die verheerende Auswirkungen auf den Boden, die Flüsse, die Ozeane, die Insekten und die Vögel haben. Mit dem Verzehr von auf pflanzlicher Basis produzierten Lebensmitteln unterstützen wir dieses System nur. Um uns für eine bewusste Ernährung entscheiden zu können, müssen wir die Ökosysteme und die Landwirtschaft besser verstehen.

Nicht jedes Rind wird mit Getreide gefüttert, nicht jedes Fleisch stammt aus einem Mastbetrieb. Es ist gut, sich Gedanken zu machen und etwas ändern zu wollen, aber ich weiß, was einen nachhaltigen Bauernhof mit gesunden Erzeugnissen ausmacht, und dazu gehört auch Weidevieh. Die Mehrheit der familiengeführten Betriebe in Großbritannien kümmert sich mit großer Hingabe und Verantwortungsgefühl um ihr Vieh und das Land, auf dem es weidet. Unsere Rinder und Schafe wachsen draußen auf den Wiesen auf, bei Sonne wie Regen. Sie leben in einer Landschaft, in der es dank unserer Bemühungen wieder mehr Wildnis und Artenvielfalt gibt. Unser Hof summt vor Insekten, und überall zwitschern die Vögel. Wir können Fleisch nicht so günstig herstellen, wie es im abgeholzten Amazonas-Regenwald der Fall ist, und wer vernünftig ist, wird das auch nicht von uns erwarten. Und auch wenn wir in einer Wirtschaftskrise stecken, sind gute Lebensmittel aus einer verantwortungsvollen Landwirtschaft das Letzte, wofür ich weniger ausgeben möchte.

Auf unserem Hof versuchen wir »regenerativ« zu wirtschaften, womit nichts anderes als eine nachhaltige Beweidung gemeint ist, die die Gesundheit des Bodens verbessert und natürliche Lebensräume wiederherstellt. 20 Jahre haben wir dafür gebraucht, um uns dieses Wissen anzueignen. Wir sorgen für unser Land und bewirtschaften es gut – und wir tun dies aus voller Überzeugung.

Das Leben auf einem Hof hat mir die Augen dafür geöffnet, dass wir alle beim Einkaufen eine Verantwortung dafür tragen, nachhaltige Produktionsbedingungen zu unterstützen. Wenn wir hierzu nicht unseren Beitrag leisten, tappen Familien wie meine in die Falle einer ungesunden und ausbeuterischen Form der Landwirtschaft. Die von mir so gehassten und den Planeten schadenden industriellen Anbaumethoden werden durch unser unstillbares Verlangen nach immer billigeren Lebensmitteln gefördert. Sie werden den Landwirten regelrecht aufgedrängt, und dann, wenn die Folgen dessen sichtbar werden, wenn Landwirte überall miteinander konkurrieren, indem sie Hühner in Käfigen oder Schweine in dreckigen, betonierten Ställen halten oder Kühe nicht nach draußen dürfen, dann reagieren viele Menschen mit Ablehnung. Wenn man etwas Besseres für die Tiere und das Land will, dann muss man die Landwirte unterstützen – und »besser« hat einen Preis, den jemand bezahlen muss.

Für mich ist der Zugang zu hochwertigen und gesunden

Lebensmitteln ein grundlegendes Menschenrecht. Aber es wird nicht dadurch eingelöst, indem man die Landwirtschaft in einen Wettlauf schickt, durch den sie nur in eine Abwärtsspirale gerät.

Außerdem gibt es immer mehr Belege dafür, dass gesunde Böden und Anbaumethoden sich auch auf den Nährstoffgehalt der Lebensmittel auswirken.

Die Art, wie wir einkaufen, kochen und uns ernähren, ist wie ein Veto für eine bessere Landwirtschaft und ein Mehr an Gesundheit. Lebensmittel als Medizin zu betrachten und über Dinge wie unser Darmmikrobiom nachzudenken, hat meine Ansicht über Bio-Lebensmittel verändert. Du bist, was du isst – wir werden wesentlich von dem beeinflusst, wovon sich unsere Nahrung ernährt.

Ja, das Richtige zu tun, ist wirklich schwierig (manchmal auch unmöglich), wenn man mit Geldsorgen zu kämpfen hat und kein Experte für Landwirtschaft ist. Aber diejenigen von uns, die es besser machen können – und das ist eine beträchtliche Zahl –, haben sogar die Pflicht, dies zu tun. Es gibt Mittel und Wege, sich gut zu ernähren, indem man preisreduzierte Fleischstücke kauft, in größeren Mengen kocht und alle Reste verwertet. Nicht jeder verfügt über das Können oder Wissen, umso wichtiger ist es, dass wir uns gegenseitig darin unterstützen.

Ich weiß, dass es verzwickt ist, ständig regionale und saisonale Zutaten einzukaufen. Ich habe all diese Dinge in der Vergangenheit falsch gemacht, und sogar jetzt, nachdem ich all das weiß, fällt es mir noch schwer. Ich tue mein Bestes, nicht solche Dinge wie Himbeeren in Plastikschälchen im Dezember, Wassermelonen im Februar oder Spargel im Oktober zu kaufen. Abgesehen davon, dass sie in Gewächshäusern angebaut werden, die Strom, Wärme und Wasser verbrauchen, legen sie längere Transportwege zurück, bis sie in unseren Supermarktregalen landen. Außerdem möchte ich diese Lebensmittel nicht außerhalb der Saison essen, weil sie dann auch gar nicht richtig schmecken. Ich bin überglücklich, wenn ich im Frühjahr Jersey-Royal-Kartoffeln aus der neuen Ernte, im Sommer schottische Blaubeeren und Erdbeeren und in den Regalen frische englische Äpfel und Birnen vorfinde, wie sie auch gerade in unseren Obstgärten geerntet wurden. Ich möchte keinen Apfel essen, der monatelang in einem Kühlhaus gelagert und dann aus Neuseeland verschickt wurde, oder Hühnchen in einem Sandwich aus dem Supermarkt, das womöglich aus Thailand stammt.

Wenn wir auswärts essen gehen, versuche ich, Lokale zu unterstützen, die Fleisch aus regionaler Herkunft kaufen und schmackhafte Gerichte anbieten. Avocado-Toast ist nicht mein Ding.

Mit mehr inländischem Gartenbau und einer klugen Nutzung der eigenen Böden könnten wir viel mehr von dem selbst anbauen, was wir brauchen, und wären in diesen unsicheren Zeiten von Krieg und Pandemien in Sachen Lebensmittel auf der sicheren Seite.

Wenn ich heute einkaufe, ist es ganz anders als früher. Ich frage mich jetzt bei fast jedem Produkt: Woher kommt es? Wie wurde es angebaut? Ist es gut für meine Familie? Am meisten Vertrauen habe ich in diejenigen Lebensmittel, die direkt aus unserem Garten und von unseren Weiden kommen. Natürlich können die meisten Menschen nicht selbst anbauen, deshalb ist es sehr wichtig, Geschäfte zu finden, die wissen, worauf es ankommt. Dem Handel muss klar werden, dass dem Kunden das Wohlergehen der Tiere und eine nachhaltige Landwirtschaft am Herzen liegen. Ich denke, wir alle müssen uns in dieser Sache lautstark Gehör verschaffen und unser Geld zielorientiert einsetzen, so gut wir es können. Ich bin keine Öko-Heilige, die nur ethisch vertretbare Dinge kauft. Ich nehme viele Kompromisse in Kauf. Bei den Lebensmitteln, die wir als Familie zu uns nehmen, wende ich die 80:20-Regel an: Fleisch und Gemüse bilden den Hauptbestandteil unserer Ernährung und sind so einwandfrei wie möglich. Bei den restlichen 20 Prozent nehme ich in Kauf, dass es sich um Lebensmittel handelt, die hier und da mit Zweifeln behaftet sein können. Ja, es findet sich manchmal Junkfood in unserem Einkaufswagen. Gelegentlich hat man einfach Lust auf eine Packung Jaffa-Kekse oder eine Cola.

Ich gebe etwas Hühnerbrühe in die Pfanne, damit das Ganze nicht zu trocken wird, und rühre dann eine Packung fertig gekochte und in Tomatensud eingelegte grüne Linsen unter. Die Farben wirbeln in der Pfanne durcheinander; der Geruch ist pikant und erfüllt mich mit Wärme. Die Auberginenwürfel rösten etwa 20 Minuten im Ofen, während das Lammfleisch in der Pfanne mit geschlossenem Deckel sein Aroma entfaltet. Sobald die Aubergine fertig ist, mische ich sie unter. Meine beste Pfanne ist von Le Creuset, ich habe sie letztes Jahr bei einem Ausverkauf erstanden. Ein ziemlich exklusives Teil – selbst reduziert war sie noch sehr teuer –, aber sie ist eine Investition. Wenn ich überlege, wie viel ich im Lauf der Jahre für billige Pfannen ausgegeben habe, in denen das Essen regelmäßig angebrannt ist, wünsche ich mir, ich hätte mir gleich eine solche Pfanne gekauft. Sie ist blassblau, gusseisern und hält das Essen bei geschlossenem Deckel ewig warm. Ich verwende sie für viele verschiedene Gerichte.

Tom hilft mir und holt eine Tasse Reis aus dem Sack. Ich zeige ihm, wie man ihn in einem Sieb unter dem Wasserhahn wäscht. Er kippt ihn in einen Topf und will bei der Spüle bleiben, um zu spielen. Also gebe ich ihm einen Plastikbecher und sage ihm, dass er nicht zu viel Spülmittel verwenden darf. Er füllt die Spüle mit warmem, seifigem Wasser und läuft los, um ein paar Spielzeugtiere zu holen, die ein »Bad« brauchen. Ich stelle den Reis zum Kochen auf und merke, dass es Zeit ist, die Mädchen von der Bushaltestelle im Ort abzuholen. James sieht, dass ich beschäftigt bin, und übernimmt das.

Isaac kommt zurück in die Küche und setzt sich auf einen

Hocker, um eine frische Banane zu schälen – »Die anderen Bananen sind braun geworden.« Ich frage ihn, ob er aus ihnen zum Nachtisch sein Lieblingsbananenbrot machen will. »Ich glaube, ich habe noch irgendwo eine Tafel dunkle Schokolade vor deinem Dad versteckt«, sage ich. »Ja, ganz bestimmt! Du musst die ganze Schokolade vor ihm verstecken.« Er grinst.

Die Mädchen kommen nach Hause und gehen sofort nach draußen, denn das Einzige, was sie im Moment interessiert, ist der Hof. Ich höre das vertraute Röhren des Quad-Motors und wie sie schnatternd den Hügel hinauffahren.

Isaac zerdrückt vier überreife Bananen. Ich helfe ihm dabei, etwas Butter zu zerlassen. Nachdem er die trockenen Zutaten abgewogen hat, verrühren wir die Butter, die Bananen und ein paar Eier in einer Schüssel. Dann kommt der beste Teil für ihn: das Einrühren der Schokoladenstücke, die ich mit einem großen Messer auf einem Brett in grobe Stückchen gehackt habe. Ich halte die Schüssel hoch, und er schabt den Teig mit einem Spatel in eine Form. Vorsichtig trägt er die Form zum Ofen und schiebt sie zum Backen auf die mittlere Schiene, dann stellt er seinen äußerst genauen Timer in Katz-und-Maus-Gestalt. Er weist mich darauf hin, dass es letztes Mal länger gedauert hat und er deswegen jetzt 50 Minuten einstellt.

ISAACS BANENENBROT

Zutaten:
150 g ungesalzene Butter, und noch etwas mehr zum Servieren
4 Bananen
2 Eier, verquirlt
200 g Mehl gemischt mit 2 ½ TL Backpulver
Eine Prise Salz
½ Teelöffel Speisenatron
150 g Feiner Zucker
100 g Zartbitterschokolade oder ein Block in Stücke gehackt (bei Bedarf)

Vorbereitungszeit: 10 Minuten

Backzeit: 40–50 Minuten

Zubehör:

Eine Kastenform (Fassungsvermögen 450 g), ausgekleidet mit Backpapier

Zubereitung:

1. Den Ofen auf 190 °C/Umluft bzw. Gas Stufe 3–4 vorheizen. Die Kastenform einfetten und mit Backpapier auslegen. Die Butter in einer Pfanne zerlassen und abkühlen lassen.
2. In einer Schüssel die Bananen zerdrücken und die verquirlten Eier dazugeben, dann beiseitestellen.
3. Das Mehl mit dem Backpulver, Salz und Speisenatron in eine große Schüssel sieben. Den Zucker hinzufügen und alles umrühren.
4. Die geschmolzene Butter unter die pürierte Banane heben und mit den verquirlten Eiern vermischen. Es ist wichtig, dass die Butter nicht heiß ist, da sie sonst das Ei gerinnen lässt.
5. Die feuchten Zutaten zu den trockenen geben und gut unterheben. Die Schokolade (falls verwendet) hinzufügen und umrühren.
6. Den Teig in die ausgekleidete Kastenform füllen und 40–50 Minuten backen. Dabei mit Folie abdecken, falls die Oberfläche zu schnell braun wird. Das Brot ist fertig, wenn sich ein Spieß sauber herausziehen lässt. Warm mit zusätzlicher Butter servieren.

Die Mädchen drängeln sich durch die Tür und ziehen, ins Gespräch vertieft, ihre Stiefel aus. Sägespäne fallen auf den Boden. Sie wollen etwas zu essen haben, und zwar so schnell wie möglich. Ich wasche fix die Backschüsseln ab, weil ich es nicht ausstehen kann, nach dem Essen die komplette Unordnung auf einmal aufräumen zu müssen. Isaac nimmt die Teller raus, und ich stelle die Pfanne mit Lammfleisch und Reis auf den Tisch. Für Isaac und Tom schneide ich ein Baguette auf, das sie zu den Würstchen essen, und mache noch Erbsen dazu. Isaac reicht eine Handvoll Besteck über den Tisch, und wir nehmen uns alle Messer und Gabeln. Molly lässt den Wasserhahn kalt ablaufen und füllt einen Krug mit Wasser. Dazu stellt sie einen Turm bunter Becher auf den Tisch. An den meisten Abenden versammeln wir uns alle am Tisch, es ist unser Familienritual, hier zum Essen zusammenzukommen. Es fühlt sich falsch an, wenn jemand fehlt.

Molly erzählt uns von einem Streit, den sie heute mit einem ihrer Lehrer über die Auswirkungen verschiedener Lebensmittel auf die Umwelt gehabt hätte. »Sie denken, dass ich gern Fleisch esse, weil ich auf einem Bauernhof lebe.« Sie ist voller Stolz auf unseren Hof und seine nachhaltigen Produktionsformen und verteidigt ihn leidenschaftlich. In ihrer Schule fand neulich ein »Fleischfreier Montag« statt. Das hat in unserer Gegend jede Menge Diskussionen ausgelöst. Wir leben in einer Weidelandschaft, in der kein Ackerbau betrieben werden kann – wir düngen das Gras und halten Schafe und Rinder. Das kann schlecht gemacht werden, aber im besten Fall ist es komplett nachhaltig. Die Schule sollte regionale Lebensmittel anbieten und damit die Landwirtschaft vor Ort unterstützen. Bea sagt, dass die Kinder vegane »Würstchen« gegessen haben, aus »irgendeinem hochverarbeiteten Glibber, wovon dann jede Menge weggeschmissen wurden«. Molly schließt sich dem an: »Ja, die meisten hatten nur Pommes frites, Chips oder Kuchen.« Sie lacht und erzählt, dass ihr Freund Jack, der auch auf einem Hof lebt, der Lehrerin gesagt hat: »Ich würde diese Würstchen nicht einmal an einen Hund verfüttern.«

Mir ist es egal, was andere Menschen gern essen; das ist eine zutiefst persönliche und kulturelle Angelegenheit. Aber was auch immer man zu sich nimmt, es muss nachhaltig produziert sein, und das wird in diesen ganzen Entweder-Oder-Debatten vergessen. Die Alternativen zu Fleisch in Form von Nuggets, Burgern und fischfreien Stäbchen sind oft noch viel umweltschädlicher – ihre Hauptbestandteile kommen aus Monokulturen.

Präzisionsfermentiertes »Eiweiß«, das in industriellen Tanks kultiviert wird, ist nichts für mich – die lange Liste fragwürdiger Zutaten, Konservierungsstoffe, Aromen und Farbstoffe erscheint mir doch ziemlich problematisch. Die Menschen werden durch das ganze Greenwashing dazu verleitet, immer mehr verarbeitete Lebensmittel zu kaufen.

Darüber hinaus mache ich mir Sorgen über die Gesundheitskrise, auf die wir zusteuern, wenn wir rotes Fleisch und Milchprodukte aus unserer Ernährung streichen. Qualitativ hochwertiges Fleisch ist reich an Nährstoffen und macht uns richtig satt. Es ist die Nahrungsquelle, mit der unsere Spezies seit Jahrtausenden gut und erfolgreich lebt. Der wahre Feind unserer Gesundheit lauert in den hochverarbeiteten Lebensmitteln. Wir sind abhängig von salz-, fett- und zuckerhaltigen Nahrungsmitteln und haben eine Adipositas-Epidemie. Für mich ist die richtige Landwirtschaft, der Verzehr von Produkten, die auf einem gesunden Boden gedeihen, nämlich in Form von unbehandeltem Fleisch, Milchprodukten, Obst und Gemüse, mit einem minimalen Anteil an Getreide, die Antwort darauf, wie wir den Planeten retten und uns gesund halten können. Und ich glaube, wir müssen versuchen, unseren Kindern beizubringen, wie man zu Hause und in der Schule richtig und gesund kocht und isst. Kochen ist genauso wichtig wie Mathematik, Englisch und Naturwissenschaften. Als derjenige Elternteil, der das Essen für die Familie kauft und zubereitet, weiß ich, dass mir hier eine ganz wesentliche Aufgabe zukommt. Ich entscheide, wofür wir unser Geld ausgeben.

Lange dachte ich, ich wäre nur ein kleiner, unbedeutender Teil in dieser ganzen Klimadiskussion, aber ich habe erkannt, dass ich als Verantwortliche für die Mahlzeiten meiner Familie auch eine Rolle darin spiele.

Ich habe mich als Frau, die zu Hause bleibt und für ihre Familie hinter dem Herd steht, oft nicht anerkannt gefühlt, weniger von der eigenen Familie als von der Gesellschaft. Die kulturelle Ansicht, dass das Leben draußen wichtiger ist als das Leben innerhalb des Hauses, ist weitverbreitet. Als sei die Hausarbeit nicht wichtig genug, um sein Leben damit zu verbringen. Aber ist die Arbeit im Haus nicht sogar eine der wichtigsten Dinge? Die Fürsorge für uns selbst, unsere Liebsten, unsere Gemeinschaft und unseren Planeten, indem wir uns für hochwertige Lebensmittel aus nachhaltiger Landwirtschaft entscheiden, hat nur einen geringen Stellenwert. Ich weiß, dass wir Landwirte mehr tun können, um unsere Erzeugnisse publik zu machen. Aber am Ende sind es die einfachen Menschen und immer noch meist Frauen wie ich, die »Mütter« in unseren Haushalten, die in der Art und Weise, wie wir Lebensmittel kaufen und zubereiten, die kleinen Veränderungen vornehmen und damit die großen Veränderungen bewirken können, die für unseren Planeten notwendig sind.

Mütter können die Welt verändern.

Alle schnattern laut durcheinander, um sich das Neueste zu erzählen. Tom stellt sich auf seinen Stuhl, um sich seinen Schwestern gegenüber Gehör zu verschaffen. »Ich bin ein Pflanzenfresser, wie ein Stegosaurus«, verkündet er und stopft sich Erbsen in den Mund. Als ich mich hinsetze, ist James bereits bei der zweiten Portion, weil ich zu beschäftigt damit war, einen Becher Naturjoghurt aus der hinteren Ecke des Kühlschranks zu kramen. Die Mädchen und Isaac räumen die Teller ab, während ich noch mit meiner Mahlzeit beschäftigt bin. James macht mir eine Tasse Tee. Tom spielt 20 Minuten später immer noch am Tisch mit seinem Essen. Doch als er mitbekommt, dass Isaacs Kuchen gerade aufgeschnitten wurde, beeilt er sich aufzuessen.

Vor einer Stunde noch war mir nicht nach Kochen zumute, aber jetzt werde ich mit mehr als einem Gericht auf dem Tisch entschädigt. Ich weiß, was vonnöten ist, damit meine Kinder gut zurechtkommen, über was sie sich Sorgen machen oder worüber sie lachen können. Wir sind nicht perfekt – wir haben Tage, an denen wir uns am liebsten die Teller um die Ohren hauen würden. Aber selbst an diesen schlechten Tagen lege ich darauf Wert, dass wir eine gemeinsame Mahlzeit einnehmen. Aus dem ganzen aufgeregten Geplapper höre ich heraus, dass Bea nachsitzen muss, weil sie im Unterricht die falschen Socken getragen hat.

5

GEBURTSTAGSKUCHEN

Ich trage Bea die Treppe hinauf, und sie kichert, während wir so tun, als würden wir hinter Molly herjagen und ihr mit Beas Füßen in den Hintern treten. Die beiden sind mit klebriger Zuckerglasur und Marmelade beschmiert und haben ganz schmutzige Finger von den halb geschmolzenen Schokoladenknöpfen, die sie in den Händen halten. Ich versuche sie davon abzuhalten, Handabdrücke an der Wand zu hinterlassen, während sie damit beschäftigt sind, sich gegenseitig die Treppenstufen hinunterzuschubsen. Molly ist schon losgedüst, um eine Badekugel in die Badewanne zu werfen. Ich rufe ihr hinterher: »Warte, wir müssen die Wanne erst befüllen und die Kugel dann vorsichtig hineinlassen.« Ich rechne jeden Moment damit, einen dumpfen Aufprall zu hören, wenn sie die Kugel wie einen Stein in die leere Wanne fallen lässt. Doch diesmal hat sie auf mich gehört. Die beiden ziehen sich schnell aus wie bei einem Wettlauf, um als Erste in die Badewanne zu kommen; beide Wasserhähne sind voll aufgedreht, um sie zu füllen. Ich bitte sie, sich zu gedulden, während ich mit den Händen durch das Badewasser fahre, um die Temperatur zu überprüfen – sie ist genau richtig. Ich helfe ihnen hinein. Molly wirft die Kugel in das Wasser, die anfängt zu sprudeln. Sie quietschen vor Aufregung und wirbeln mit ihren kleinen weißen Beinen durch den sich auflösenden lilafarbenen Schaum. Ich sitze auf dem Toilettendeckel und schaue zu, wie sie sich den Schaum auf ihre Köpfe und wie Bärte ans Kinn schmieren. Sie quieken und lachen und bieten mir ein »Bier« aus den Plastiktassen an, die noch von ihrem gestrigen Bad am Abend auf dem Wasser schaukeln. Molly bittet mich, ihr den Spielzeugfisch zu reichen, der eigentlich oben schwimmen soll, aber immer untergeht; er leuchtet auf und spielt Musik. Bea versucht, den Schaum zu essen und spuckt ihn hustend wieder aus. Sie will, dass ich für sie in die kleine Badepfeife blase.

Die Mädchen und ich haben gerade den Abend damit verbracht, Beas Geburtstagskuchen zu dekorieren. Sie wird morgen zwei Jahre alt, und wir richten eine Feier für sie aus. Ich habe in den letzten Tagen eingekauft, gebacken und Partytüten für ihre Cousins und Freunde gebastelt. Beim Abendessen habe ich ihnen versprochen, dass sie mir dabei helfen können, die Glasur und die Süßigkeiten auf dem Kuchen zu verteilen, wenn sie den Rindereintopf und das Kartoffelpüree schön aufessen. In Windeseile haben sie ihre beiden Teller verschlungen. Ich räume den Tisch ab und wische ihn sauber, bevor ich eine Tragetasche, die ich bis zu diesem Moment versteckt habe, hervorhole: Verpackungen mit Smarties, Jelly Tots, Schokoladenknöpfen, Mini-Marshmellows und goldenen und silbernen Kuchen-Dekokügelchen ergießen sich wie der Schatz eines Beutezugs über den Tisch. Molly holt schnell ein paar kleine Schälchen, um den Inhalt der Päckchen vorsichtig zu entleeren und sie dann der Reihe nach aufzustellen, damit wir mit dem Dekorieren loslegen können. Bea drängt sich auf einem Stuhl zwischen Molly und mich. Dabei kullern beinahe die Schokoknöpfe auf den Boden – sie schafft es, sich ein paar davon zu schnappen, und schiebt sie in den Mund. »Warte!«, rufe ich. »Lass uns erst den Kuchen dekorieren, dann kannst du essen, was übrigbleibt.« Die Versuchung, sofort über sie herzufallen, war einfach zu groß. Ich packe eine fertige Fondant-Masse aus, während die beiden Mädchen auf den Stühlen am Tisch knien und mir gespannt zuschauen. Ich übergebe Bea den Backpinsel und einen kleinen Topf mit aufgewärmter Aprikosenmarmelade, um den Biskuitteig damit zu bestreichen.

RINDSGULASCH MIT WURZELGEMÜSE UND ROTWEIN

Das perfekte Stück Fleisch für diesen preiswerten, köstlichen Wintereintopf ist die Rinderhaxe. Sie gart langsam und ist so zart, dass das Fleisch beim Essen auseinanderfällt. Dieser Eintopf lässt sich in weniger als 15 Minuten zubereiten, köchelt dann den ganzen Tag vor sich hin und erfüllt die Küche mit einem herrlichen Duft.

Zutaten:

500 g Rinderhaxe, gewürfelt
2 EL Mehl, gut gewürzt mit Salz und Pfeffer
1 TL Schmalz oder ein Spritzer Olivenöl (zum Anbraten des Fleischs)
2 Karotten, in Stücke geschnitten
1 Pastinake, in Stücke geschnitten
1 Lauch, in Ringe geschnitten
1 Zwiebel, in Stücke geschnitten
3 Knoblauchzehen, zerdrückt
1 Rote Bete, in Stücke geschnitten, oder ein paar ganze Champignons
1 großes Glas Rotwein, ca. 150 ml
Rosmarin, Thymian oder ein gemischter Bund (Bouquet garni) (bei Bedarf)
2 EL Tomatenmark
570 ml gute Rinderbrühe
1 EL Speisestärke mit etwas Wasser zu einer Paste verrührt (bei Bedarf)
Sonstiges Gemüse und Püree oder Reis als Beilage

Vorbereitungszeit: 15 Minuten

Kochzeit: 4 ½ Stunden
Für 6–8 Personen

Zubereitung:

1. Das Fleisch in dem gewürzten Mehl panieren und etwas Schmalz oder Olivenöl in einer großen Pfanne erhitzen. Die Rindfleischstückchen zum Anbraten hineingeben und wenden, wenn sie eine schöne satte Farbe haben, aber nicht umrühren.
2. Das angebratene Fleisch in einen Schongarer oder eine Kasserolle geben.
3. Das Gemüse in der Pfanne anbraten, bis es gar ist. Sie können das Gemüse durch sämtliche andere Sorten ersetzen, je nachdem, was Sie mögen und zur Hand haben. Auch Steckrüben, Kürbis oder Knollensellerie eignen sich gut dafür.
4. Das Gemüse in den Schongarer oder die Kasserolle geben und unter das Fleisch rühren.
5. Den Rotwein in die benutzte Bratpfanne gießen, zum Brutzeln bringen und den beim Bratvorgang entstandenen Bodenbelag in der Flüssigkeit lösen. Dann die Weinmischung über das Fleisch und das Gemüse gießen und nach Belieben Kräuter hinzufügen.
6. Das Tomatenmark und die Brühe hinzugeben und gut umrühren. Dann den Deckel aufsetzen und 4 Stunden lang auf mittlerer Stufe köcheln lassen. Am besten lässt man das Gulasch abkühlen und wärmt es am nächsten Tag wieder auf, da es so auf natürliche Weise eindickt. Sollten Sie Ihren Eintopf jedoch sofort servieren wollen und die Soße ist noch zu dünnflüssig, lassen Sie es weitere 10 Minuten bei geschlossenem Deckel köcheln, um die Flüssigkeit zu reduzieren, oder fügen Sie die Speisestärkepaste hinzu und lassen den Inhalt weitere 10 Minuten köcheln. Zu diesem Gericht passt als Beilage frisches Gemüse wie Kohl, Bohnen oder Brokkoli und etwas Kartoffel- oder Süßkartoffelpüree mit Butter. Ich serviere es auch gern mit Reis.

Der Kuchen hat die Umrisse eines Schmetterlings. Ich habe die Backform aus einem Geschäft im Ort, und zu meiner Überraschung scheint er wirklich perfekt geworden zu sein, als ich ihn zum Auskühlen auf dem Gitter stehen sehe. »Wann backen wir den Kuchen?«, hat mich Molly von dem Moment an, als ich sie von der Schule abholte, mindestens hundertmal gefragt. Aber ich habe die Mädchen bis nach dem Abendessen vertröstet, weil ich wusste, dass sie nach den ganzen Süßigkeiten keinen Hunger mehr haben würden. Mein Plan ging auf, auch wenn sie bereits müde wurden, als wir anfingen. Ich half Beas kleinen Händen, den Pinsel zu führen, und zeigte ihr, wo noch mehr Marmelade aufgetragen werden musste. Dann bat ich sie, mir zuzuschauen, wie ich die Fondant-Masse über den Kuchen lege und ihn wie mit einer Decke überziehe. Molly wollte es mir sofort gleichtun und glättete und drückte mit ihren Händen die Glasur über der Marmelade und den Kuchen zurecht. Ich fuhr mit einem kleinen Buttermesser um den Rand herum und schnitt den überschüssigen Zuckerguss ab. Die beiden Mädchen naschten die süßen, blassrosa Reste. Wir hatten einen hübschen, aber schlichten rosafarbenen Schmetterlingskuchen vor uns, fertig zum Verzieren. Ich erklärte ihnen, dass die Süßigkeiten festgeklebt werden mussten, stellte aus Puderzucker und Wasser etwas »Klebstoff« her und gab ihnen jeweils einen sauberen Küchenpinsel. Bea war vorsichtiger als Molly, als sie unter meiner Anleitung anfing, die Süßigkeiten zu bepinseln und auf-

zukleben, weil sie nicht riskieren wollte, dass ich womöglich die Geduld verlieren könnte. Sie hatte die Belohnung fest im Blick: die übrig bleibenden Süßigkeiten. Sorgfältig bepinselten wir die goldenen und silbernen Kügelchen und setzten sie auf einer Linie auf, die ich mit dem Löffelende in der Form eines Schmetterlings in die Glasur eingeritzt habe. Dann begannen wir, aus Smarties Spiralen und Schnörkel zu legen und formten aus den glitzernden bunten Jelly Tots Kreise. Als wir fertig waren, hatten wir ein kleines Kunstwerk vor uns.

Wir sind ganz begeistert von unserer Kreation. Der Kuchen wird, wenn er morgen auf der Mitte des Tischs steht, ganz wunderbar zu dem Motto passen, das da lautet: »Die kleine Raupe Nimmersatt«.

Ich habe den Kuchen auf dem Küchentisch abgestellt und muss noch jede Menge Abwasch erledigen, aber die Mädchen sind jetzt furchtbar müde, und James ist noch nicht zu Hause. Sie gehören schleunigst ins Bett, damit sie morgen fit für die Party sind. Nachdem sie gebadet haben, nackig auf dem Bett herumgehüpft sind und Hunderte Male gebettelt haben, dass ich ihnen noch weitere Geschichten erzähle, decke ich die beiden zu und sage ihnen, dass sie jetzt zur Ruhe kommen und horchen sollen, ob sie die Eulen hören und wann ihr Vater nach Hause kommt. Ich laufe geschwind die Treppe hinunter. Mein Körper verlangt nach einer Dusche und ein wenig Schlaf. Ich lächele in mich hinein – wir hatten so eine schöne Zeit miteinander, nur wir drei. Zwar wartet auf mich eine noch unaufgeräumte Küche, und es müssen noch 17 Schichten Geschenkpapier für das Pass-the-Parcel-Spiel um eine Schachtel gewickelt werden, aber das ist schon in Ordnung.

Sam, unser neuer junger Spaniel, kommt mir aus der Küche entgegengelaufen, um mich zu begrüßen, und schleckt sich die Schnauze. Innerhalb von Sekundenbruchteilen identifiziere ich die Biskuitkrümel auf seiner Nase. Ich gehe die Stufen hinunter in Richtung Küche und weiß genau, was ich vorfinden werde. Ich heule auf wie ein Tier, das in eine Falle tappt, als ich den halb aufgefressenen Kuchen auf der Tischkante kippeln sehe. Ich schiebe ihn in die Mitte zurück. Sam muss sich aufgestellt und ihn mit seinem Maul zu sich herangezogen haben, um ihn dann von der Seite anzubeißen. Bramble schaut mich von ihrem Bettchen, das neben dem Rayburn steht, an, während ich das alles verarbeite. Sie zieht den Kopf ein, als ich auf Sam losgehe, der mir schwanzwedelnd gefolgt ist und um mich herumtollt, als wolle sie sagen: »Ich war das nicht.« Ich sperre Sam auf dem Hof aus, trete hinter ihm in die Luft, als er durch die Tür rennt, und schreie ihm hinterher. Dann lasse ich mich auf der Küchenstufe nieder und betrachte die Schweinerei und den halb gefressenen Kuchen vor mir. Es ist ein Desaster.

James' Auto fährt in die Einfahrt, einen Augenblick später kommt er durch die Hintertür, um etwas vorzufinden, das einem Schlachtfeld mit einer schluchzenden Ehefrau ähnelt. Bramble kommt zur Tür, um ihn ängstlich zu begrüßen. Ich streichele sie, und sie leckt mir meine Tränen ab. Ich bin zu erschöpft, um noch mal von vorn anzufangen – ich hätte auch gar nicht genug Eier da. James meint, ich solle einfach das servieren, was davon übrig ist; der Schmetterling hat dann eben einen Flügel weniger. Er schlägt vor, die klaffende Stelle mit etwas übrig gebliebener Fondant-Masse zu flicken. Ich blicke ihn so entgeistert an, dass er gleich ein paar Zentimeter kleiner zu werden scheint. Während er nach oben geht, um nach den Mädchen zu sehen, beruhige ich mich und rufe meine Mutter an. Ich erzähle ihr, was passiert ist, und sie kommentiert – wenig hilfreich –, dass ich ihn dort nicht hätte stehen lassen sollen, aber dass sie morgen vor dem Fest im Supermarkt einen neuen Kuchen holen wird. Ich sage ihr, dass ich dort kürzlich einen in Raupenform gesehen hätte.

Gleich am Morgen erzähle ich den Mädchen, was passiert ist,

und Molly umarmt mich mit den Worten, dass das nicht so schlimm sei. Bea fängt an zu weinen, aber auf die Nachricht hin, dass Granny den Tag retten wird – sie kümmert sich um einen anderen Kuchen, und es wird eine Schokoladenraupe sein –, versiegen ihre Tränen sofort. Wir sind damit beschäftigt, die von mir zubereiteten Sandwiches und andere Leckereien ins Auto zu laden, um uns dann zur Ice Cream Farm in Jersey aufzumachen, in deren Scheune die Feier stattfinden soll. Die Sonne scheint. Eine Freundin hat sich angeboten, die Kinder zu schminken – sie wird Schmetterlinge und Raupen auf ihre Gesichter und Arme malen. Ich habe Bea noch nie so hübsch gesehen, mit den glitzernden Verzierungen im Gesicht, den blonden Locken, die sich über ihren Rücken kringeln, ihrem frechen Lachen und der Knopfnase. Sie trägt ihr lilafarbenes Schmetterlingsoberteil, das sie über alles liebt, kleine Baumwolljeans und neue weiße Riemchensandalen. Sie ist glücklich inmitten ihrer Familie und hat Spaß an dem bunten Treiben. Nachdem Essen und Getränke verstaut sind und die Kinder sich draußen ausgetobt haben, stellt meine Mutter die Stühle in einer Reihe auf, und wir spielen Reise nach Jerusalem und das Follow-my-Leader-Spiel. Bald folgen alle Kinder meiner Mutter wie einer Rattenfängerin, und wir tanzen zu Bananarama-Songs aus dem alten CD-Player, den wir mitgebracht haben. Der Schmetterlingskuchen ist schon längst in Vergessenheit geraten. Dafür hatten wir viel Spaß beim gemeinsamen Backen.

Alle Augen sind auf James und mich gerichtet. Wir befinden uns mit 13 Männern und Frauen von der Lake-District-Planungsbehörde in einem Raum, in dem ein Gremium an Tischen in Hufeisenform sitzt. Nachdem wir zwei Stunden auf unbequemen Hartplastiksitzen gesessen haben, erheben wir uns. Ich bin schon die ganze Zeit unruhig und muss dringend auf Toilette. James holt tief Luft, um vorzusprechen, doch er gerät ins Stocken, und ich greife mit meiner verschwitzten Handinnenfläche nach seiner Hand; mir ist ganz schlecht, aber ich fange als Erste an. Meine Stimme ist laut, klar und drängend. Ich hatte gar nicht vor, irgendetwas zu sagen, aber jetzt sprudeln die Worte nur so aus mir heraus: »Danke, dass Sie unseren Bauantrag prüfen. Wir wohnen derzeit 27 Kilometer von unserem Hof entfernt und haben zwei kleine Kinder, ein weiteres ist auf dem Weg.« Ich streiche mit meiner rechten Hand über meinen großen, dicken Bauch. Im Raum ist es still, und ich höre mich ohne Punkt und Komma weiterreden. Die Wörter schießen aus mir heraus wie aus einem Maschinengewehr: »Ich weiß nicht, was wir tun sollen, wenn wir dort nicht leben können. Der Alltag ist für uns als Familie wahnsinnig anstrengend, wir müssen ständig hin- und herfahren, um unser Vieh zu versorgen. Ich weiß nicht, wie wir so weitermachen sollen. Wir zerbrechen daran.« Ich schaue zu James. Er scheint über meine Rede etwas erschrocken zu sein, bringt aber kein Wort heraus.

»Landwirtschaft liegt uns im Blut, das ist es, was wir sind. Wir wollen diesen Hof in den Fjälls weiterführen …« Alle scheinen mittlerweile ziemlich konsterniert zu sein, leicht entnervt von dieser verrückten und hochschwangeren Frau, die da auf sie einredet. Ich flehe sie geradezu mit jeder Faser meines Körpers an, uns die Erlaubnis zu erteilen, auf diesem Hof zu leben. Es geht um viel mehr als nur um ein paar Pläne und eine vor ihnen ausgebreitete Landkarte. Ich möchte, dass sie sich darüber im Klaren sind, welche Konsequenzen ihre Entscheidung auf menschlicher Ebene hat.

»Vielen Dank« – die Vorsitzende unterbricht mich nervös. Das war's. James hat keine Gelegenheit, etwas zu sagen. Die Antragsteller haben offenbar nur fünf Minuten Redezeit, bevor über ihren Fall abgestimmt wird.

In den letzten anderthalb Stunden haben wir einen anderen mühseligen Antrag mitverfolgt, in dem es darum ging, dass jemand eine drei Meter lange Gartenmauer ein kleines Stück verlegen wollte, und nachdem beide Seiten angehört wurden, wurde er abgelehnt. Wir hielten uns an den Händen und warfen uns nervöse Blicke zu. Gleichzeitig versuchten wir, positiv zu bleiben, und warteten darauf, bis wir an der Reihe waren. Von Minute zu Minute verlor ich mehr Hoffnung. Ich spüre, wie sich James darauf vorbereitet, dass sein Lebenstraum wegen einer bürokratischen Formalität zerplatzt. Wahrscheinlich habe ich mit meinem lauten Gerede alles vermasselt, jetzt werden sie uns mit Sicherheit ablehnen. Unser Projekt ist ein großes Unterfangen, es geht um einen Weg durch die grüne Wiese – »eine Narbe in der Landschaft«, wie es in einem Beschwerdebrief hieß. Ein neuer Schafstall soll gebaut und eine ganze Scheune in ein Wohnhaus umgewandelt werden. Leitungen müssen installiert, neue Zäune errichtet und Bäume gepflanzt werden. Ich zittere und wage es kaum, James anzusehen. Bestimmt ist er sauer, dass ich etwas Falsches gesagt und ihn nicht zu Wort habe kommen lassen. Aber als wir uns setzen, treffen sich unsere Blicke, sein Gesicht strahlt vor Stolz. Er greift nach meiner Hand. Die Abstimmung beginnt. Ich halte den Atem an und drücke die Daumen. Wir haben getan, was wir konnten. Seit Monaten hat James an dem Bauantrag gearbeitet, haben wir befürwortende Gutachten und vollständige Baupläne erstellen lassen.

Architektenhonorare, Rechnungen von Vermessungstechnikern, Berichte von Landschaftsarchitekten, Gutachten über die Tierwelt, Baumgutachten – das alles hat uns Tausende von Pfund gekostet. In den nächsten ein, zwei Minuten wird sich herausstellen, ob sich die Investition gelohnt hat.

Die Männer und Frauen des Ausschusses kommen zur Ruhe. Papiere werden einander zugeschoben und gefaltet und an den Protokollführer am Ende des Gremiums weitergereicht. Ein Mann erhebt sich und verkündet: »Zwölf Stimmen dafür und eine unentschieden.« Es ist einstimmig. Ich kann es kaum fassen.

Wir schauen uns an, um uns zu versichern, dass wir richtig gehört haben. James küsst mich, während er die Faust ballt und sie in die Höhe reißt. Alle um uns herum im Raum bleiben ernst. Ich fühle mich, als wären wir zu Unrecht eines Verbrechens beschuldigt worden, stünden nun vor Gericht und hätten gerade das Urteil »nicht schuldig« erhalten. Wir können auf dem Hof leben. Wir können den Startschuss geben. Sie haben soeben über unsere Zukunft entschieden. Ich sehe James an: Eine Mischung aus Erleichterung und Erschöpfung steht ihm ins Gesicht geschrieben.

»Wir haben es geschafft!«, sagt er.

»Nein, du hast es geschafft«, entgegne ich.

Wir verlassen den Raum, Hand in Hand, an unserem zehnjährigen Hochzeitstag.

Draußen atmen wir gemeinsam tief durch. Warme Sommerluft schlägt uns entgegen, und langsam realisieren wir, dass sich jetzt alles ändern wird. Wir gehen des Wegs und fangen an zu lachen. Ich schiebe meine Ängste beiseite und genieße den Augenblick. Seine Leidenschaft für das altmodische Hofleben auf den Hügeln und dafür, dass wir uns dort oben ein Leben aufbauen, ist ansteckend.

Irgendetwas in diesem Raum, in diesem Moment, hatte mich dazu bewegt, meine Stimme zu erheben und James' Traum als meinen anzusehen. Ich habe es gewagt, ihm und somit uns einen Vertrauensvorschuss zu geben. Ich würde ein Haus, das ich liebte, aufgeben, um ein anderes zu bauen. Meine Familie ist mein »Zuhause«.

Der Umzug auf den Hof würde eine bedeutende Zäsur mit sich bringen. Bis heute hatte noch die Möglichkeit im Raum gestanden, dass es nie dazu kommen würde. Meine Zurückhaltung war wie ein Schutzschild gewesen, den ich um mich und meine Mädchen errichtet hatte. Ich hatte mich darauf vorbereitet, für

James da zu sein, sollte der Antrag abgelehnt werden. Aber jetzt, wo dies alles Wirklichkeit werden sollte, konnte ich meine Zurückhaltung in Aufregung verwandeln. Ich begann mir auszumalen, wie mein Alltag auf einem Hof inmitten von Wiesen, Wäldern und Bächen aussehen könnte. Mit Baumhäusern, Höhlen und Abenteuern. Mit Schafen, Kühen und Hühnern, um die man sich kümmert. Vielleicht irgendwann sogar mit einem Pony. Das vor uns liegende Projekt war ein richtig großes Ding, eine klassische Episode von Grand Designs, mit dem üblichen lächerlich kleinen Budget, nur ohne Kameras. Auf den Hof zu ziehen, würde unser Leben in vielerlei Hinsicht zum Bessern wenden. Es würde für die Kinder bedeuten, mehr Zeit mit ihrem Vater verbringen zu können, und für mich, an James' Seite zu arbeiten, anstatt mich ständig zu fragen, wann er nach Hause kommt.

Als ich die Tür zu unserem Haus im Dorf zum letzten Mal hinter mir zuzog, schloss ich das Kapitel all der Herausforderungen, die wir zu bewerkstelligen hatten. Ich schwor mir, neu anzufangen, unserem nun vor uns liegenden Leben mit Energie und Enthusiasmus zu begegnen und alles zu geben. Während ich davonfuhr, nahm ich Abschied von einem Haus, das ein ganz besonderer Ort gewesen war, wo ich Freunde um mich herum hatte, die ich sehr vermissen werde. Ich ließ diesen Abschnitt unseres Lebens, mit all seinen Höhen und Tiefen, hinter mir und hoffte inständig, dass im nächsten alles rundlaufen würde.

Ich bin schwanger und ständig müde. Wir sind knapp bei Kasse, und ich bin so urlaubsreif wie nie zuvor. Wir fahren an die Küste von Northumberland, um etwas Zeit im Wohnwagen meiner Tante zu verbringen. Er steht auf einem Feld neben einer Bahnlinie und wackelt jedes Mal, wenn der Zug vorbeifährt, aber bis zum Strand ist es nicht weit. Wir halten vor ihrem Golfclub, inmitten der großen schicken Karren, und ich krame im dreckigen

Fußraum unseres Autos nach genügend Kleingeld für die Parkuhr. Vor uns erstreckt sich die Bucht von Embleton, rechts liegen die Ruinen von Dunstanburgh Castle und links Seahouses. Wir packen unsere Strandausrüstung ein und schlängeln uns durch die Dünen. Bramble rennt voraus. James trägt Bea. Molly läuft mit ihrem neuen gelben Eimer und Spaten hinter mir her. Ich habe einen Picknickkorb und eine Windjacke unter meinem Arm. Als wir unser Lager aufschlagen, schleudere ich meine Flip-Flops von mir und spüre den warmen, goldenen Sand zwischen meinen Zehen. Ich bleibe einen Moment stehen, um die Aussicht zu genießen. James pfeift nach Bramble, und sie schlingert durch das hohe Gras mit getrocknetem Seegras in ihrem Maul, das aussieht wie ein Stock. Ich werfe es für sie in die Luft, und James macht sich sofort mit Mollys Hilfe an die Arbeit, die schönste Sandburg zu bauen. Er wird wieder zum zehnjährigen Jungen und ist völlig in seinem Element. Nach einer Weile zieht er sich aus und rennt zum Meer. Bramble kläfft ihm hinterher, als er in die Brandung springt. »Darf ich hinein?«, ruft Molly. Sie zieht ihr Kleid aus, lässt es in den Sand fallen und folgt ihm. Sie kreischt, weil das Wasser so kalt ist, aber James nimmt sie hoch und lässt sie immer wieder ins Meer eintauchen, bis sie sich an die Temperatur gewöhnt hat. Ich trage Bea auf dem Arm, für die noch alles fremd ist, und tauche ihre Zehen in das salzige Wasser. Mein Haar weht in der leichten Brise, und ich schaue mich um. Es ist kaum jemand hier. Es ist einfach wunderschön – hier können wir völlig von unseren täglichen Aufgaben und Belastungen abschalten. Ich atme die Meeresluft ein und lasse meine Füße von den Wellen umspielen. Ich reiche James ein Handtuch und umarme seinen nassen Körper. Wir nehmen uns fest vor, von nun an jeden Sommer mit den Kindern in den Urlaub zu fahren, auch wenn es noch so schwer sein wird, dies umzusetzen. Doch wir brauchen die gemeinsame Zeit.

WEISSER TOAST

Ich habe mir ein kratziges Handtuch um die Arme geschlungen, das gerade so meine Brüste bedeckt, und schleppe mich durch das schwach beleuchtete Krankenhauszimmer ins Bad. Blut rinnt mir an der Innenseite meiner Beine hinunter. Die Lampe schaltet sich automatisch an, als ich die Tür aufstoße. Ich blinzele – es ist so hell nach dem schummrigen Licht von eben. Ich steige in die kalte weiße Duschkabine und drehe die Wasserhähne auf. Lauwarmes Wasser läuft an meinen Beinen entlang; aus meinem ohnehin schon nassen Haar tropft es an meinem Körper hinab. »Brauchen Sie Hilfe?«, ruft die Hebamme.

»Nein, alles in Ordnung«, gebe ich als Antwort. Ich will einfach nur ein paar Minuten für mich haben und auf den Pause-Knopf drücken – weg von der Welt da draußen, die unseren Neuzugang und alles, was dazugehört, feiern will.

Vor wenigen Minuten erst bin ich aus der blutgetränkten Geburtswanne gestiegen und habe James unseren zehn Minuten alten Sohn überlassen, um mich zu waschen. Mein Körper zittert, vor Hochgefühl und Erschöpfung zugleich. Tränen laufen mir über das Gesicht, und ich schniefe, aber meine Nase ist verstopft. Ich bin froh, keinen Spiegel in Sichtweite zu haben. Ich drehe den Heißwasserhahn voll auf, um etwas Dampf zu erzeugen, damit ich besser atmen kann. Ich höre die Hebamme zu James sagen, wie gut ich meine Sache gemacht habe, und er spricht leise mit ihr darüber, wie stark ich sei. Im Moment fühle ich mich alles andere als stark. Doch ich weiß, dass ich die Stärke irgendwo in mir finden muss. Ich weiß, dass die nächsten Monate die härtesten werden. In vier Tagen ist Weihnachten, und ich habe zwei kleine Mädchen im Alter von vier und sechs Jahren, die aufgeregt darauf warten, dass ihr neugeborenes Brüderchen nach Hause kommt und dass der Weihnachtsmann die Strümpfe füllt.

Ich versuche, meinen Kosmetikbeutel auszupacken. Taste nach den viel zu kleinen Flaschen mit dem Premium-Shampoo, der Spülung und dem Lavendel-Duschgel. Ich schaffe es nicht, sie zu öffnen, und kippe alles in das Waschbecken. Sie sind purer Schnickschnack und reine Zeitverschwendung. Das warme Wasser wäscht meinen Körper, doch das Blut fließt weiter. Ich klemme mir Toilettenpapier zwischen die Schenkel, um den Strom aufzusaugen, aber es hört nicht auf. Der Boden sieht nach kürzester Zeit aus wie ein Tatort. Als ich nach einem weiteren dünnen Handtuch greifen will, gerate ich ins Straucheln und rufe nach James. Er öffnet die Tür und erwischt gerade noch so meine Hand, bevor ich wie ein Häufchen Elend zusammenbreche. Ich verliere mehr Blut, als ich sollte. James und die Hebamme wickeln mich in Handtücher und helfen mir zurück ins Bett. Mir ist schwindlig, und ich fühle mich wie im Delirium. Das Einzige, worauf ich mich konzentrieren kann, sind die am Fenster vorbeiziehenden Wolken – das erste bisschen Tageslicht, das ich heute wahrnehme. Die Hebamme gibt mir eine Spritze und winkelt meine Beine an, um mich zu untersuchen.

Lauter fremde Stimmen und Menschen sind um mich herum, die mir sagen, ich solle mit der Maske über dem Gesicht ein- und ausatmen. Ich liege still, während eine weitere Krankenschwester mich vernäht. Ich werde in Decken eingewickelt, damit ich nicht mehr zittere, ich soll mich ausruhen. Mein verschwommener Blick fällt auf das Kinderbettchen neben mir. Ich blinzle und komme wieder zu mir, als die Wirkung des Gases nachlässt. Mein Baby, Isaac, hat sich aus den Decken gestrampelt, in die James ihn gelegt hat. Seine kleine Faust steckt in seinem Mund, er nuckelt eifrig daran. Ich versuche mich aufzusetzen. »Ich möchte ihn halten«, sage ich. James meint, ich solle stillhalten, und hebt Isaac, seinen Kopf wiegend, sanft hoch. Vorsichtig legt er ihn mir an die Brust. Er saugt immer noch an seinem Daumenknöchel, und die Hebamme versichert mir, dass ich ihn stillen könnte, wenn mir danach wäre. Es könnte helfen, meine Nachblutung zu verringern. Ich kuschele seinen nackten Körper an meinen bloßen Bauch, und er findet ganz leicht zu meiner Brustwarze. Ich muss daran denken, wie lange ich gebraucht habe, um meine Erstgeborene, Molly, richtig anzulegen, und wie viel Sorgen wir uns als frischgebackene Eltern über alles gemacht haben. Auch an die vielen peinlichen Momente, aus denen ich gelernt habe, wie man sie füttert, muss ich denken. Isaac schluckt die Milch wie ein Lämmchen, und mein Bauch zieht sich zusammen. Ich hatte einen Blutsturz, brauche aber keine Transfusion. Ich bin froh, hier in diesem Krankenhauszimmer zu sein. Es ist nicht mein Zuhause, es ist nicht der Ort, an dem ich für diese Geburt sein wollte, aber jetzt bin ich wirklich froh, hier zu sein.

Es ist der kürzeste Tag des Jahres, die Wintersonnenwende; draußen ist es unwirtlich, nass und windig. Der Tag begann mit einem Besuch in unserer Arztpraxis. Ich war elf Tage überfällig und hatte aufgrund einer starken Erkältung Probleme beim Atmen. Ich fühlte mich richtig mies. Wir ließen die Mädchen bei meiner Schwägerin, und James brachte mich zu einem Untersuchungstermin. Ich hatte eine Infektion der unteren Atemwege und brauchte ein Antibiotikum, aber der Arzt versicherte mir, dass ich es auch im schwangeren Zustand einnehmen könne. Das Baby würde kommen, bevor ich die Behandlung abgeschlossen hätte. Wir gingen zur nächsten Apotheke, um das Rezept einzulösen. Es war laut und voll mit Leuten, die ihre Weihnachtseinkäufe in ihren Wagen stapelten. Durch die Lichter und die Musik fühlte ich mich noch schlechter. Ich wollte nur noch weg von diesem Ort und am liebsten gleich auch noch meinem Körper entfliehen. Ich zog meinen Mantel fest zu und meine Mütze tief ins Gesicht, als wolle ich mich verstecken. Wir begegneten ein paar Nachbarn, die sich unterhalten wollten. Sie meinten lachend zu mir: »Also immer noch in einem Stück unterwegs.« Ich gab mir angesichts ihres Versuchs, witzig zu sein, alle

Mühe, nicht genervt mit den Augen zu rollen – ich fühlte mich schrecklich. James reagierte freundlich, aber bestimmt. Er konnte sehen, wie verletzlich ich gerade war.

Der Arzt hatte einen Kontrolltermin im städtischen Krankenhaus für mich vereinbart, und ich hatte meine Tasche im Auto für den Fall, dass ich dortbleiben musste. Wir deckten uns mit Sandwiches, Schokoriegeln und ekligen Energydrinks ein, bevor wir 40 Minuten auf der Autobahn unterwegs waren und uns weiter von zu Hause entfernten. Als ich die Hebamme traf, die für mich zuständig sein würde, wiederholte ich, was ich dem Arzt gesagt hatte: »Ich kann kaum durch die Nase atmen, sie ist völlig verstopft – wie um alles in der Welt soll ich so eine Geburt bewältigen?« Sie beruhigte mich: »Ihr Körper schafft das. Sie schaffen das.« Ich hatte kaum noch Selbstvertrauen. Ich wollte mich nur noch mit einer heißen Zitrone im Bett zusammenrollen und schlafen.

Sie ließ uns allein, damit wir in dem großen, hell erleuchteten Zimmer, mit dem altbekannten, neben dem Bett bereitstehenden Plastikbettchen, in Ruhe ankommen konnten. Ich packte ein paar Sachen aus, während James die mitgebrachten Minilautsprecher zum Laufen brachte und unser Lieblingsalbum von Snow Patrol einlegte. Dann massierte er mir den Rücken.

Die Hebamme meinte, da es sich um mein drittes Kind handelte, könnte sie die Fruchtblase zum Platzen bringen. Mein Körper würde dann schon in Schwung kommen und wissen, was zu tun wäre. Ich war erleichtert, das zu hören, denn ich wollte keine Medikamente, Infusionen oder dergleichen. Ich war fest entschlossen, alle Maßnahmen abzulehnen, die sie mir anbieten würde. Ich sagte James, dass auch er alles in meinem Namen ablehnen sollte. Wenn ich zu Hause hätte bleiben können, hätte ich das auch so gewollt. Aber das Baby in mir war zu groß geworden, und ich hatte mit den einfachsten Aufgaben im Alltag zu kämpfen. Zögerlich stimmte ich ihrem Vorschlag zu – ich wollte mein Baby endlich in meinen Armen halten. Ich wollte den Weihnachtstag mit allen zusammen zu Hause verbringen. Während sie mit uns sprach, klammerte ich mich an James. Ich kämpfte mit den Tränen und sagte: »Ich bin müde.«

Er sah mich an und entgegnete: »Es ist deine Entscheidung. Wir können auch nach Hause fahren, wenn dir das lieber ist. Aber ich weiß, dass du das schaffst.«

Wir haben immer an uns geglaubt, wenn es schwierig wurde. Drei Stunden später, nachdem die Fruchtblase geplatzt war, ich in einer Endlosschleife die Gänge auf und ab gelaufen bin, während der Wehen pausierte, mich an James festhielt und ein gefühltes Erdbeben durch meinen Körper ging, brachte die Hebamme das Geburtsbecken ins Spiel.

»Irgendetwas«, sagte ich verzweifelt. »Hauptsache irgendetwas.«

Ich kämpfte mich den Gang entlang, vorbei am Schwesternzimmer, ignorierte die anderen Familien, die auf der Station zu Besuch waren, und hielt meinen Kopf gesenkt, um möglichst wenig Aufmerksamkeit auf mich zu ziehen. Doch eine Mutter, die ihre neugeborene Tochter stillte, nickte mir zu und schenkte mir ein Lächeln, das so viel sagte wie: »Ich weiß, was du gerade durchmachst, und du schaffst das.«

Ich senkte meinen schwerfälligen Körper in das warme Wasser, noch während die Wasserhähne das Becken auffüllten. Ich spürte, wie mich eine große Erleichterung und Ruhe überkam. Die Wasserhähne hörten auf zu laufen, und alles war still; die Hebamme hatte uns für ein paar Minuten allein gelassen. Das Wasser half mir zu atmen, der Raum war abgedunkelt und wirkte friedlich. Eine halbe Stunde später, nachdem ich geschaukelt, geatmet und gepresst hatte, war Isaac da. Ich rief, er müsse schnell aus dem Wasser gezogen werden. Die Hebamme versicherte mir, dass es ihm gut gehe, da er immer noch über die Nabelschnur mit mir verbunden wäre, doch ich rief noch einmal:

»Hebt ihn raus, helft ihm.« Als James dabei behilflich war, ihn hochzuholen, damit er seinen ersten Atemzug tun konnte, sah ich nach unten. Überall war Blut.

Über Nacht bleibe ich im Krankenhaus, da sie ein Auge auf mich haben wollen. Am liebsten würde ich nach Hause gehen, aber es muss jemand nach mir schauen. Eine nette, noch sehr jugendlich-frisch aussehende Hebamme kommt gegen Mitternacht, um sich um Isaac zu kümmern, während ich mein Gesicht über eine Schüssel mit dampfendem Wasser und Lavendeltropfen halte, damit meine Nase und mein Kopf frei werden. Irgendwann in den frühen Morgenstunden muss ich eingeschlafen sein. Ich werde von meinen schmerzenden Brüsten wach und muss mein Baby wieder stillen, das neben mir in seinem Bettchen schläft. Als ich mich rühre, ist die Hebamme sofort zur Stelle, um mir zu helfen, ihn herauszuheben und gut eingewickelt an die Brust zu führen. Sie bringt mir mehrere Scheiben weißen Toast. Ich beschmiere sie dick mit Butter, kratze die kleinen Portionspackungen mit der geleeartigen Marmelade aus und nippe an meinem Tee. So schlimm es auch gewesen ist, ich bin überwältigt von der Liebe, die ich für dieses zauberhafte kleine Wesen vor mir empfinde. Isaac hat eine rosige, gesunde Farbe und ist einfach großartig. »Was für ein Prachtkerl«, schreibt Cousine Louisa als Antwort auf James' Foto. Hunderte von Glückwünschen ploppen auf seinem Handy auf, seit er ein Foto geteilt hat. Isaac hat mich von dem Moment an, als er geboren wurde, mit seinen Augen angestrahlt. Ich bin nun eine dreifache Mutter.

Als wir noch am selben Tag mit ihm nach Hause kommen, nehmen seine beiden großen Schwestern sich seiner an und beziehen ihn in ihre Spiele ein. Ich habe ein paar Tage Zeit, um zu schlafen und ihn zu stillen, bevor wir das letzte Weihnachtsfest in unserem alten Haus im Ort genießen.

TRIFLE

Ich betrete den Bungalow meiner Freundin, dessen Eingang mit Lichterketten geschmückt ist. Stolz überreiche ich ihr eine Glasschüssel mit Himbeer-Amaretto-Trifle, die ich im Auto nicht aus den Augen gelassen habe, und hole im Anschluss den Panettone-Pudding, der in einem Korb im Kofferraum verstaut war. Ihr Mann nimmt uns die Mäntel ab und deponiert sie im Schlafzimmer seiner Tochter. »Wow«, sagt sie. »Das sieht ja toll aus.« Ich will sagen »Ich weiß«, verkneife es mir aber.

Das Haus ist laut und bereits gut gefüllt mit Freunden und Nachbarn. Ich helfe unseren Mädchen, ihre neuen Stiefel auszuziehen, und sie rennen los, um mit dem riesigen Dinosaurier in der Ecke zu spielen, den der Weihnachtsmann dem Sohn unserer Freunde vor ein paar Tagen gebracht hat. James trägt Isaac in seinem Autositz. Er schläft tief und fest und lässt sich von den Lichtern, den Menschen und der Musik nicht stören. Nach uns stoßen noch mehr Leute dazu. Ich folge meiner Freundin in die Küche und umarme weitere Freunde auf dem Weg dorthin. »Du siehst großartig aus«, sagt einer von ihnen zu mir. Ich lächle zurück. Ich fühle mich nicht großartig, aber ich bin hier.

PANETTONE-(BROT-UND-BUTTER-)PUDDING

Zutaten:
1 (750 g) Panettone oder 1 großer Briochelaib oder 8–10 Scheiben altes Weißbrot
50 g ungesalzene weiche Butter und noch etwas mehr zum Einfetten
75 g Trockenfrüchte (Rosinen, Johannisbeeren, Cranberries)
Dunkle Schokoladenstücke oder ein paar TL bittere Marmelade
300 ml Vollmilch
300 ml Doppelrahm

3 Eier
75 g Feiner Zucker
1 TL Vanilleessenz oder
1 Vanilleschote, aufgeschnitten und das Mark ausgekratzt
2 EL Demerara-Zucker

Vorbereitungszeit: 20 Minuten
Kochzeit: 45 Minuten
Für 6–8 Personen

Hinweis: Wenn der Panettone bereits Trockenfrüchte oder Schokolade enthält, sind diese Zutaten optional.

Zubereitung:

1. Den Backofen auf 180 °C/Umluft bzw. Gas Stufe 3 vorheizen. Eine 20 × 30 cm große Auflaufform einfetten.
2. Wenn altes Brot verwendet wird, beide Seiten mit Butter bestreichen. Bei der Verwendung von Panettone oder Brioche wird keine zusätzliche Butter benötigt, sondern muss nur die Form eingefettet werden.
3. Die Ränder des Panettone abschneiden. Die Form mit den Scheiben auslegen und mit den Händen grobe Stücke des restlichen Panettones für die Füllung abreißen, ggf. Früchte oder Schokolade hinzufügen. Nach Belieben mit 3–4 Esslöffeln Marmelade bestreichen. Bei der Verwendung von Brot vier Scheiben diagonal durchschneiden und die Form mit den Dreiecken auslegen, dann den Rest für die Füllung in grobe Stücke reißen.
4. In einem Topf die Milch und die Sahne leicht erhitzen, bis sie den Siedepunkt fast erreicht. Eine Minute stehen lassen.
5. In einer Schüssel die Eier aufschlagen und mit dem Zucker, der Vanilleessenz oder dem Vanillemark verquirlen.
6. Das heiße Milch/Sahne-Gemisch unterrühren und gut verquirlen, sodass ein Pudding entsteht.
7. Diese Crememischung über das Brot gießen und gegen die Form klopfen, um die Mischung gleichmäßig zu verteilen. Die Oberfläche mit Demerara-Zucker bestreuen.
8. Im Backofen für 20–30 Minuten goldbraun backen.

Der Ofen ist an, und ich werfe einen Blick in die Töpfe mit dem brodelnden Reis. »Ich habe Beutelreis genommen, um es einfacher zu machen«, sagt meine Freundin.

Ich frage sie, ob es ihr gut geht, und bedanke mich bei ihr, dass sie die Silvesterparty ausrichtet. Ich schiebe den Panettone-Pudding in den Ofen und erkundige mich, ob sie ihn noch für etwas anderes braucht – nein, das geht in Ordnung. Der Schongarer steht mit einem blubbernden Curry auf der Arbeitsplatte. »Ich stelle den Ofen nur auf eine ganz niedrige Stufe, um den Pudding warmzuhalten«, sage ich ihr. »Kann ich dir sonst noch irgendwie helfen?«, füge ich hinzu.

»Es passt alles, mach mal eine Pause«, antwortet sie. »Nimm dir den Abend frei.«

Aber die Wahrheit ist, dass ich gar nicht mehr weiß, wie man einen Abend freinimmt. Ich bin zu diesem Typ Mutter geworden, die die Bedürfnisse aller anderen über ihre eigenen stellt – von »mir« ist nicht viel übrig geblieben, um über irgendetwas ein Gespräch führen zu können. Ich verstecke mich lieber in der Küche und beschäftige mich dort. Wenn ich es mir auf einem Sofa bequem mache, weiß ich, dass ich riskiere einzuschlafen. Isaac ist zehn Tage alt, und allein dass ich überhaupt hier bin, ist für mich schon eine Leistung. In meinem Umstandsshirt und der immer gleichen schwarzen Stretch-Hose, mit der ich seit Monaten herumlaufe, komme ich mir furchtbar langweilig vor. Die anderen Frauen tragen glitzernde Kleider und hohe Absätze, und ihre Lippen und Augen funkeln vor Make-up. Ihre Kinder sind jetzt meist älter als fünf Jahre, einige haben sogar schon Teenager. Mein Haar ist zu einem Pferdeschwanz zurückgebunden, und das einzige Make-up, das ich finden konnte, war ein alter Lipgloss, den ich unterwegs im Auto aufgetragen habe. Beinahe hätte ich abgesagt, aber ich wusste, wie viel Freude es den Mädchen machen würde. In den letzten Wochen sind wir nur zu Hause gewesen und haben auf die Ankunft des Babys gewartet.

Ich war nicht besonders kontaktfreudig oder hatte keine Energie, größere Strecken zurückzulegen. Jetzt, wo Isaac da ist, wollte ich mir ein Stück »Normalität« zurückerobern, also habe ich eingewilligt, hinzugehen.

Für die Zubereitung eines Trifles braucht man so ziemlich den ganzen Tag. Wenn ich wirklich gut organisiert gewesen wäre, hätte ich das Gelee bereits gestern Abend gemacht und es im Kühlschrank aufbewahrt. Aber auch wenn ich versuche mir vorzumachen, dass ich alles im Griff habe, einer Art Haushaltsgöttin gleich, ist das nicht der Fall. Meine Tage sind ein einziges Wirrwarr aus Stillen, Windelwechseln, Waschen, Kochen und Aufräumen. Ich weiß kaum, welcher Tag heute ist. Daher habe ich erst heute Morgen beim Frühstück angefangen, die Geleewürfel mit einer Küchenschere in eine Schüssel zu schnippeln.

GELEE FÜR SÄMTLICHE GELEGENHEITEN

KLASSISCHES FRUCHTGELEE

Zutaten:
1 l Apfelsaft
225 g gefrorene Himbeeren
1 EL Gelatinepulver oder 4 in kaltem Wasser eingeweichte Gelatineblätter

Vorbereitungszeit: 15 Minuten
Kochzeit: 5 Minuten
Für 8 Personen

Zubereitung:
1. In einem Topf die Hälfte des Apfelsafts mit den Himbeeren aufkochen.
2. Das Gelatinepulver oder die eingeweichten Blätter damit verquirlen.
3. Den restlichen kalten Saft einrühren.
4. Durch ein Sieb in eine Servierschale oder Gläser gießen oder in eine eingefettete Form, wenn das Gelee gestürzt werden soll.

5. Über Nacht in den Kühlschrank stellen, bis es fest ist.

Hinweis: Dieses Rezept kann auch mit einem frisch gepressten Fruchtsaft zubereitet werden. Hierfür die ganze Frucht weglassen und die Hälfte des Safts verwenden. Die Hälfte kochen, die Gelatine hinzufügen und dann den kalten Saft hineingeben, bevor alles abkühlt.

JELLY SHOTS MIT ALKOHOL

Zutaten:
135 g Fruchtgelee
280 ml kochendes Wasser
180 ml gekühltes Wasser
100 ml gekühlter Wodka

Vorbereitungszeit:
7 Minuten
Ergibt 16 Doppel- oder 32 Einzel-Shots

Zubereitung:

1. Das Gelee in Würfel schneiden und im kochenden Wasser auflösen.
2. Kaltes Wasser und Wodka hinzufügen, in Schnapsgläser füllen und über Nacht kühl stellen.

Molly sieht mir dabei zu, wie ich kochendes Wasser über die Würfel gieße, und als ich anfange, sie umzurühren, will sie mitmachen, denn was ich da tue, sieht nach Spaß aus. »Aufpassen, es ist heiß«, ermahne ich sie. Ich überlasse ihr meine Gabel und beobachte, wie sie es mir nachmacht, indem sie die kleinen Geleequadrate an den Rand des Glaskrugs rührt und sie zerdrückt, bis sie mit dem Wasser verschmelzen.

»Ich will jetzt Gelee essen«, verkündet Bea mit einem Mund voll Rice Crispies. Ich erkläre ihr, dass wir erst einmal kaltes Wasser hinzufügen und dann über die Früchte in die Schüssel gießen müssen. Danach muss das Ganze noch fest werden.

»Hier, leg das in die Schüssel«, sage ich und reiche ihr ein paar gefrorene Himbeeren, die sie vorsichtig auf dem Boden der hübschen Schüssel verteilt. Ich zerschneide eine fertige Biskuitrolle (denn wer hat schon Zeit, eine selbst zu backen?). Es ist eine sehr gute Biskuitrolle aus der Bäckerei im Ort, die ich vor James versteckt habe, weil er sonst gleich über sie hergefallen wäre. Ich lege die aufgeschnittenen Kreise des klebrigen Kuchenteigs auf die Himbeeren und gebe den Mädchen jeweils eine Hälfte davon zu essen. Dann meldet sich das Babyfon im Obergeschoss, und ich höre Isaac schreien. Ich schaue auf die Uhr: Seit ich ihn um etwa vier Uhr morgens gestillt habe, hat er geschlafen – es ist fast acht. Wir stecken alle noch in unseren Schlafanzügen und Bademänteln. Ich fülle etwas kaltes Wasser in Mollys Marmeladenglas, rühre es gut um und gieße es behutsam durch die Ritzen zwischen den Biskuitkreisen, um die Früchte zu bedecken, aber nicht den ganzen Kuchen zu tränken. Dann nehme ich eine Schüssel mit Suppe aus dem Kühlschrank, um Platz zu schaffen, quetsche die Schale neben den Joghurt und den Käse und schließe sachte die Tür. Später werde ich die Schüssel noch abdecken.

> Hinweis zum Kuchenkauf siehe S. 391

Ich rufe nach den Mädchen, dass sie mir nach oben folgen und sich anziehen sollen, hebe Isaac aus seinem Bettchen und steige wieder in unser Bett, das genau daneben steht, um mit ihm zu schmusen. Ich küsse sein süßes kleines Gesicht, merke aber, dass er zuerst gewickelt werden muss, bevor ich ihn wieder stille. Ich bitte Molly, mir die Wickelauflage und den Korb vom Boden zu reichen, lege ihn auf die Matratze und kitzle ihn an den Zehen. Bea krabbelt ins Bett, um mir zu helfen.

Den Rest des Morgens verbringe ich damit, aufzuräumen, nasse Wäsche aufzuhängen und im Waschraum an der Hintertür eine weitere Maschine anzustellen. Isaac sitzt in seiner Babywippe, während die Mädchen spielen und im Hintergrund CBeebies läuft. Ich eile nach draußen, um den Holzkorb zu befüllen und drei Holzscheite in den Ofen zu legen, damit er noch eine Weile läuft. Sam und Bramble schleichen um mich herum, während ich hin und her renne. Sie haben lange genug gewartet. Es ist fast elf Uhr vormittags.

Ich packe alle in Mäntel, Mützen und Schals ein und finde sogar noch zueinander passende Gummistiefel, die nach unserem letzten Spaziergang auf einem wirren Haufen gelandet sind. Gemeinsam gehen wir die Straße hinauf. Ich sage den Mädchen, dass sie sich am Kinderwagen festhalten sollen, bis wir zu einer größeren Wiese kommen. Das Holpern wird Isaac helfen, wieder einzuschlafen. Er schaut in den Himmel, und ich höre die Rufe der Dohlen um uns herum. Die Mädchen laufen die Wiese hinauf zum Ententeich, um ein paar alte Brotkrusten hineinzuwerfen. »Geht nicht ins Wasser!«, rufe ich ihnen hinterher. Der Tag ist grau und still, es nieselt in einem fort, und auf den Ästen bilden sich langsam Regentropfen. Ich lasse die Hunde von der Leine, und Bramble rennt hoch zu den Mädchen und bringt mir einen Ball zurück, den sie im hohen Gras gefunden hat. Uns alle nach draußen zu bekommen, ist oft gar nicht so einfach. Die Mädchen haben keine Lust rauszugehen, aber wir haben zwei Hunde, und die brauchen ihren morgendlichen Auslauf. Ich erkläre ihnen die ganze Zeit: »Ihr werdet euch besser fühlen, wenn ihr wieder reinkommt, die frische Luft tut euch gut«, wie es meine Mutter sagen würde.

Als wir zurückkommen, stelle ich Isaac draußen vor dem Küchenfenster ab, einen Regenschutz über ihm. Das habe ich mit all meinen Babys so gemacht, um ihren Schlaf nicht zu stören und damit sie so viel frische Luft wie möglich abbekommen – aber auch, um noch ein paar ruhige Minuten für meine Arbeit zu haben, bevor sie aufwachen.

Ich kümmere mich um die nächste Schicht des Trifle. Noch bevor ich meinen Mantel ausziehe, setze ich einen Topf mit Milch zum Kochen auf. Ich messe das Puddingpulver und den Zucker ab und schütte es in eine Schüssel. Ich verwende das gute alte Puddingpulver von Bird's, wie meine Mutter es immer gemacht hat, irgendwie wird selbst gemachter Pudding nie richtig fest. Bei einem Trifle geht es darum, verschiedene Schichten zu bilden; es soll auf gar keinen Fall eine matschige Masse werden. Ich rühre etwas kalte Milch in das Pulver und den Zucker, um eine Paste zu erzeugen, und genau in dem Moment, als die Milch im Topf aufsteigt, gieße ich sie auf die Paste und rühre sie im Anschluss gut um. Das Ganze muss nun etwas abkühlen, bevor ich es über den Biskuit und das Gelee kippen kann. Damit sich keine Haut bildet, streue ich etwas Puderzucker auf die Oberfläche. Ich nehme die kalte Glasschale aus dem Kühlschrank. Das Gelee ist immer noch zu dünnflüssig – es wird noch eine weitere Stunde brauchen. Ich entschließe mich dazu, ein wenig Amaretto über die Biskuitschicht zu gießen, denn die Kinder werden aller Wahrscheinlichkeit nach nichts von diesem Dessert essen, sondern lieber Eiscreme mit Streuseln haben wollen. Er riecht intensiv und süß. Ich nehme nur ein kleines bisschen, den Rest des Glases leere ich in einem Zug. Es brennt wie Feuer in der Kehle, aber der Nachgeschmack der Bittermandel ist einfach köstlich.

Ich mache meinen Kaffee stärker als sonst. Um den heutigen Tag einigermaßen zu überstehen, brauche ich jede nur erdenkliche Unterstützung. Ich werfe einen Blick nach draußen auf den schlafenden Isaac, schätzungsweise bleibt mir eine halbe Stunde Zeit, um das Mittagessen zuzubereiten, bevor er wieder gestillt werden muss. Ich reibe etwas Käse, schneide ein paar Scheiben Brot und einen Apfel auf, lege ein paar Trauben dazu. Die Mädchen wollen Chips haben, aber die sind uns ausgegangen. Ich treibe noch ein paar Cracker und Grissini für sie auf. Sie verstreuen den Käse überall am Boden, der Tisch ist voller Krümmel. Ich fege sie einfach runter, doch ehe ich den Staubsauger herausgeholt habe, hat Bramble schon alles aufgelesen.

James ist wieder zu Hause und hat einen Riesenhunger. Er war seit Tagesanbruch unterwegs. Während er sich Toast mit Spiegeleiern macht, unterhalten wir uns darüber, was der Tag ihm heute so gebracht hat. Ich schlage etwas Sahne mit dem elektrischen Schneebesen, Isaac wird von dem Geräusch wach; James geht nach draußen und hebt ihn aus dem Kinderwagen, um ihn zu knuddeln. Nach einer weiteren Runde Füttern, Wickeln und Beruhigen übergebe ich Isaac an James, der schon fast auf dem Sofa eingeschlafen ist, und mache mich wieder an mein Trifle. Das Gelee ist fest geworden und der Pudding kühl genug, um ihn zu schichten. Es fühlt sich an wie ein kleiner Sieg. Ich überziehe das Ganze mit der Schlagsahne und dekoriere es mit Himbeeren und dunklen Schokoladensplittern, die ich von einem Block rasple. Ich mag fix und fertig sein, aber der Trifle ist ein echter Hingucker.

Jetzt stehen mir noch ein Paar zusätzliche Hände zur Verfügung, die mich mit Isaac unterstützen, und ich fühle mich für einen Moment unbesiegbar. Ich ziehe meine große, gemusterte Auflaufform aus dem Schrank hervor, um als Nächstes noch einen Brot-und-Butter-Pudding zuzubereiten. Mich in der Küche aufzuhalten und mit so etwas zu beschäftigen, ist für mich eine willkommene Abwechslung zu den ganzen Windeln, dem nervtötenden Spielzeug und dem Aufräumen im Haus. Die Mädchen sind nach oben gerannt, um mit ihrem neuen Sylvanian-Families-Haus zu spielen, das der Weihnachtsmann gebracht hat, und solange sie jetzt nicht anfangen, sich darüber zu streiten, wie es aufgebaut werden soll, denke ich, dass ich den zweiten Pudding noch schaffen werde. Ich schneide die Ränder von einem großen Schokoladen-Panettone ab, den ich für diesen Zweck aufgehoben habe, und lege die Form mit den Stücken aus, wobei die Kruste den Boden bildet. Ich zerrupfe den restlichen Panettone in einer Schüssel und esse das eine oder andere Stück davon. Ich könnte die Mädchen bitten, mir zu helfen, aber sie würden nur alles aufessen wollen, und ich muss zusehen, dass ich vorankomme. Ein weiterer Pudding steht nun auf dem Programm, doch diesmal ein ordentlicher, selbst gemachter, für den ich in heißem Zustand Eier, Zucker, Milch und Sahne verquirle. Ich gieße die dampfende Mischung über den zerrupften Panettone und schaufle alles in die vorbereitete Form. Als Nächstes gebe ich mit einem Teelöffel etwas von Mums bester Marmelade in ein paar Mulden, die ich mit einem anderen Löffel mache, und füge ein paar grobe Stücke Zartbitterschokolade hinzu, um dem Ganzen noch eine besondere Note zu verleihen. Ich habe ohnehin schon für die Dekoration des Trifle einen Block Schokolade angebrochen. Zum Abschluss streue ich Demerara-Zucker über die gesamte Oberfläche und backe den Pudding für 45 Minuten im Ofen, bis er goldbraun ist. Biskuit-Pudding ist bei allen sehr beliebt, und dieser hier ist wirklich köstlich und unwiderstehlich. Ich weiß, dass er, sobald er einmal angeschnitten ist, in Sekundenschnelle weg sein wird. Auf einer Feier mit zwei selbst gemachten Desserts aufzutauchen, wird den Eindruck erwecken, als hätte ich alles im Griff. Viel lieber würde ich mich wieder im Bett verkriechen, aber damit würde ich ja nur zugeben, dass ich mit drei Kindern kapituliert habe. Ich möchte aber mir selbst (und allen um mich herum) beweisen, dass ich es schaffe, und zwar gut.

Es hat sich wahnsinnig viel an Abwasch angesammelt, der noch zu erledigen ist, bevor wir das Haus verlassen. Aber ich bin fest entschlossen, hier alles ordentlich zu hinterlassen, weil es sich momentan für mich wie ein Lottogewinn anfühlt, heimzukommen und ein leeres Spülbecken und eine gereinigte Arbeitsplatte vorzufinden. Ich mache meinem zukünftigen Ich damit ein Geschenk. James rufe ich zu, dass er bitte Bramble füttern, die Spielsachen im Wohnzimmer wegräumen und die Gardinen zuziehen solle. Dann stecke ich die Mädchen in ihre schönsten Festtagskleider und flechte ihnen die Haare. Ich packe eine Windeltasche, um für alle Eventualitäten gerüstet zu sein, einschließlich der Schlafanzüge für die Mädchen und ihrer neuen Pantoffeln, ihr Outfit für später am Abend. Dann sind wir fertig.

Nachdem wir uns begrüßt und die Mädchen sich zum Spielen verzogen haben, fülle ich mir ein großes Trinkglas mit Wasser aus dem Hahn in der Küche und nehme es mit in den Wintergarten, einen großen, luftigen Raum mit einer Bar an der Hausrückseite. Die Wand hinter der Bar ist verspiegelt und mit Glasregalen bestückt, um die erlesene Spirituosen-Sammlung des Mannes meiner Freundin zu präsentieren. Er steht stolz hinter seiner Bar und serviert Drinks aus aller Welt, als wäre er Tom Cruise aus Cocktail, und jeder zieht ihn damit auf, in seinem Haus ein Pub eingerichtet zu haben. Seine Frau beschwert sich schon immer, dass er auch das Schlafzimmer mit seinem Heimtrainer in Beschlag genommen hat, den er dort aufgestellt hat, als würde er an der Tour de France teilnehmen.

Ich ziehe los und schaue nach den Mädchen, die mit einem neuen Spiel begonnen haben, das auf dem Boden ausgebreitet ist. James unterhält sich, mit einem Bier in der Hand. Als ich mitbekomme, wie Isaac in seinem Sitz herumzappelt und die Augen zusammenkneift, packe ich ihn aus seinem Schneeanzug aus wie aus einem Päckchen und trage ihn zum Sofa, damit er sich ausstrecken und aufwachen kann. Ich möchte vermeiden, dass er wieder einschläft. Wenn er jetzt zu lange schläft und ihm zu warm wird, würde das später nur umso anstrengender für mich werden. Während ich etwas abseits sitze, verfolge ich die Gespräche aus dem Wintergarten.

»Ja, das Baby ist da – ist das Nummer drei?«, sagt jemand. »Ja, sie hat noch eins bekommen, damit sie sich keinen richtigen Job suchen muss«, gibt jemand zur Antwort.

Das soll wohl ein Scherz sein. Wenn ich nur ein Quäntchen mehr Energie hätte, um schlagkräftiger zu sein, hätte ich hinübergerufen: »Das habe ich gehört! Verzieh dich, ich habe einen richtigen Job.« Stattdessen gehe ich mit Isaac ins Badezimmer, schließe die Tür, lege ihn vorsichtig auf ein sauberes Handtuch am Boden und nehme mir ein paar Minuten für mich. Ich lasse das Wasser laufen und betrachte mein gerötetes Gesicht im Spiegel. Tränen steigen mir in die Augen, aber ich halte sie zurück. Eigentlich möchte ich auf der Stelle gehen. Warum sind wir überhaupt hergekommen?

Ich betrachte Isaac, zehn Tage alt und so vollkommen. Ich atme tief ein, spritze mir Wasser ins Gesicht und trage mein kleines Baby zurück ins Wohnzimmer. Eine andere Mutter fragt, ob sie ihn einmal nehmen dürfe, doch ich sage, dass ich ihn jetzt stillen müsse. Ich möchte ihn ganz nah bei mir haben, damit ich nicht zusammenbreche. Ich drücke mich in die Ecke des Sofas und schiebe ihn unter mein Oberteil. James kommt herein und fragt, ob ich etwas brauche. Ich bitte ihn, darauf zu achten, dass die Mädchen essen. Er kann mir ansehen, dass etwas passiert ist und wir nicht mehr lange bleiben werden. Er gibt mir einen Kuss auf den Kopf und sagt, dass ich mich hervorragend schlage. Ich lege meinen Arm um seinen Hals und flüstere: »Ich liebe dich.« Als ich so dasitze und Isaac stille, fahren meine Gedanken Karussell. Meine Demütigung verwandelt sich in Wut. Ich muss mich vor niemandem rechtfertigen, dass ich drei Kinder habe.

Nach dem Stillen wickele ich Isaac wieder ein und überlasse ihn einem Freund, damit ich mir etwas zu essen nehmen kann. Nachdem jeder fertig ist mit dem Essen, helfe ich beim Einsammeln der Teller, nehme die hübsche blaue Form mit dem warmen Pudding aus dem Ofen und stelle sie auf den Küchentisch. Der Trifle macht sich gut in der glitzernden Glasschale, die Großmutter mir zur Hochzeit geschenkt hat und die ich nur zu besonderen Anlässen raushole. Am liebsten würde ich gehen, nehme mir aber vor, noch eine Weile durchzuhalten und zu lächeln. Alle stürzen sich auf meine Desserts, die Schüsseln sind schnell leer. Ich bekomme eine Menge Komplimente und werde nach den Rezepten gefragt. Meine Freundin sagt, sie wüsste nicht, wie ich das hinbekäme – »zehn Tage nach der Geburt des Babys mit zwei so tollen Desserts aufzutauchen«. Unter ihrem großen Protest, dass wir weit vor Mitternacht schon gehen, sammeln wir die Mädchen ein.

Sobald wir zu Hause angekommen sind, ziehe ich die Schuhe aus und krieche förmlich die Treppe hinauf. James begleitet die Mädchen nach oben und bringt mir dann Isaac, damit ich ihn in das Bettchen neben unser Bett legen kann. Danach geht er noch einmal zu den Mädchen und erzählt ihnen eine erfundene Geschichte über eine Maus, die die Silvesternacht verschlafen hat und in einer Wunderwelt aufgewacht ist.

Ich liege wach und bin nicht in der Lage abzuschalten. Meine Gedanken kreisen immer wieder um diese Worte. Es ist genug. Ich bin genug.

BAGUETTE

Alle Parkplätze im Eltern-Kind-Bereich sind belegt. Ich drehe noch eine Runde, in der Hoffnung, dass jemand wegfährt. Es fängt an zu regnen. Alle drei Kinder sind im Auto, die Mädchen müde von ihrem ereignisreichen Tag in der Schule. Wir sind in der Stadt vor Morrisons, dem großen Supermarkt. Niemand verlässt den Parkplatz, und ich fahre immer wieder im Kreis. Irgendwann entdecke ich einen Mann, der seine Einkäufe in den Kofferraum seines Autos lädt, setze den Blinker und stelle den Scheibenwischer an. Ich warte. Während er gefühlt drei Jahre braucht, um seinen Einkaufswagen zurückzubringen, in seinen auf Hochglanz polierten Audi zu steigen und rückwärts auszuparken, kostet es mich faktisch drei Sekunden, seine Parklücke zu übernehmen. Ich lasse die Kinder für einen Augenblick im Auto, während ich zu den Einkaufswagen renne und dabei nach einer 1-Pfund-Münze in meiner Windeltasche krame. Ich quetsche mich zwischen mein Auto und dem daneben und hebe Isaac, der schon fast zwei Jahre alt ist, in den Kindersitz des Einkaufswagens. Er ist zu groß dafür, aber so ist es einfacher, als den Wagen zu schieben und ihn an der Hand zu halten, während er über den Parkplatz watschelt. Es ist ein grauer Mittwochnachmittag im November. Ich ziehe ihm seinen Mantel an und werfe mir meinen über, bevor wir uns zwischen Autoreihen und Wasserpfützen den Weg über den belebten Parkplatz bahnen. Ich bringe uns alle wohlbehalten in den warmen, hell erleuchteten Laden. Mein feuchter Mantel fühlt sich dick und schwer an.

Ich schalte in den Einkaufsmodus.

Ich nehme eine große Packung preisreduzierter Toilettenpapierrollen von der Palette vor uns und hänge sie an den Haken unter dem Griff zwischen Isaacs Beinen. »Können wir ein paar Erdbeeren haben?«, fragt Molly mich. »Na, dann mal los«, sage ich, und sie reicht mir zwei Schälchen. Die Mädchen freuen sich, dass sie aus dem Auto rausgekommen sind, und wollen loslaufen, aber ich achte darauf, dass sie in meiner Nähe bleiben. Ich nehme noch drei Packungen Milch, ein großes Stück Käse und etwas dünn geschnittenen Schinken mit, den Isaac so gern auf seinen Sandwiches isst. Wir spazieren durch die Gänge und füllen den Einkaufswagen. Der Inhalt besteht zur Hälfte aus der ungeschriebenen Einkaufsliste einer Erwachsenen und zur anderen Hälfte aus einer ganzen Reihe von Kinderwünschen. Ich versuche im Blick zu behalten, was wir wirklich brauchen, und alles, was sie sehen, sind Schokoladen-Brötchen, Marmeladen-Donuts, gefrorene Pommes Frites und die Cookie-Dough-Eiscreme von Ben & Jerry's. Ich kann jetzt nicht wegen jeder Kleinigkeit diskutieren. Die Mädchen sind unruhig. Den ganzen Tag mussten sie in der Schule tun, was ihnen gesagt wurde. Sie fangen an, sich gegenseitig aus dem Weg zu schubsen, um diejenige zu sein, die die ruhmreiche Aufgabe hat, den Einkaufswagen zu schieben, in dem ihr kleiner Bruder sitzt. Nach einem Tag mit mir freut er sich, sie zu sehen, genießt ihre Aufmerksamkeit und kichert mit ihnen. Ich greife nach James' Lieblingsjoghurt und Butter und stapele die Becher und Töpfchen in meinen Armen – nur um festzustellen, dass der Einkaufswagen weg ist, als ich mich umdrehe. Eine Dame geht an mir vorbei und gibt verärgert von sich: »Haben Sie Ihre Kinder nicht im Griff?« Die Mädchen sind mit Isaac den Gang entlanggeflitzt und mit unserem Wagen an ihren Wagen gestoßen. Da war das Geschrei groß. Ich lächle und würde am liebsten sagen: »Was würden Sie mir empfehlen, dass ich sie mit vor die Tür nehme und mit einem Rohrstock schlage?« Aber ich beherrsche mich und entgegne schuldbewusst: »Es tut mir leid.«

Ich möchte einfach nur noch weg von hier.

Eine andere, nettere Dame im nächsten Gang schenkt mir ein verständiges Lächeln, als sie sieht, wie die Mädchen lachen und Isaac im Kreis drehen. Ich atme noch einmal tief durch. Am Ende des Gangs sehe ich eine Frau, die meine Mutter kennt, weswegen ich mit den Kindern wieder kehrtmache und mich in den nächsten Gang verziehe, bis ich mir sicher sein kann, dass sie in die andere Richtung weggegangen ist. Ich bin nicht in der Stimmung für Small Talk.

Uns ist das Essen ausgegangen. Ich habe den Vormittag in den Schafställen verbracht und James mit der Herde geholfen. Isaac habe ich bei Laune gehalten, indem ich ihm kleine Aufgaben übertragen habe, um zu verhindern, dass er von den giftigen Chemikalien im Fußbad der Schafe bespritzt oder von den aufgeregten Hunden auf dem mit Kot übersäten Betonboden umgerannt wird. Dann sind wir hinter der Herde hergelaufen, während wir sie auf eine neue Weide getrieben haben. Zurück auf der

Baustelle, die unser Haus werden soll, gab mir unser Bauunternehmer Denis eine Liste mit Materialien, die er für die nächsten Tage benötige, und ich rief bei verschiedenen Lieferanten an, um den besten Preis zu erfragen. Zwischendurch habe ich für uns alle Rühreier mit den Resten des Brots zu Mittag gemacht. Ich habe die Lieferung einiger Palletten mit Hohlblocksteinen organisiert und mit Denis besprochen, wie die Fenster aussehen sollen. Dann habe ich noch mit dem Abdecker die Abholung eines toten Schafs vereinbart. Ich habe keine der »dringenden« Fragen beantwortet, die die Versicherungsgesellschaft per E-Mail an mich gestellt hat, und muss noch den Tierarzt anrufen, weil Bramble ihr übliches Hundefutter verweigert. In einer zehnminütigen Teepause habe ich Isaac beim Aufbauen seiner Eisenbahnstrecke geholfen, und schon war es wieder Zeit, zur Schule zu fahren. Bald muss ich mich um das Abendessen kümmern.

Bis jetzt weiß ich noch nicht, was es geben wird. Ich reiche Isaac ein Stück abgerissenes Baguette, um ihn davon abzuhalten, aus dem Einkaufswagen zu klettern.

Bea verkündet, sie müsse auf die Toilette. Ich stehe im Gang mit den Zerealien, so weit von den Toiletten entfernt, wie es nur möglich ist. Ich frage sie, ob sie noch warten könne, was sie verneint. Ich werfe einen Blick auf meinen überquellenden Wagen und die Warteschlangen an den Kassen, seufze, und wir drehen um, zurück in Richtung Eingang. Neben der Tür zu den Toiletten stelle ich all meine Einkäufe ab, hebe Isaac heraus und versuche, jemanden von den Angestellten zu erwischen, um Bescheid zu sagen: »Das ist meine Ware, wir sind nur kurz hier drin« – aber ich habe keinen Erfolg. Also wage ich es. Wer sollte schon Interesse an einem Berg voll von unbezahlten und nicht selbst ausgewählten Sachen haben? Ich schiebe alle drei Kinder in die Behindertentoilette, weil wir dort zusammen mehr Platz haben. Isaac genießt seinen Freiraum und versucht mehrmals, die Tür zu entriegeln. Molly spritzt das Wasser aus dem Wasserhahn über den ganzen Spiegel. Ich helfe Bea bei ihren Schulstrümpfen und bitte sie, die Finger von dem Hygieneeimer zu lassen, als sie den Deckel anhebt und fragt: »Für was ist das?« Als wir fertig sind, weiß ich, dass ich keine weitere Minute mehr beim Einkaufen ertrage, also suchen wir die nächstbeste Kasse auf. Ich habe definitiv einige Sachen vergessen, die wir eigentlich brauchen, aber ich denke, es ist genug, um zurechtzukommen, und ich kann es kaum erwarten, hier rauszukommen. Ich lasse die Mädchen einander Packungen, Schachteln und Dosen reichen, um sie auf das Kassenband zu legen, wobei ich aufpasse, dass ich ihnen bei zerbrechlichen Sachen wie Eiern und Marmeladengläsern zuvorkomme und diese selbst nehme.

Ich stelle Bea mit einer Tragetasche an das Ende der Kasse, wo sie ein paar Tüten mit Trockenfrüchten einpackt, um dann von den ganzen Einkäufen überschwemmt zu werden. Der Scanner piept schneller, als ich mithalten kann. Ich lächle die Kassiererin an und sage: »Puh, es ist ganz schön heiß hier drinnen heute Nachmittag.« Sie blickt auf meine »Helfer« und lächelt, verringert aber nicht ihren roboterhaften Zug beim Scannen der Ware. Hinter mir warten drei weitere Kunden in der Schlange.

»Das macht 147,53 Pfund, bitte«, sagt sie und fügt hinzu: »Sammeln Sie Treuepunkte?« Ich krame in meinem Portemonnaie, das voll ist mit Kundenkarten, Quittungen, Kleingeld und Geldscheinen.

»Nein, ich kann meine Karte nicht finden«, stöhne ich. Ich bin von Kundenkarten genervt. Es nervt mich, dass jedes Geschäft seine eigene hat und dass sie denken, dass ich Zeit und Lust habe, sie jedes Mal bei mir zu haben, oder dass ich daran interessiert bin, mit irgendwelchen Gutscheinen, die ich per Post zugeschickt bekomme, Geld zu sparen und extra vorbeizukommen, um 20 Pence Rabatt bei einer Flasche Weichspüler einzulösen. Sie sollten einfach einen fairen Preis für ihre Produkte machen, statt mit solchen Tricks zu arbeiten. Die Kassiererin tippt mit ihren Fingern etwas in die Kasse ein und wartet darauf, dass ich alles in den Einkaufswagen gepackt habe. Sie weist mich noch darauf hin, dass ich meinen Kassenbon aufheben solle, falls ich etwas reklamieren müsste. Ich nicke; als ob das jemals passieren würde. Ich schiebe meine Kreditkarte in die Maschine und bestätige den Kauf mit meiner vierstelligen Geheimzahl auf der Tastatur, woraufhin sie mir einen kilometerlangen Kassenbon reicht, den ich in meine Tasche stopfe. Ich denke: »Wie konnte ich nur so viel ausgeben?« Und: »Was um alles in der Welt habe ich da gekauft?«

Ich hebe Bea von der Kasse herunter, und Molly zwickt sie in den Arm. Bea heult auf vor Schmerzen. Ich habe das Gefühl, von allen um uns herum angestarrt zu werden, beiße die Zähne zusammen und sehe zu, dass ich von hier wegkomme. Molly werfe ich einen vielsagenden Blick zu: »Wir sprechen uns später noch.«

Die Mädchen laufen los, um zum Peppa-Wutz-Fahrgeschäft im Foyer zu kommen. »Heute nicht«, lehne ich entschlossen ab und schaue Molly, die darauf wartet, dass sie an der Reihe sind, erneut eindringlich an. »Ich kann nicht glauben, was du gerade mit deiner Schwester gemacht hast.« Bea fängt noch mehr an zu weinen, weil ich nein gesagt habe; sie sehen, wie ein Kind lachend in Peppa Wutz' rot glänzendem Wagen rauf und runter fährt, und Bea fängt an zu schreien wie am Spieß, als hätte man ihr einen Arm abgehackt.

Den Einkaufswagen aus dem Laden zu schieben, kostet mich viel Mühe. Es kommt mir vor, als stünde unser Auto kilometerweit entfernt, und als ginge es noch dazu einen wahnsinnig steilen Berg hoch, um zu ihm zu kommen. Während wir uns in Bewegung setzen, ziehe ich die Kapuzen der Mädchen hoch und bitte sie, sich am Wagen festzuhalten, solange wir uns durch den Verkehr auf dem Parkplatz wuseln. Es regnet mittlerweile wie aus Kübeln. Am anderen Ende des Parkplatzes sehe ich einen Mann, der mit nichts weiter als einem Sandwich in der Hand zu seinem weißen Lieferwagen schlendert, der auf dem Eltern-Kind-Parkplatz steht. Ich muss an mich halten, nicht hinzugehen und auf ihn einzuschlagen. Als wir bei unserem Auto ankommen, sind die Einkäufe im Einkaufswagen völlig durchnässt. Ich öffne den Kofferraum, nur um festzustellen, dass er immer noch voller Recyclingmaterial ist, das ich vor dem Einkaufen noch hätte wegbringen müssen. Ich räume alles um und erzähle den Kindern, dass es bei uns jetzt wie in Julia Donaldsons Geschichte Mein Haus ist zu eng und zu klein zugeht. Die Fußräume fülle ich mit Waschpulver, Packungen mit Mehl und Zucker sowie Säften. Dann vergewissere ich mich, dass die Kinder alle ihre Sicherheitsgurte angelegt haben. Molly lässt verlauten, dass sie hungrig ist. Ich steige noch mal aus dem Auto aus und krame im Kofferraum herum. Ich reiche ihnen etwas zum Snacken, und dann sitzen wir in dem beschlagenen Auto, dessen

Fenster wir nicht öffnen können, weil es draußen so regnet, und mampfen Schoko-Chip-Brioche-Brötchen. Ich stecke ihnen kleine Strohhalme in kalte Trinkbeutel von Happy Monkey und bitte Isaac darum, nicht den ganzen Inhalt über sich auszuleeren. Ich parke das Auto rückwärts aus und fahre nach Hause. Noch immer habe ich keine Ahnung, was ich zum Abendessen machen soll.

BRÜHE

Vorsichtig trage ich ein Tablett mit dampfenden Schüsseln voller Schinkenhaxen-Brühe und stelle es den Bauern hin. Auf den langen Tischen stehen bereits Teller mit Wurst, Apfelgitterkuchen und Brotstücke. »Butter!«, fällt mir noch ein, und ich eile zurück in die Küche, um die kleinen Schälchen mit den leicht aufgeweichten Butterstückchen zu holen. Auf dem Tisch stehen Gläser und Wasserflaschen zum Nachfüllen bereit. Ich schicke Molly mit leeren Flaschen und Schüsseln in die Küche und bitte sie, weitere Teller für den Kuchen zu holen. Die Ersten beginnen zu essen. Dicke Schneeflocken stöbern vom Himmel und werden gegen die Glastüren am Ende des Stalls geweht. Bald werden wir Tiefschnee haben. Noch immer fahren Männer und Frauen mit ihren landwirtschaftlichen Trucks vor. Ein paar unserer Nachbarn sind auch mit ihren Traktoren gekommen.

Ich bewirte gerade 70 Personen. Eigentlich sollte es nur eine kleine Veranstaltung mit 20 oder 30 Leuten werden, aber dann wurden ein paar mehr eingeladen und dann noch ein paar mehr. »Nicht noch mehr!«, wiederholte ich immer wieder. Aber Landwirte mögen Feste, und so wurde die Liste immer länger. Zwei Wochen lang habe ich gekocht, gebacken, geputzt und alle Vorbereitungen getroffen. Ich habe eine klare Brühe zubereitet, weil sie günstig ist und eine herzhafte Mahlzeit ergibt. Außerdem lässt sie sich leicht aufwärmen und am entsprechenden Tag servieren. Unsere Bauernfreunde sind zu einer Wohltätigkeitsveranstaltung gekommen, die wir im Stall abhalten. Es ist ein Samstagmittag im Dezember, und ich bin erstaunt, dass sie trotz der tückischen Straßenverhältnisse alle den Weg auf sich genommen haben.

SCHWEINSHAXEN-BRÜHE FÜR 70 BAUERN

Eine klare Brühe gibt einem ein wärmendes und sättigendes Gefühl. Sie für jemanden zuzubereiten, ist ein Zeichen von Fürsorge. Außerdem ist die Kraftbrühe ein altbewährtes, gesundes Gericht. Sie ist preiswert in der Herstellung, denn sie verwandelt grundlegende alltägliche Zutaten – Knochen und Wurzelgemüse – in eine sehr nahrhafte Mahlzeit. Die Haxe (oder das Eisbein) ist ein eher minderwertiges Stück vom Schwein, ein Gelenkstück. Aus einer Haxe und ein paar Gemüsesorten lässt sich genug Brühe zubereiten, um eine ganze Tischgesellschaft zu versorgen – man kann die Menge sogar noch erhöhen, wie ich es getan habe, als ich 70 Bauern auf einmal verköstigen musste! Sie ist so einfach zuzubereiten, dass sie wirklich jedem gelingt – es ist nicht viel mehr, als Gemüse zu hacken und es zusammen mit der Haxe langsam zu kochen.

Will ich eine klare Brühe zubereiten, achte ich darauf, dass die einfachen Zutaten, die benötigt werden, von erstklassiger Qualität sind. Ich versuche, Fleisch von Schweinen aus Freilandhaltung (idealerweise von unseren eigenen Tieren) und gutes Gemüse aus der Region (oder, noch besser, aus unserem Garten) zu verwenden. Ich mache zwei- oder dreimal im Jahr eine Brühe: zum Herbstbeginn, um Weihnachten herum und immer vor der Lämmerzeit im April. Ich friere Portionen in Boxen und sonstigen Gefäßen ein, die ich aufgehoben habe, um sie an bitterkalten Tagen auf dem AGA auftauen zu lassen,

während wir mit den Schafen und Lämmern beschäftigt sind. Wir können die Brühe dann schnell erwärmen und haben zum Mittag- oder Abendessen eine herzhafte, sättigende Mahlzeit. Das Rezept ist so unkompliziert, dass ich das Gemüse auch durch andere Sorten ersetzen kann, wenn ich nicht genau die aufgeführten Zutaten habe. Pastinaken passen genauso gut dazu wie gewürfelter Knollensellerie. Manchmal verwende ich auch einen Hammelknochen.
Meine Kraftbrühe ist ein Bauernrezept, das von Generation zu Generation weitergereicht wurde, und bei dessen Zubereitung alle mithelfen können. Während die Brühe vor sich hinköchelt, füllt sich das Haus mit einem herrlichen Schinken- und Gemüseduft. Brühe ist eine Art Medizin. Ich habe den Eindruck, dass sie bei Husten und Erkältungen hilft und unser Immunsystem für die strapaziöse Arbeit, die in den Wintermonaten auf dem Hof anfällt, stärkt.
Das nachstehende Rezept ergibt einen Topf Brühe, man benötigt eine Schweinshaxe und 2 ¼ Liter Wasser. Normalerweise mache ich zwei große Töpfe und koche jeweils zwei Schweinshaxen in einem, denn wenn ich mich einmal dazu entschlossen habe, eine Brühe zuzubereiten, ist es ganz einfach, die Zutaten zu verdoppeln oder zu vervierfachen und Portionen für die kommenden Wochen einzufrieren. Der Aufwand zahlt sich einige Wochen später aus, wenn Sie die dampfende Schüssel dann in dem Bewusstsein genießen, die Brühe von Grund auf selbst zubereitet zu haben.

SCHWEINSHAXEN-BRÜHE

Zutaten:
1 Schweinshaxe (wenn möglich aus Freilandhaltung), ca. 1 kg
200 g getrocknetes Suppengrün oder getrocknete Hülsenfrüchte nach Wahl (Gerste, Erbsen, Linsen)
4 Karotten

2 Zwiebeln
½ Kohlrabi
3 Stangen Staudensellerie
1 Lauch
Ein Schuss Olivenöl und noch etwas extra zum Servieren
Bio- oder hausgemachte Hühner- oder Gemüsebrühe auf Vorrat zum Verfeinern
Grünkohl, Palmkohl oder Spinat zum Servieren (bei Bedarf)
Petersilie zum Servieren
Ein Spritzer Zitrone, zum Servieren (bei Bedarf)

Vorbereitungszeit: 50 Minuten
Kochzeit: mindestens 5 Stunden
Ergibt einen großen Topf (für 6–8 Personen)

Zubereitung:

1. Die Schweinshaxe in einem großen Topf oder in einem Schongarer mit kaltem Wasser bedecken – ungefähr 2 ¼ Liter sollten genügen.
2. Bringen Sie das Wasser zum Kochen und köcheln Sie den Inhalt 2 Stunden, oder 4 Stunden in einem Schongarer auf hoher Stufe, bis es so aussieht, als löse sich das Fleisch vom Knochen.
3. Die Schweinshaxe herausnehmen und abkühlen lassen. Weißen Schaum oder Fett von der Wasseroberfläche abschöpfen und die Flüssigkeit durch ein Sieb in eine große Schüssel gießen. (Die Fleischbrühe kann bis zu 3 Tage im Voraus zubereitet und die Schinkenkeule zusammen mit der Brühe im Kühlschrank abgedeckt aufbewahrt werden.)
4. Die Brühe wieder in den großen Topf oder den Schongarer gießen (muss vorher nicht sauber gemacht werden) und das getrocknete Suppengrün oder die Hülsenfrüchte Ihrer Wahl hinzufügen. Eine weitere Stunde auf niedriger Stufe köcheln lassen (oder noch 4 Stunden im Schongarer).
5. Während das Ganze vor sich hinköchelt, Möhren, Zwiebeln, Rüben, Sellerie und Lauch so klein schnippeln, wie es Ihnen möglich

ist. Ich mache dies gern mit der Hand, und wenn ich die vierfache Menge zubereite, kann das Ganze etwas Zeit in Anspruch nehmen. Aber man kann sich die Zeit versüßen, indem man währenddessen ein gutes Hörbuch oder einen Podcast hört. Oder man bittet die Kinder um Hilfe oder – noch besser – lädt einen Freund zum Kaffee ein und lässt ihn mithelfen mit der Aussicht, dass er dann eine feine Brühe als Dankeschön erhält. Natürlich kann man auch eine Küchenmaschine zur Hilfe nehmen, aber das Gemüse ist dann in der fertigen Brühe oft nicht mehr so lecker und ansehnlich.

6. In einer beschichteten Pfanne das Gemüse mit einem Schuss Olivenöl anbraten, bis es gar ist – nur Geduld, das kann bis zu 20 Minuten dauern. Vorsichtig schwenken und großzügig mit Salz und Pfeffer würzen.
7. Das gekochte Gemüse in den Topf mit der Fleischbrühe und den aufgequollenen Hülsenfrüchten geben. Das Ganze auf niedriger Stufe köcheln lassen, während Sie sich um das Schinkenfleisch kümmern.
8. Das Fleisch mit den Händen vom Knochen lösen und das Fett entsorgen. Die Schinkenstücke in einer Schüssel zerkleinern oder zerreißen, bevor sie in die Brühe gegeben werden, wobei darauf zu achten ist, dass ausreichend Flüssigkeit vorhanden ist, sodass Schinkenfleisch und Gemüse bedeckt sind; bei Bedarf auffüllen.
9. 40–45 Minuten kochen und dabei prüfen, ob die Hülsenfrüchte weich genug sind und die Brühe schmackhaft ist. Bei Bedarf mehr Flüssigkeit hinzugeben und nachwürzen. Die Brühe wird mit jedem Tag besser, an dem sie im Kühlschrank steht – sie dickt ein und lässt sich je nach Belieben mit Hühner- oder Gemüsebrühe strecken.
10. Kurz vor dem Servieren das getrocknete Grünzeug sowie frische Kräuter der Wahl hinzufügen und 2–3 Minuten aufkochen, bis die Zutaten gar sind. Mit einem Spritzer Zitrone und ggf. einem Tropfen Olivenöl abrunden.

Wenn die Brühe nicht sofort serviert werden soll, kann sie zugedeckt 3–4 Tage im Kühlschrank aufbewahrt oder in Behältern eingefroren werden.

Das Tal vor den Fenstern verwandelt sich von den schmutzigen Grün- und Brauntönen des Winters in eine saubere weiße Gebirgs- und Hügellandschaft. Ich bin früh wach, um Tische und Stühle aufzustellen und das Besteck in weihnachtliche Servietten zu wickeln.

Ich habe drei Apfelstreuselkuchen zum Nachtisch gebacken, den wir in der Küche auf riesigen Tabletts servieren. Aus den Kännchen daneben kann noch Pudding und Sahne dazu genommen werden. Meine Schwiegermutter steht wie festgewachsen an der Spüle und wäscht alles ab, was ihr in die Finger kommt. Ich weiß, dass sie es nicht mag, unter zu vielen Menschen zu sein. Sie ist lieber hier drinnen mit etwas beschäftigt, als Small Talk zu führen. Wir haben uns heute versammelt, um ihrem Mann (meinem Schwiegervater) Tom zu gedenken, der vor zehn Monaten an Krebs gestorben ist. All die Gäste hier sind seine Freunde. Jedes Jahr wechseln sie sich als Gastgeber ab, verbringen Zeit auf den Höfen der anderen, sehen sich ihre Rinder und Schafe an und nehmen ein gemeinsames Essen im Bauernhaus oder in der nächsten Kneipe ein. Wir wollen, dass sich alle willkommen fühlen, und das bedeutet, dass wir sie gut verköstigen.

Meine Mum schöpft die dampfende Brühe mit einer Kelle aus dem riesigen Topf, der auf dem Herd köchelt, in die Schüsseln. Eine Bar wurde im Stall errichtet; Männer und Burschen tragen Bierflaschen oder Ciderdosen mit sich herum, während sie sich miteinander unterhalten. Nachdem sie gegessen haben, stehen sie am Gatter der Schafställe und fangen mit kleinen Stiften an, ihre Bewertungen auf Zetteln einzutragen. Neben dem Hundezwinger habe ich einen Tee-und-Kaffee-Tisch aufgebaut – zwei urnenförmige Wasserboiler köcheln vor sich hin und warten nur darauf, Pappbecher mit heißem Wasser, einem Teebeutel oder löslichem Kaffee zu füllen. Je mehr Gäste eintreffen, desto mehr Behälter mit selbst gemachtem Backwerk, Kuchen und Keksen, stapeln sich auf dem Tisch. Die anderen Frauen haben ebenfalls gebacken, um mich etwas zu entlasten. Ihre Shortbread-Kekse und Früchtebrot-Schnitten sehen vorzüglich aus. Das Mittagessen nimmt kein Ende, da wir nicht für 70 Leute gleichzeitig einen Sitzplatz haben. »Setzt euch dort drüben hin, wir bringen euch gleich was zu essen«, sage ich, während immer mehr Gäste eintreffen.

KEKSE

KLASSISCHES SHORTBREAD

Zutaten:
170 g ungesalzene Butter (bei Zimmertemperatur aufgeweicht)
85 g Feiner Zucker
225 g Mehl, und noch etwas mehr zum Bestäuben
30 g Mehl gemischt mit einer Messerspitze Backpulver

Vorbereitungszeit: 20 Minuten
Backzeit: 15 Minuten
Ergibt etwa 20 Kekse

Zubereitung:

1. Den Ofen auf 150 °C/Umluft bzw. Gas Stufe 1 vorheizen und ein oder zwei Backbleche in den Ofen schieben. Die Butter und den Zucker schaumig schlagen.
2. Das Mehl hinzugeben und zu einem Teig verarbeiten, aber nicht zu stark durchkneten.
3. Den Teig auf einer leicht bemehlten Fläche auf eine Dicke von 4 mm ausrollen und Kreise ausstechen. Der Teig kann auch zu einer Wurst gerollt werden, von der Sie 4 mm dicke Scheiben abschneiden. Was übrig bleibt, kann verpackt, beschriftet und eingefroren werden.

4. Auf dem/den vorgeheizten Backblech(en) 10–15 Minuten backen. Darauf achten, dass sie eine helle Farbe behalten und nicht golden werden.

ROSINEN-HAFER-KEKSE

Zutaten:
250 g ungesalzene Butter (bei Zimmertemperatur aufgeweicht)
160 g Feiner Zucker
160 g Soft Dark Brown Sugar oder Kokosblütenzucker
2 Eier
¼ TL Vanilleessenz
380 g Mehl
1 TL Backpulver
1 Prise Salz
½ TL gemahlener Zimt
110 g Haferflocken
220 g Rosinen

Vorbereitungszeit: 10 Minuten
Backzeit: 12 Minuten pro Lage
Ergibt 24 Stück

Zubereitung:

1. Den Ofen auf 170 °C/Umluft bzw. Gas Stufe 2 vorheizen. Butter und Zucker in einer Küchenmaschine oder mit dem Schneebesen in einer Schüssel schaumig schlagen.
2. Eier und Vanille hinzufügen und gut verrühren, dabei die Innenseiten der Schüssel nach der Hälfte der Zeit auskratzen.
3. Mehl, Backpulver, Salz, Zimt und Haferflocken hinzugeben und erneut mischen.
4. Die Rosinen unterrühren.
5. Aus dem Keksteig kleine Kugeln (ca. 30 g) auf ein mit Backpapier belegtes Blech geben und mit einer Gabel leicht andrücken.
6. 10–12 Minuten backen, bis die Kekse goldbraun sind. Möglicherweise sind 2–3 Bleche vonnöten, oder die Plätzchen werden nacheinander gebacken. (Eingefrorener Keksteig wird, sobald er

sich auf einem Blech ausrollen lässt, einfach 2 Minuten länger gebacken.)

7. Auf einem Kuchengitter abkühlen lassen.

Unser Stall ist wie eine Schafsausstellung hergerichtet, zwei Schafsrassen werden präsentiert. Unser Nachbar hat ein paar edle Swaledales mitgebracht, von uns sind schöne Herdwicks zu sehen. Die Ställe wurden alle gesäubert und mit frischen Holzspänen, sauberen Wassereimern und frischen Heuraufen versehen. Es sieht alles so ordentlich und aufgeräumt aus. Wir haben drei Kohorten in unterschiedlichem Alter. Eine Kohorte besteht aus vier Schafen – Mutterschafe, Shearlings (nur einmal geschorene, zwei Jahre alte Schafe) und Gimmers (einjährige Lämmer). Es sind allesamt weibliche Zuchttiere, die ihr ganzes Leben auf ihren Höfen verbringen und nur selten auf Ausstellungen zu sehen sind, darum sind die Schäfer neugierig. Ein Hauptrichter hat die jeweilige Rasse im Vorfeld begutachtet – zwei der angesehensten älteren Schäfer –, und jeder hält nun eine Stimmkarte in Händen, auf der er ein Ranking der Schafe vom ersten (besten) bis zum vierten Platz vornehmen soll, je nachdem, wie sehr sie seiner Meinung nach dem Rasseideal entsprechen. Nachdem jeder seine Bewertung abgegeben hat, werden die Karten eingesammelt. Der Hauptrichter gibt seine Punktzahl und die Gründe für seine Entscheidung bekannt, und die Person, deren Punktzahl der Entscheidung des Richters am nächsten kommt, ist der Gewinner. Ein Metzger aus dem Ort hat die Veranstaltung gesponsert und uns einen riesigen Präsentkorb für den ersten Preis zur Verfügung gestellt.

Ich habe mir eine Schürze übergezogen, mich in der Nähe der Küche positioniert und klatsche ein paarmal laut in die Hände. Alle schauen zu mir. »So, ich bitte um euer aller Aufmerksamkeit!« Ich danke ihnen für ihr Erscheinen trotz der Wetterverhältnisse und sage: »Es ist schön, so viele von Toms Freunden hier zu sehen.« Ich erkläre, dass wir Geld sammeln wollen für das Hospiz, das sich so gut um ihn gekümmert hat, dass wir später eine Versteigerung zu diesem Zweck veranstalten und dass sich alle den ganzen Nachmittag über an Tee, Kaffee und Kuchen bedienen können. Und dann füge ich noch hinzu, dass ich ihre Hilfe bei etwas anderem brauche. Verwirrung macht sich auf den Gesichtern breit. Als Gegenleistung dafür, dass ich sie verköstige, möchte ich ihren Handabdruck auf einem Schaf haben. Nein, kein lebendiges Schaf, erkläre ich. Oben auf dem Dachboden habe ich ein weißes Objekt in Gestalt eines Schafs stehen. Ich weiß, dass Kunstprojekte nichts sind, womit Landwirte oft in Berührung kommen, aber einige Gesichter entspannen sich, als sie verstehen, dass das, worum ich sie bitte, ganz einfach ist. »Steckt eure Hände in die Farbe und presst sie auf das Schaf, und das war's auch schon, dann könnt ihr euch etwas zu trinken nehmen.« Es wird etwa 100 dieser Schafe geben, verteilt im ganzen Lake District. Jedes wird anders sein, ganz individuell von einem Künstler oder einer Künstlerin bemalt oder gestaltet. Ich sage ihnen, dass sie alle ein Teil meines Kunstwerks werden sollen. »Ich möchte eure Handabdrücke gern auf dem Körper des Schafs haben, weil mein fertiges Werk *In Safe Hands* heißen soll …«

»Du tauchst deine rechte Hand einfach in diese Schale ein.« Ein 70-jähriger Landwirt, den ich gut kenne, zieht sein schickes Tweed-Jackett aus und hängt es über eine Stuhllehne. Dann krempelt er seine Hemdsärmel hoch und drückt seine Hand in die helle Farbe. »Ooh, das ist ja kalt«, sagt er und lächelt mich an. »Beweg die Hand ein bisschen hin und her, damit genug daran haften bleibt«, antworte ich, bevor er sie wieder vorsichtig aus der Farbe hebt und mir wie ein Kind seine lila beschmierte Handinnenfläche hinhält. Ich zeige ihm, wo er sie ungefähr auf das maßstabsgetreue Modell des Herdwick-Schafs drücken muss.

»Such dir eine Stelle auf dem Körper des Schafes«, sage ich, »und drücke deine Hand fest drauf, aber sei vorsichtig beim Ablösen.« Er hebt seine Hand sachte an und hinterlässt seinen Abdruck. Man sieht die Risse seiner Haut und den Umriss seines gekrümmten Daumens. »Gut gemacht!« Er geht um das Schaf herum und schaut sich die anderen Spuren an, die bereits hinterlassen wurden. Bald ist der ganze Körper des Schafs mit bunten Handflächen bedeckt. Darüber hinaus habe ich alle gebeten, ihre Hände auf ein dickes Blatt Papier zu drücken, um einen Großteil der Farbe zu entfernen, bevor sie sich die Hände waschen. Außerdem sollen sie das Papier mit ihrem Namen unterschreiben, um damit zu belegen, dass sie da waren und an der Aktion teilgenommen haben. Diese Hände sind die mir wohlvertrauten Arbeiterhände, rau, wettergegerbt, dick und stark. Einigen von ihnen fehlt ein Finger oder ein Nagel, Folgen landwirtschaftlicher Unfälle. Einige sind seltsam verkrümmt, als könnten sie nicht anders, als eine Schaufel zu halten. Diese Hände erzählen Geschichten über die Arbeit, die die Männer verrichtet haben, eine Arbeit, die diese alten Höfe in den Fjälls im hohen Norden am Leben erhält. Diese Hände haben Trockenmauern errichtet, Lämmern auf die Welt geholfen, abgebrochene Äste aufgehoben, Kätzchen ertränkt, Ballen auf Anhänger gehievt und Heu auf den Feldern verteilt. Es sind Hände, die im Schlamm und Dreck vereiste Wasserleitungen repariert, Kühe gemolken und Hunde am Feuer gestreichelt haben.

»Dort drüben steht eine Schüssel mit heißem Seifenwasser, damit ihr euch die Hände waschen könnt«, wiederhole ich jedes Mal, wenn wieder einer dazustößt und bei dem Spaß mitmacht. »Danke!« Es bildet sich eine Schlange von Männern und Frauen, die bereit sind, ihre Hände in die Schüsseln mit roter, gelber, blauer, lila, rosa, oranger und grüner Farbe zu tunken. Die Kinder amüsieren sich über die Reaktionen der Bauern auf meine ungewöhnliche Bitte. Einer der älteren von ihnen, der sich prächtig amüsiert, sagt: »Das ist ja wie im Kindergarten!« Um mich herum wird noch mehr gelacht: Einige der jüngeren Burschen schubsen sich gegenseitig und drohen einander, sich die farbigen Hände ins Gesicht zu drücken oder einem Älteren mit einer knallrosa Farbe auf den Rücken zu klopfen, aber ich kenne sie und weiß: Wenn sie an der Reihe sind, werden sie umsichtig vorgehen.

Das fertig bedruckte Mutterschaf sieht toll aus. Ich bin ganz begeistert. Die Farben ähneln denen, die wir für die Kennzeichnung unserer einzelnen Herden benutzen. 70 Schafhirten haben ihre Hände aufgedrückt. Das Ganze ist ein Symbol für die Fürsorge, die diesen Herden in dieser alten Landschaft zuteilwird. Ich lasse es auf dem Dachboden trocknen und gehe zurück in die Küche, um beim Abwasch zu helfen.

Wir versteigern die Möglichkeit, Mutterschafe durch preisgekrönte Böcke decken zu lassen, und reichen einen Eimer herum, der mit 20-Pfund-Noten gefüllt zurückkommt.

Wir verkaufen Tombola-Lose für verschiedene Preise wie Säcke mit Futter und Flaschen mit Wein. Der hohe Schnee hat jetzt alles außerhalb des Stalls unter sich begraben. Die Kinder toben durch den Schnee. Einige der älteren Landwirte, die von weiter her gekommen sind, machen sich auf den Heimweg, wohlwissend, dass sie im Schneesturm Moore und Bergpässe passieren müssen. Der Rest sitzt zusammen, plaudert, lacht und wird immer beschwipster. Später wärme ich ein Hühner-Curry auf, das ich zum Abendessen vorbereitet habe, und serviere es mit ein paar gekauften Naan-Broten. Eine Flasche Whisky wird geöffnet. Das Feuer lodert, und ich überlasse James einer Gruppe, die sich bei der Sitzgruppe am einen Ende des Stalls versammelt hat, alte Lieder singt und einander Geschichten erzählt.

SCHOKOLADENKUCHEN

Es ist ein warmer, sonniger Tag im Juli. Der schwere Duft von Mädesüß liegt in der Luft, als wir unser Auto parken und den langen Weg durch einen Laubwald laufen, den See in Sichtweite. Ein perfekter Tag für so einen traurigen Anlass. Gedämpfte Stimmen um uns herum, respektvolles Lächeln und Nicken gegenüber älteren Leuten, die wir schon länger kennen und die langsam neben uns an Stöcken gehen, während wir uns auf den Weg zu der kleinen Kirche aus Sandstein machen, die schon seit jeher hier zu stehen scheint.

Ich lehne mich an James' Seite, meine Absätze sinken in den moosigen Untergrund ein. Er trägt einen schwarzen Anzug und seine besten Schuhe. Ich habe eine Strickjacke in leuchtendem Korallenrot zu meinem schicken blauen Kleid gewählt, weil es heute nicht nur den Tod zu betrauern, sondern auch ein gelebtes Leben zu feiern gibt. Wir sind auf der Beerdigung der Mutter meiner Freundin. Sie ist an Krebs gestorben.

Der Sarg, der von ihren Schwiegersöhnen auf den Schultern getragen wird, schiebt sich in unser Sichtfeld. Ihre vier Töchter folgen. Leise weinen sie in Taschentücher, die sie fest umklammert halten. Meine Freundin befindet sich inmitten der Gruppe, ihre beiden Töchter haben sich bei ihr untergehakt; sie alle tragen helle, blumengemusterte Kleider. Ihre Mädchen sind in demselben Alter wie meine. An dem Tag, an dem ihre Großmutter starb, waren sie zum Spielen bei uns zu Hause. Ich lächle ihnen zu, presse die Lippen zusammen und nicke einmal mit dem Kopf, als wollte ich sagen: »Ihr schafft das.«

Die Kirchenorgel spielt laut und erfüllt die Luft mit Tönen. Ich halte das gefaltete Programmblatt des Gottesdienstes fest in der Hand und warte darauf, die vertrauten Lieder mitzusingen. Die Kirche ist bereits randvoll, sodass wir draußen stehen und den

Lautsprechern an der Tür lauschen müssen. Um uns herum sind 100 und mehr Menschen auf dem Rasen verteilt.

Ich spitze meine Ohren, um hören zu können, was die Pastorin uns mit sanfter Stimme aus dem Leben dieser Frau erzählt. Wo sie geboren wurde, wo sie zur Schule ging und dann, wie sie geheiratet hat und auf einen Hof gezogen ist, auf dem sie ihre Kinder großzog. Sie erzählt von ihrer Liebe zum Backen und wie sie mit ihren Biskuitkuchen und Scones auf Wettbewerbsveranstaltungen Preise gewonnen hat. Wie sie ihren Gemüsegarten gehegt und gepflegt hat und immer wunderbare Gerichte auf den Tisch brachte. Sie erzählt uns, wie schnell die Mutter meiner Freundin, obwohl sie selbst nicht aus einer Bauernfamilie kam, Fuß gefasst und sich immer gut um die Aufzucht der Lämmer und Kälber gekümmert hat. Sie hatte eine Hühnerherde und war viel draußen, um ihrem Mann bei der Hofarbeit zu helfen. Wir hören kleine Anekdoten über sie, wie sie einmal den Bus nahm, um mit ihren Enkelkindern in der Stadt ein Fußballspiel zu sehen, weil sie nie einen Führerschein gemacht hatte.

Eine warme Sommerbrise streift durch die Bäume und lässt die grünen Blätter rascheln. Neben der Kirche fließt ein Bach, der leise in den See in der Ferne plätschert. Wir stehen in der Nähe des weit geöffneten, alten Eingangsportals. Ich schaue nach oben und sehe die kleine Glocke, die im Kirchturm hängt. Schon vor der Ankunft der Normannen im Jahr 1066 sind die Menschen in dieser Kirche zusammengekommen. Es herrscht eine altehrwürdige Stille in ihren Räumen. Auf der Wiese hinter der Mauer grasen Schafe, wie sie es seit eh und je tun. Ich verlagere mein Gewicht von einem Fuß auf den anderen, um meine Ballen von den hohen Absätzen zu entlasten.

Die Pastorin beschreibt eine Frau, deren gesamtes Leben sich um ihre Familie und Freunde drehte, und schildert, wie sehr sie sich um sie, das Land und die Tiere, die sie bewirtschafteten, kümmerte. Ihre Liebe und ihre Arbeit waren für so viele Menschen von Bedeutung. Die Kirche und der Friedhof sind voll von Menschen, die die Warmherzigkeit und Fürsorge dieser bescheidenen Frau erfahren haben. Ich kann mir kein gelungeneres Leben vorstellen, und dass wir uns an einem so wunderschönen Ort von ihr verabschieden, ist traurig und beglückend zugleich. Die aus dem Lautsprecher erklingende vertraute Stimme ihrer Enkelin unterbricht das Schweifen meiner Gedanken. Alle acht Enkelkinder sagen ein paar Worte darüber, was sie an ihr am liebsten gemocht haben und wie gut ihre Schokoladenkuchen geschmeckt haben. Sie lassen alle Anwesenden an den schönsten Erinnerungen an ihre Großmutter teilhaben.

KLASSISCHER SCHOKOLADENKUCHEN

Zutaten:

Für den Teig:

175 g Butter (bei Zimmertemperatur aufgeweicht)

175 g Soft Brown Sugar oder Kokosblütenzucker

3 Eier

150 g selbsttreibendes Mehl oder Mehl mit 2 TL Backpulver vermischt

1 TL Backpulver

30 g Kakaopulver

50 g Zartbitterschokolade

1 TL Vanilleessenz

2 EL Milch

Für die Glasur:

225 g Butter (bei Zimmertemperatur aufgeweicht)

225 g Puderzucker

225 g dunkle Schokolade, geschmolzen

Vorbereitungszeit: 25 Minuten

Backzeit: 40 Minuten

Für 8 Personen

Zubereitung:

1. Den Ofen auf 190 °C/Umluft bzw. Gas Stufe 3–4 vorheizen. Zwei Kuchenformen mit einem Durchmesser von 20 cm einfetten und auslegen.
2. Butter und Zucker in einer Küchenmaschine oder mit dem Hand-

rührgerät aufschlagen, bis sich der Zucker in der Butter aufgelöst und die Masse eine leichte und schaumige Textur angenommen hat.

3. Eier, Mehl, Backpulver und Kakaopulver hinzugeben und erneut verquirlen.
4. Die Schokolade in einer hitzebeständigen Schüssel über einem Topf mit leicht siedendem Wasser schmelzen.
5. Die Vanilleessenz, die Milch und die geschmolzene Schokolade unter die Kuchenmasse rühren, bis sich alles vollständig vermischt. Die Kuchenmasse in den Kuchenformen verteilen und mit einem Spatel vorsichtig glattstreichen.
6. In der Mitte des Ofens 20–30 Minuten backen, bis der Teig aufgegangen ist und sich ein Spieß sauber herausziehen lässt.
7. Die Glasur herstellen. Alle Zutaten in eine Küchenmaschine geben und aufschlagen, bis sie glatt ist. Ein Handrührgerät oder ein Standmixer funktionieren ebenfalls gut.
8. Den Kuchen vollständig abkühlen lassen, bevor er mit der Glasur überzogen wird. Die Hälfte der Glasur für die Füllung und die andere Hälfte für den Überzug verwenden.

Ich lächle James an, und ein Gefühl überkommt mich, das ich so noch nie erlebt habe … Es kommt mir vor, als spräche die Pastorin über mein Leben. Als sei ich aus mir selbst herausgetreten, um mir vorzustellen, dass dies meine Beerdigung ist.

Es gibt viele Wege, ein Leben zu führen, eine Frau zu sein. Ich weiß, dass viele Frauen nicht das wollen, was ich will. Manche sind sicherlich der Ansicht, mein Leben sei nichts Großartiges. Aber es ist so, wie ich es leben will. Es ist das, was ich mir ausgesucht habe. Es hat gute und schlechte Seiten, und ich nehme beide an. Ich suche in meiner Tasche nach einem Taschentuch und tupfe mir die Tränen ab, die mir über die Wangen laufen. James drückt mich fest an sich.

Die Sonne hat nun ihren Höchststand über uns erreicht, und

mir ist ganz schwindelig, weil ich nichts gegessen habe, bevor wir losgefahren sind. Der Sarg wird herausgetragen und zum Auto gebracht, um später am Nachmittag zum Krematorium zu fahren. Die Verstorbene wollte, dass ihre Asche in den See verstreut wird, der in der Nähe ihres Hofs und in Sichtweite der Kirche liegt. Wir lassen uns Zeit dabei, den dunklen, belaubten Waldweg hinaufzugehen – ich bin froh über den Schatten –, in Richtung des Landhauses, wo der Leichenschmaus serviert wird. Während sich James mit einigen Freunden unterhält, hole ich mir einen Teller mit Sandwiches und Kuchen und suche mir einen Schattenplatz, um sie zu essen. Gedankenverloren nippe ich an meinem heißen Tee und beobachte die Bienen, die im Fliederbusch summen.

Ich bin 38 Jahre alt. Seit ein paar Monaten denke ich darüber nach, ein viertes Kind zu bekommen. Dabei schwanke ich immer zwischen »Ich habe drei gesunde Kinder, was ist, wenn etwas schiefgeht?« und der Vorstellung, mit einem Bedauern zu leben, mir immer wieder die Frage zu stellen, wie dieser kleine Mensch wohl gewesen wäre und wie er in die Familie gepasst hätte. Es ist ein Duell zwischen Herz und Verstand. Ich habe mich an andere Menschen gewandt, damit sie mir bei dieser Entscheidung helfen, aber das können sie nicht. Als James und ich über die Wiesen zurück nach Hause laufen und auf den See und die fernen Fjälls blicken, interessiert es mich auch nicht mehr, was sie denken. Ich weiß, dass ich ein weiteres Mal Mutter werden möchte. Praktisch und finanziell gesehen ist das eine verrückte Idee. Eigentlich ist es an der Zeit, das Leben zu genießen, wie wir es uns aufgebaut haben. Aber ich bin mir nicht sicher, ob ich wirklich realisiert habe, dass die Zeit rasend schnell vergeht. Wenn wir Glück haben und ich noch mal schwanger werde, werde ich dadurch gezwungen sein, mich hinzusetzen und das Baby zu stillen, es in den Schlaf zu wiegen und all diese unglaublichen Stadien des Gehens, Sprechens und Lesenlernens noch einmal zu erleben. Um unseren Esstisch herum stehen sechs Stühle. Ich möchte, dass auch auf dem leeren Stuhl noch jemand Platz nimmt.

Tom wird im September geboren, kurz vor meinem vierzigsten Geburtstag.

NUDELN MIT CREMIGER SOSSE

Der Himmel sieht aus wie eine schwere Decke, die nur darauf wartet, uns unter sich zu begraben. Die Schneeflocken fallen sanft herab, als befänden wir uns in einer Schneekugel, aber bald werden sie auf dem Hof Chaos anrichten. Definitiv kein idyllisches Winterwunderland, in dem Kinder mit rosigen Wangen Holzschlitten ziehen und dabei hübsche bunte Mützen und Schals tragen.

Zwei Wochen zuvor, als der Wetterbericht Schnee angekündigt hat, habe ich mich gesputet, um mich mit dem Nötigsten wie Milch und Brot einzudecken, aber dann kam es gar nicht so schlimm. Die Straßen blieben frei, die Geschäfte hatten alle geöffnet, und die Schulen wurden nicht geschlossen. Infolgedessen war ich auch nicht sonderlich beunruhigt, als nun weiterer Schnee vorausgesagt wurde. Ich versicherte mir selbst, dass schon alles gut gehen würde und ich bei Bedarf noch etwas im nahe gelegenen Hofladen besorgen könnte. Aber in diesem Moment weiß ich ganz genau, dass ich nirgendwo hingehen werde, vor allem nicht mit einem Baby. Der Schnee fällt nun heftig und schnell. Uns werden sehr bald die Grundnahrungsmittel ausgehen. Die Nachrichten melden einen Sturm von Osten.

Wir beobachten das Geschehen vom Fenster aus und machen uns mehr und mehr Sorgen. James zieht seine wasserdichten Gummistiefel und seinen dicken Mantel an, und ich reiche ihm seine Handschuhe, Mütze und seinen Halswärmer, die ich auf dem Kamingitter zum Trocknen aufgehängt habe. Ich hebe Tom, dessen Beine in einem Strampler stecken und der munter um sich tritt, unter den Armen hoch, damit er seinem Vater am Fenster zuwinken kann. Er ist fünf Monate alt. Das Quad tuckert und schaltet sich wieder ab. James braucht drei Anläufe, um es zu starten – der Motor ist eiskalt. Während der Motor läuft, verbindet er den Anhänger mit der Deichsel und ruft die vier Hunde herbei. Sie rennen um die Wette und purzeln dabei durch den Schnee. Bea kommt hinter ihnen her – sie ist vorgegangen, um sie aus dem Zwinger zu holen. Sie fährt mit ihrem Vater davon, um die Herde zu hüten und mit Futter zu versorgen, und die Hunde jagen hinter ihnen her.

Ich sitze mit Tom auf meinen Knien am Fenster und wippe mit ihm auf und ab. Während wir den Schneefall beobachten, singe ich ihm »Wind the Bobbin Up« vor. Ich überlege, welche Vorkehrungen ich für James und Bea treffen kann, wenn sie zurückkommen. Sie werden eiskalte Hände haben und trotz der vielen Schichten, die sie tragen, frösteln. Ich schnalle Tom in seinem Wippstuhl fest, hänge ihm ein neues Spielzeug vor die Nase, damit er beschäftigt ist, und entzünde das Feuer. Der Korb für die Holzscheite ist fast leer, deswegen bitte ich Molly, auf Tom aufzupassen, damit ich den Korb in der Garage auffüllen kann. Auf dem Weg dorthin bringe ich ein Bündel schmutziger Babykleidung und Handtücher, die ich auf der Treppe habe liegen lassen, zur Waschmaschine und trage die neue Packung Windeln ins Badezimmer, um dann die Maschine zu leeren, die kalte, nasse Kleidung auf den Wäscheständer zu hängen und eine weitere Wäscheladung anzustellen. In der Garage fülle ich den Korb mit Holzscheiten auf und krame in der Tiefkühltruhe nach Brot, Hühnchen, einem Päckchen Rindfleisch-Burger und etwas Speck. Das alles staple ich auf die Holzscheite und trage den Korb in die Küche, wo ich die Lebensmittel, die unsere nächste Mahlzeit ergeben, zum Auftauen auf der Arbeitsplatte abstelle.

Auf meinem Weg nach unten gehen die Lichter aus. Der Strom scheint unterbrochen zu sein. Ich gehe zurück in die Garage, um den Sicherungskasten zu überprüfen, doch alle Schalter sind in der richtigen Position. Es gibt einfach keinen Strom mehr. »Stromausfall!«, ruft Molly von unten.

»Der Generator ist nicht angesprungen«, antworte ich. »Du musst die Ponys reinbringen, bevor es schlimmer wird.« Sie sagt mir, dass sie Decken übergeworfen haben und es ihnen gut geht. Ich insistiere, dass dies der schlimmste Schneesturm sein könnte, den der Hof je erlebt hat. »Geh und bring sie rein«, flehe ich, »und wenn du deinen Vater siehst, sag ihm, er soll den Generator anwerfen.« Ich hoffe, dass uns der Dieseltreibstoff nicht ausgegangen ist, das wäre eine unvergleichliche Katastrophe.

Da wir am Fuß eines Gebirgshangs ohne Anschluss an das Stromnetz leben, haben wir oft mit Stromausfällen zu tun. Die Solarzellen sind jetzt so dick mit Schnee bedeckt, dass entweder der Generator nicht automatisch angesprungen ist oder es ein Problem mit dem Batteriespeichersystem geben muss. Ich weiß, dass das keine guten Nachrichten sind, aber es ist erst zehn Uhr morgens, und wir haben noch genug Zeit, das Problem zu lösen, bevor es dunkel wird.

Ich laufe das Haus auf und ab und kann den Luftzug spüren, der aus jeder Ecke und jeder Ritze ins Innere dringt. Die Fenster und Türen klappern im Wind. Ich lege Tom, der eifrig an seinem Beißring kaut, eine Decke um. Er beobachtet die Flammen des Feuers, das noch nicht so richtig Wärme entwickelt hat. Ich befeuere den Holzofen und bitte Isaac, zur Seite zu rücken, damit ich Tom die Windeln wechseln kann; er hat eine ganze Decke voll mit Legosteinen auf dem Boden ausgebreitet und ist damit beschäftigt, eine Festung zu erbauen.

James kommt zur Hintertür herein und sieht aus wie ein Yeti. Molly ruft er zu: »Ich brauche jetzt deine Hilfe.« Er ist sauer und brüllt sie ungestüm an: »Die Ponys müssen sofort in den Stall.

Bea ist schon losgegangen, um die Welpen zu füttern und ihnen Wasser zu geben.«

Der Schnee weht in die Küche. Ich rufe: »Mach die Tür zu – wir müssen zusehen, dass die Wärme drinnen bleibt.« Etwas sanfter füge ich hinzu, dass der Strom ausgefallen ist, und bitte ihn, den Generator zu überprüfen und zu starten.

Molly legt noch eine Schicht drauf. Sie zieht meine alte grüne wasserdichte Hose über ihre Kleidung und schließt ihren Mantel bis obenhin. Sie beeilt sich, James die Einfahrt hinauf zu folgen, und hat Mühe, sich in ihren ganzen Kleidungsschichten fortzubewegen. Der Schnee türmt sich um das Auto herum auf und hat bereits eine gewellte Schneewehe gebildet. Ich schalte den Gasbrenner ein und zünde ihn mit einem Streichholz an. Ich muss die Schachtel mit den Öllampen und Kerzen suchen, für den Fall, dass wir den Strom nicht zum Laufen bringen. Ich finde die Schachtel, die ich brauche, auf einem Regal in der Speisekammer und gehe nach oben, um zusätzliche Decken für die kommende Nacht herzurichten. Ich kann Tom wimmern hören und gehe zu ihm, um ihn zu beruhigen. Er hat lange genug in seiner Wippe gesessen, also wechsle ich auf dem Boden vor dem lodernden Feuer die Windel. Ich lasse ihn mit den Beinen herumstrampeln, während ich zum Gasherd gehe und Hähnchen- und Lauchwürfel in der Pfanne anbrate – es muss eine cremige Soße werden, die man zu Nudeln essen kann, nun, da der Ofen aus ist. Ich koche etwas Wasser in einem Topf, mache mir eine Tasse Tee und benutze den Rest, um zwei Flaschen für Tom zu sterilisieren, für später.

HÜHNERPASTETE

Dieses Rezept reicht für eine Familienportion in einer kleinen Auflaufform. Alternativ können auch Nudeln gekocht und dazugegeben werden, womit man ein cremiges Nudelgericht erhält.

Zutaten:

500 g Hähnchen aus Freilandhaltung – ich verwende gern zur Hälfte Brust und entbeinte, enthäutete Schenkel, in Stücke geschnitten. Man kann auch gekochtes Fleisch von einem Brathähnchen verwenden, wenn Reste übrig sind – diese einfach hinzufügen, sobald die helle Soße zubereitet wurde.

50 g gewürfelter Speck oder Pancetta

Einige Champignons, in Scheiben geschnitten oder geviertelt (bei Bedarf)

1 großer Lauch oder 2 kleine Lauchstangen, der Länge nach halbiert und dann in 2 cm dicke Scheiben geschnitten

300 g fertiger Blätterteig (aufgerollt oder am Stück)

1 Ei aus Freilandhaltung, verquirlt

Für die helle Soße:

570 ml Vollmilch

50 g Butter

50 g Mehl

1 Bio-Hühnerbrühwürfel

Kochzeit: 50 Minuten

Für 6–8 Personen

Vorbereitungszeit: 20 Minuten

Zubereitung:

1. Den Backofen auf 180 °C/Umluft bzw. Gas Stufe 3 vorheizen.
2. Wenn rohes Hühnerfleisch verwendet wird, das Fleisch portionsweise bei mittlerer Hitze anbraten, bis es goldbraun und durchgebraten ist. Das Hühnchen aus der Pfanne nehmen und beiseitestellen.
3. Pancetta oder Speck in der Pfanne mit dem verbliebenen Hühnersud anbraten und zum Huhn dazugeben. Werden Champignons verwendet, diese 2–3 Minuten im Fett vom Speck andünsten und im Anschluss ebenfalls zum Huhn geben.
4. Den Lauch anbraten oder in einer mikrowellengeeigneten Schale mit einem kleinen Stück Butter und einem Spritzer Was-

ser etwa 4 Minuten lang auf höchster Stufe dünsten, bis er gar ist.

5. Für die Soße Milch, Butter und Mehl in einen sauberen Topf und unter ständigem Rühren mit einem Schneebesen leicht erwärmen, bis die Soße eingedickt ist. Den Brühwürfel hineinbröckeln oder, wenn die Soße zu dickflüssig ist, etwas kochendes Wasser und den Sud vom Hühnchen oder vom Lauch hinzufügen. Hühnchen, Speck, Pilze und Lauch unter die Sahnesoße mischen. Falls bereits gekochtes Hühnerfleisch verwendet wird, dieses nun unterrühren. Vorsichtig weiter umrühren, um alles miteinander zu vermengen, und die Mischung in eine ofenfeste Form oder einen Bräter geben.
6. Den Teig auf einer leicht bemehlten Fläche auf eine Dicke von 5 mm ausrollen. Die Ränder der Form oder des Bräters mit den Fingerspitzen befeuchten.
7. Vorsichtig den Teig auf die Füllung legen. Überschüssigen Teig mit einem Sägemesser abschneiden und die Ränder mit den Fingern einkräuseln. Falls gewünscht, können übrig gebliebene Teigreste zur Dekoration verwendet werden. In die Oberseite 3–4 Luftlöcher stechen, damit der Dampf entweichen kann, und mit verquirltem Ei bestreichen. 20–30 Minuten backen, bis die Pastete knusprig und goldbraun ist. Ich serviere meine Hühnerpastete normalerweise mit gebratenen, gestampften oder Früh- oder Baby-Kartoffeln und gedünsteten oder gekochten Möhren.

Ich stehe an der Tür und beobachte, wie die dicken, weißen Flocken alles verschlingen. Mein Telefon klingelt. Es ist Mum. »Geht es euch gut?«, sagt sie. »Die Prognose ist besorgniserregend. Habt ihr schon Schnee?«

Ich sage: »Ja, hier ist es wirklich heftig. James ist mit den Mädchen draußen, aber es geht uns gut.« Ich erzähle ihr nicht, dass der Strom ausgefallen ist; sie würde es nur meinem Vater weitergeben, und der würde wieder darüber schimpfen, dass wir uns das Geld für den Stromanschluss gespart haben, als wir hierhergezogen sind (mal ganz davon abgesehen, dass das enorme Kosten gewesen wären, die wir gar nicht hätten aufbringen können).

Sie berichtet mir, dass mein Schwager mit seinem Wagen unten auf dem Land im Stau steht und meine Schwester heute Abend wieder allein ist. Eigentlich sollte es mir leidtun, das zu hören, aber ich kann jetzt an nichts anderes denken als daran, was ich tun muss, bevor es dunkel wird, damit wir alle es ohne Elektrizität sicher und warm haben und satt werden. Hinzu kommt, dass ich zurzeit auch nicht gut schlafe, weil Tom jede Nacht mindestens zweimal wach ist, weshalb ich gereizt reagiere: »Was erwartet sie denn? Das ist nun mal sein Job.« Mum plaudert stattdessen weiter über ihren Hund und sagt: »Tschüss für heute – ruf mich an, solltest du etwas brauchen.« Ich muss mich zusammenreißen und hier weitermachen. Niemand sonst kann jetzt etwas für uns tun.

Nach dem Anruf fühle ich mich schlecht. Ich weiß, dass sie nur helfen wollte und dass meine Schwester auch gestresst ist. Ich werde ihr später eine Nachricht schreiben. Manchmal weiß ich mir nicht anders zu helfen, als mich in die Arbeit zu stürzen. Ich weiß, dass ich dann ein bisschen gemein rüberkommen kann.

Mir fällt ein, dass ich mir einen Tee gemacht habe. Ich nippe daran, er ist bereits kalt. Als ich ihn in die Mikrowelle stelle, komme ich mir ziemlich dämlich vor, denn wir haben ja keinen Strom. Ich wende mich zum Herd und zünde ein Streichholz an, um einen neuen Tee zu kochen. Auch für James fülle ich eine Thermosflasche ab.

Als er 40 Minuten später kommt, teilt er mir mit, dass der Generator nicht anspringt und dass die Batterien völlig entladen sind, und bittet mich, einen Techniker zu bestellen. Er muss zurück nach draußen, um nach den Kühen zu sehen. Dafür, in

Ruhe noch etwas zu trinken, um sich aufzuwärmen, hat er keine Zeit. Ich kontaktiere den Reparaturdienst, aber sie können heute keinen Wagen mehr herschicken, alle Mitarbeiter sind schon im Einsatz. »Morgen vielleicht«, sagt die Frau am Telefon. Ich betone, dass wir uns auf einem Gehöft mit einem fünf Monate alten Baby befinden, dass ein Schneesturm tobt und wir keinen Strom haben. Gerade als sie wieder zu sprechen anfängt, bricht das Gespräch ab. Wir haben keinen Festnetzanschluss auf dem Hof und sind auf unsere beiden Mobiltelefone angewiesen. Ich atme tief durch. Jetzt weiß ich, dass wir keinen Strom, keinen Empfang und kein Internet haben. Wenigstens habe ich ihr noch schnell erzählen können, was Sache ist. Sollte es möglich sein, werden sie jemanden schicken. Das Feuer hilft uns, das Wohnzimmer und die Küche gut warmzuhalten, aber der Rest des Hauses kühlt schnell aus.

Ich warte auf James und stille Tom in meinem Schaukelstuhl. Isaac ist immer noch damit beschäftigt, mit seinen Legosteinen zu spielen. Ich schaue aus dem Fenster und lausche nach dem Geräusch des Quads, aber es kommt nichts. Tom schläft auf mir ein, während der Schnee fällt und fällt.

Ich flüstere Isaac zu, er solle ein paar Spielsachen einpacken und seinen Schlafanzug und seine Zahnbürste holen. Mir ist klar, dass wir ohne Strom nicht in dem Haus bleiben können – es wird zu kalt in den Schlafzimmern. Zum Übernachten müssen wir in den Schafstall hochgehen, den James als Büro nutzt. Er ist gut isoliert, und sobald das Feuer brennt, wird es warm wie in einem Toaster, außerdem können wir alle in einem Raum schlafen. Isaac findet diesen Plan äußerst aufregend. Ich überlege mir, was wir alles brauchen. Als uns das letzte Mal das Heizöl ausging, wurde es trotz mehrerer Decken eine bitterkalte Nacht. Nun haben wir ein Baby, und draußen tobt ein Schneesturm. Ich setze Tom in seine Wippe und hole die Hühner-Lauch-Soße, die ich vorbereitet habe, außerdem eine Packung Nudeln. Ich bin

davon ausgegangen, dass wir die Sachen in den Wagen verladen und mit Tom bis zum oberen Ende der Straße fahren können, aber der Schnee hat das Auto unter einer dicken Schneewehe begraben. Wir werden zu Fuß gehen müssen.

James taucht durch den Schneesturm wieder an der Tür auf. Sein Quad hat den Geist aufgegeben, und dass es wieder anspringen wird, ist völlig ausgeschlossen. Auf der anderen Seite des Hofs sitzen ein paar Schafe fest. Sie kommen nicht an das Heu, das er ausgelegt hat, und haben sich hinter einer Mauer verschanzt. Selbst die Hunde können nichts ausrichten. Ich sage ihm, dass er sie zurücklassen muss. Dann erzähle ich ihm von meiner Idee, die Zelte hier abzubrechen und in den Schafstall umzuziehen. Dort können wir den kleinen Benzingenerator in Betrieb nehmen, den wir sonst zum Scheren benutzen, mit einem Verlängerungskabel ins Bürozimmer, um wenigstens ein Telefon aufzuladen und ein oder zwei Lichter anzumachen. Wir haben da oben jede Menge Brennholz, und es ist gut isoliert, sodass wir es wärmer haben werden. Molly und Bea kommen bibbernd zur Tür herein und finden die Idee gut. Sie ziehen ihre schneebedeckten Stiefel und Mäntel aus und eilen nach oben, um alles zusammenzusuchen, was sie brauchen.

Als ich über den Garten hinweg auf die Fjälls schaue, ist alles weiß, als wären wir in Narnia gestrandet. Der Schnee fällt weiter, etwas sanfter nun, aber die Schneeflocken schmelzen auf uns und durchnässen unsere Mäntel. Ich setze Tom in die Babytrage, die ich auf meinem Bauch festgeschnallt habe. Er strampelt und zappelt vor Aufregung. Wir müssen schreien, um das Geräusch des Winds zu übertönen.

»Okay«, sagt James, »ich mache dort oben schon mal das Feuer an und komme zurück, um dich und die Jungs zu holen.« Die Mädchen haben jede eine Tasche gepackt und lassen mich wissen, dass sie ihre Sachen auf Schlitten hochziehen und wir uns gleich wieder treffen werden. Isaac hilft mir dabei, Dinge des alltäglichen Bedarfs – Streichhölzer, Müsli, Milch, einen Laib Brot und etwas Butter – in einen Korb zu legen. Er reicht mir die eingefrorene Tränke aus dem Meerschweinchenstall, der direkt neben der Küchentür steht, und ich taue sie auf und befülle sie wieder. Ich werfe einen alten Teppich und eine Decke über den Stall, um ihn zusätzlich vor der Kälte zu schützen, und beschwere alles mit ein paar Steinen, die ich von der Mauer nehme und vom Schnee befreie. Es wird ihnen gut gehen, beruhige ich Isaac, der die beiden haarigen Kerlchen mitnehmen möchte. »Schau mal, sie haben sich in das Heu gekuschelt«, sage ich. »Und sie haben Futter und Wasser, aber hol ihnen ruhig noch eine Karotte, wenn du möchtest.« Ich stapfe durch die verschneite Terrasse zum Hühnerstall, um mich zu vergewissern, dass auch sie genug Futter und Wasser haben. Tom ist unter meinem dicken Mantel gut verpackt und lugt mit seiner Nase und seinen Wangen, die schnell rosa werden, heraus.

Wir haben alles fertig an der Tür stehen, als James zurückkommt, um mir zu helfen. Ich reiche ihm zwei Säcke mit Kleidung und Handtüchern und decke den Korb ab, den ich mit Essen gefüllt habe. Ich stelle ihn in den Buggy mit den drei Rädern und schiebe ihn mühsam den Hang hinauf, während Tom unter meinem Mantel versucht, sich freizustrampeln, aber ich packe ihn wieder ein und schiebe mit aller Kraft weiter, weil ich weiß, dass alles gut werden wird, sobald wir es nach oben geschafft haben. Mit unseren bunt zusammengewürfelten Taschen legen wir die 100 Meter zum Schafstall zurück. Die Welpen kläffen uns an, als wir im Stall an ihnen vorübergehen; sie sind gerade vier Wochen alt und hüpfen an den Zäunen ihres mit Stroh ausgelegten Verschlags hoch. Tom kriegt von dem ganzen Theater nichts mit. Er beobachtet Isaac und kichert, wenn er ihn an den Füßen kitzelt. Ich setze ihn auf dem Boden im Büro ab, lege ein paar Kissen um ihn herum, packe die Säcke aus und ziehe zwei Matratzen aus dem hinteren Teil des Zimmers nach vorn, damit sie näher beim Feuer liegen. Isaac hüpft auf einer Matratze auf und ab und erklärt sie bereits zu seinem Bett.

James, Tom und ich werden auf der anderen Matratze schlafen. Ich hole die Schlafsäcke für die Mädchen heraus, damit sie es sich auf der Ausziehcouch bequem machen können, und lege die Polster als zusätzliche Kissen zurecht. Zu Isaac sage ich lächelnd, dass das eine große Familienunternehmung sei. Meine Sorge versuche ich vor ihm zu verbergen. Draußen heult der Wind.

Ich denke an die Überschwemmungen vor nur drei Monaten zurück, als Sturm Desmond im Dezember das Tal heimsuchte. Ich musste den drei Monate alten Tom mit den anderen Kindern in den Wagen packen und bin die Straße hinunter durch tiefe Pfützen gefahren, wo ich sie dann auf einer Anhöhe für eine Stunde stehen ließ, um mit einem befreundeten Schäfer 200 Mutterschafe von der anderen Seite des Flusses hinüberzutreiben und auf höher gelegenes Terrain zu bringen. James war gerade aus beruflichen Gründen im Ausland und auf dem Weg zurück, aber die Flut würde nicht auf ihn warten, und die Schafe befanden sich an einer gefährlichen Stelle und drohten weggeschwemmt zu werden. »Ich kann das schaffen«, dachte ich. So sind wir auch jetzt alle zusammen und in Sicherheit, es wird alles gut.

James ist im Schuppen zugange und versucht, den Benzingenerator, den wir nur im Sommer benutzen, zu starten. Er bringt ihn nur mit Mühe zum Laufen. Er zieht an dem Seilzugstarter, einmal, zweimal, dreimal, viermal, fünfmal, wird immer wütender über die Situation, in der wir uns befinden, und dann reißt die Schnur. Jetzt haben wir tatsächlich keinen Strom mehr, und das für die ganze Nacht. Ich bin sauer auf ihn, dass er nicht vorsichtiger war, nehme das Verlängerungskabel, das ich gefunden habe, und rolle es wieder auf. Leise fluchend ziehe ich mich von ihm zurück. Ich stelle Kerzen auf und bereite mich auf die kommende Nacht vor. Tom beginnt zu weinen, und ich merke, dass ich ihn schon länger nicht mehr gefüttert habe. Ich hole seine Milchflasche aus der Tasche und wärme sie in der Kanne mit heißem Wasser, die ich geholt habe.

Um 16 Uhr wird es dunkel, und draußen ist es totenstill. Der Schnee hat alles bedeckt und fällt immer noch, leise und todbringend. Ich erinnere mich an meine Lieblingsgeschichte aus Blackberry Farm, die ich Isaac oft vorlese, in der die Tiere zusehen, wie riesige Schneeflocken vom Himmel fallen, und die Eule den Kaninchen erzählt, wie schlimm es am Morgen sein wird. Ich mache mir Sorgen, ob die Schafe und Kühe in Sicherheit sind, und hoffe, dass sie nicht unter dem Schnee begraben werden.

Wir richten uns für die Nacht ein und versuchen, den Kindern das Ganze als wunderbares Abenteuer zu verkaufen. James liest Isaac eine Geschichte vor und schnauzt mich an, als ich ihm die Frage stelle, ob er die Wasserleitung für die Schafe enteist hat. Er bricht auf, um mehr Brennholz zu holen. Ich weiß, dass er draußen eine richtig beschissene Zeit hatte, dass er sich große Sorgen um das Vieh macht und frustriert ist, weil er nicht weiß, wie er das alles in Ordnung bringen soll. Der Sturm wird immer schlimmer, und die Schafe brauchen morgen früh ihr Futter. Wir haben nicht einmal einen eigenen Traktor, um die Ballen auszubringen, und müssen uns darauf verlassen, dass unser Nachbar kommt und das erledigt. Ich weiß, wie sehr James davon genervt ist, dass wir kein Geld für einen eigenen haben. Wir essen unsere Nudeln mit Hühnchen und Lauch, die ich aufgewärmt habe, und die Mädchen gehen unter die Dusche, für die wir zum Glück einen gasbetriebenen Warmwasseranschluss haben. Ich füttere Tom noch einmal und lege ihn neben mir auf die Matratze auf dem Boden. James liest bei Kerzenlicht und sagt, er bleibe auf, um die Welpen zu füttern und nach dem Wasser für die Schafe zu schauen, und ich solle versuchen zu schlafen. Wir sind müde, das macht alles noch schlimmer.

Nach einer unruhigen Nacht wird klar, dass wir komplett eingeschneit sind. Der Schnee hat sich zu großen Verwehungen in den Fensterrahmen aufgetürmt. Die Kinder packen sich dick in ihre Parkas und wasserdichte Kleidung ein, holen ihre Plastikschlitten und sausen den Hügel hinunter. Ich ziehe Tom seinen Schneeanzug, seine Fäustlinge und seine Mütze an und trage ihn zur Vorderseite des Stallgebäudes. Die Aussicht ist spektakulär, das ganze Tal komplett weiß, aber wir stehen vor jeder Menge Problemen, weshalb ich das Ganze nicht wirklich genießen kann. Ich habe Zweifel daran, dass der Reparaturdienst es zu uns schaffen wird: Die schmale Hofzufahrt wird mit Schnee blockiert, die Straße unpassierbar sein. Wir können das Auto nicht herausfahren, um unsere Vorräte aufzufüllen. Ich werde wieder die Gefriertruhe im Haus plündern müssen. Ich schaue auf das Quad, das jetzt zu zwei Dritteln mit Schnee bedeckt ist, und mir wird angst und bange. James ist über die Wiesen gestapft, um unseren nächsten Nachbarn, der anderthalb Kilometer entfernt wohnt, um Hilfe zu bitten. Eine Stunde später erkenne ich in der Ferne einen roten Traktor mit Blinklicht.

Ich kann sehen, wie James und Chris, unser Nachbar, drei Ballen aus den Schafställen mitnehmen, um die Heuraufen auf den nahe gelegenen Wiesen zu füllen. Ich vergewissere mich, dass bei Molly, Bea und Isaac alles in Ordnung ist. Sie jagen mit den Hunden herum und ziehen ihre Schlitten den steilen Hügel hinauf. Sie rufen mir zu, ich solle zu ihnen kommen, aber ich habe zu tun. Ich mische die Milch für die Welpen mit warmem Wasser aus der Thermosflasche, gieße sie in ihre flachen Näpfe, und nachdem ich sie kurz davon abhalten musste, sich in die Näpfe zu stürzen, schlecken sie sie auf. Tom quietscht, als sie versuchen, auf ihn zu springen, ihre Pfoten hinterlassen milchige Spuren auf der Babytrage. Ich miste die Boxen aus, fülle sie mit frischen Spänen und schiebe den Schubkarren ans Ende des Stalls.

Ich ziehe meinen Mantel und meine Stiefel aus und mache mich im Büro an die Arbeit. Tom beobachtet mich in seinem Buggy dabei, wie ich aufräume, die Bettwäsche zusammenlege und den Korb für das Feuerholz auffülle. Im Windfang haben sich Pfützen mit geschmolzenem Schnee gebildet, die ich aufwischen muss, und es ist bald Mittagszeit. Ich habe Speck, Eier und Butter mitgebracht und bereite alles zum Kochen vor. Ich setze Wasser für einen weiteren Topf auf und fülle die beiden Thermosflaschen, die ich habe, mit Kaffee. James kommt erschöpft von seiner Tiefschneewanderung zurück und berichtet, dass die Herde in Sicherheit ist, aber wir immer noch nicht hinauskommen. Die Straße wird so lange blockiert bleiben, bis ein Schneepflug auftaucht. Chris muss sich jetzt um seine eigenen

Arbeiten auf dem Hof kümmern, wird aber später vorbeikommen und nachsehen, ob wir etwas brauchen.

Mir ist klar, dass der Techniker nicht zu uns durchdringen wird. Ich schaue mich in dem nassen, kalten, schlammigen Schafstall um, der gestern noch wie ein Zufluchtsort vor dem kalten Haus aussah, und fange an zu fegen, während ich mich darüber ärgere, dass alles so unordentlich ist. Überall liegen Benzinkanister, Bindfäden, alte Futtersäcke, Späne und Heu verstreut. James und ich werfen uns wütende Blicke zu, bis er seinen Mantel wieder anzieht und nach den Kindern sieht. Ich spiele mit Tom am Feuer, und zwei Minuten später kommen sie alle wieder herein, durchgefroren, über und über mit Schnee bedeckt, mit laufenden Nasen und roten Wangen. Ich brülle ihnen zu, dass sie ihre Mäntel und Regenjacken aufhängen und sie nicht einfach auf einen Haufen werfen sollen, den ich dann wieder aufräumen kann. Dann machen sie sich über die Keksdose her, bevor ich die Gelegenheit habe, sie zu rationieren. Im Moment kann ich nur versuchen, Ordnung in das Chaos zu bringen, und jeder, der das torpediert, gerät in meine Schusslinie.

Wir essen zu Mittag, dann liegt der Nachmittag vor uns. Ich schlage vor, dass wir ein paar Brettspiele spielen. Aber nach einem Streit über ein Problem, das Molly mit Monopoly hat, fangen alle an zu jammern, dass sie zurück ins Haus wollen, wo sie richtig spielen und fernsehen können. Mein Vorschlag, dass sie ein Buch lesen oder etwas malen, kommt nicht gut an. Sie streiten und raufen sich, bis ich sie bitte, die Welpen zu füttern. Nachdem ich es heute den ganzen Tag über nur einmal geschafft habe, mich hinzusetzen, raffe ich mich wieder auf, um die Milch für Tom zuzubereiten, der ein Nickerchen macht.

Als es wieder dunkel wird, erhitze ich zwei Dosen Suppe und brate Burger in der Pfanne, in der ich mittags den Speck zubereitet habe. Ich bitte James, noch einmal zum Haus hinunterzugehen und im Gefrierschrank nach etwas Fleisch oder Brot zu schauen. Er bringt zwei Packungen Toasties und ein Lammkarree mit. Ich schaue ihn mit hochgezogenen Augenbrauen an und sage: »Wie um alles in der Welt soll ich das ohne Ofen zubereiten?« Wir sehen uns an und fangen an zu lachen.

Wir verbringen eine weitere Nacht zusammengekauert in unserem Bürozimmer. Es ist nicht wie eine Szene aus Unsere kleine Farm, wo alles gemütlich und romantisch ist – wir haben genau eine Kerze und müssen uns zu sechst einen Pudding aus der Dose teilen. Ich habe so viele Tassen Kaffee getrunken, dass ich völlig aufgedreht bin und wieder nicht schlafen kann, und Tom ist so unruhig beim Zahnen, dass ich auch dann nicht zur Ruhe käme, wenn ich es wollte. Isaac fängt an zu weinen, weil er seinen Teddy zu Hause vergessen hat. James holt ein Buch aus dem Regal und beginnt ihm vorzulesen, sein Kopf liegt auf der Brust seines Vaters, bis er einschläft.

Als Chris am nächsten Morgen vorbeikommt, um nach uns zu sehen, bitte ich ihn, unser Auto mit seinem Frontlader freizuschaufeln. James und ich haben beschlossen, dass es zu unsicher ist, wenn ich mit den Kindern ohne Strom und ohne Telefon hierbleibe. Ich werde so viel wie möglich einpacken und zu Mum und Dad fahren. Er nimmt mich beiseite.

»Weißt du noch, wie es war, als wir bei ihnen gewohnt haben, als Molly geboren wurde?«

»Ja, ich weiß, es war eine Herausforderung«, sage ich. »Fragst du deine Mutter, ob sie uns aufnehmen kann?« Wir wissen beide, dass er den Hof nicht verlassen kann, vor allem nicht mit den Welpen, aber er sagt, dass es ihm gut gehen würde.

Tom wartet angeschnallt in seinem Autositz, während Bea ihn bei Laune hält und Molly mir beim Packen hilft. Isaac weint wieder und sagt, er wolle bei seinem Vater bleiben. Hier gibt es keinen Strom, und es könnte sein, dass das für ein paar Tage so bleibt. James lädt sein Handy im Auto auf, während der Motor läuft, und ruft seine Mutter an. Wir haben Glück, dass unsere

Familie so nah ist. Ich sage ihm, dass ich so schnell wie möglich den Reparaturdienst wegen des Generators anrufen werde. Ich folge dem Traktor vorsichtig innerhalb der Spuren, bis zu der Stelle, wo der Schneepflug den Weg geräumt hat. Die Straße ist einen Meter tief verschneit und führt durch eine Unterführung aus dem Tal, doch als wir die fünf Kilometer weit entfernte Hauptstraße erreichen, ist die zweispurige Fahrbahn gestreut, und der Verkehr fließt mit normaler Geschwindigkeit, als hätte es unseren Winteralbtraum nie gegeben.

BANANENSCHALE

Ich starre auf die kleine Digitaluhr im Auto, die aufleuchtet, als der Motor anspringt. Wir haben noch sechs Minuten, um rechtzeitig zur Schule zu kommen, bevor die Glocke läutet. Mit etwas Glück schaffe ich es gerade so. Ich werfe einen Blick zurück zu den dreien, die auf der Rückbank sitzen, und lege meinen Sicherheitsgurt an. »Bitte nicht krümeln«, ermahne ich Isaac, der an seinem Toast knabbert. Honig tropft von seinen Fingern, und er schaut mich schuldbewusst an, isst aber weiter. »Ich habe dir auch eine Banane mitgebracht. Ich kann einfach nicht glauben, dass du nichts gefrühstückt hast, obwohl ich es dir gesagt habe.« Er ist ganz still, seine Miene zwischen Kauen und Weinen erstarrt. Ich greife ins Handschuhfach, bevor ich das Auto rückwärts aus der Einfahrt fahre, und reiche ihm die Babytücher, damit er sich sauber machen kann. Ich spreche mit sanfter Stimme, damit er aufhört zu weinen.

Molly ruft: »Halt! Ich brauche noch meine Sportsachen!« Ich bremse, und die Reifen kommen auf der Kiesauffahrt zum Stillstand. Sie rennt zurück ins Haus, und ich sage dasselbe, was ich immer sage: »Ich frage jeden Morgen: ›Habt ihr alles?‹, bevor wir das Haus verlassen, und jedes Mal vergisst einer von euch etwas.

Bea, hast du dir überhaupt die Zähne geputzt?« Ich schaue sie an, und sie wirkt etwas verlegen. »Nun gut, es sind deine Zähne, nicht meine«, sage ich und versuche es noch einmal: »Du bist neun, das ist alt genug, um zu wissen, dass man sich jeden Morgen die Zähne putzen muss.«

Molly schlägt die Autotür zu und klettert über Beas Beine, woraufhin sie zu streiten beginnen. Ich schnauze: »Du hättest eins weiterrutschen und sie reinlassen können, Bea!«

»Ich will nicht in der Mitte sitzen«, zetert sie, und ich kann ihr schmollendes Gesicht im Rückspiegel sehen, während wir uns vom Haus zur Straße über die mit Schlaglöchern übersäte Zufahrt quälen.

»Jetzt kommen wir zu spät!« Ich nehme mir einen Moment Zeit, um tief durch die Nase ein- und dann durch den Mund auszuatmen, während meine Brust sich hebt … und flehe: »Bitte, bitte, könnt ihr alle für eine Sekunde aufhören zu streiten und das tun, worum ich euch bitte?«

Ich werfe einen Blick zu Tom. Er ist in seinem Kindersitz neben mir angeschnallt, der Beifahrerairbag ist ausgeschaltet. Er kaut auf einem Beißring herum und hat sich den ganzen Kinnbereich vollgesabbert, auch sein Body ist bereits durchnässt. »Molly, gib mir bitte ein Tuch aus der Wickeltasche, die bei deinen Füßen steht.« Ich trockne ihn ab und stecke ihm das Tuch in sein Oberteil, während ich in den Ort abbiege, in dem sich die Grundschule befindet. Hier ist kaum Verkehr, sodass ich einfach bis zur gelben Linie vorfahren kann. Ich winke einem Freund zu, der gerade zur Arbeit fährt, und schenke einer anderen Mutter neben ihrem Auto ein Lächeln. Ihr blondes Haar ist ordentlich nach hinten gebunden, sie trägt ein schwarz-pinkfarbenes, figurbetontes Oberteil und ist gerade damit beschäftigt, ihre schicken gemusterten Leggings über ihre Knöchel zu ziehen, bevor sie ihre Arme streckt und nach oben und hinten bewegt, um sich auf ihren allmorgendlichen Lauf vorzubereiten.

Ich helfe Isaac mit seinem Ranzen und seiner Jacke aus dem Auto, während die Mädchen losrennen und ihn zurücklassen. »WARTET!«, schreie ich, aber es ist zu spät, sie sind schon verschwunden.

»Ich will nicht allein reingehen«, sagt er zu mir und fängt fast wieder an zu weinen, also sage ich ihm, er solle hier warten, während ich Tom losschnalle und aus seinem Autositz hieve. Ich lächle, schmiege seine rosigen Wangen an mein Gesicht, um sie zu küssen, dann wickle ich ihm ein Halstuch um, das ich aus dem Fußraum hervorhole. Der Wind ist frisch; ich habe ihm vor der Abfahrt keine Jacke übergezogen.

Isaac öffnet das knarrende Eisentor, damit wir hinunter zu seinem Klassenzimmer gehen können. »Ich werde auf dem Rückweg im Sekretariat vorbeischauen, Isaac«, sage ich, während ich meinen Finger ablecke, um den Sirup in seinen Mundwinkeln abzureiben. »Ich werde ihnen sagen, dass sie die Liste ändern sollen, keine Sorge.« Aber ich kann die Sorge in seinem kleinen Gesicht sehen. Es ist jetzt 9.15 Uhr, und ich laufe ans Ende des Schulgebäudes, schirme Tom von dem Wetter ab und wünschte, wir wären besser organisiert gewesen. Die Lehrassistentin lächelt und freut sich, Isaac im Klassenzimmer zu begrüßen. Ich murmele meine Entschuldigung, und sie fragt, ob alles in Ordnung sei. Ich nicke. »Alles gut«, sage ich lächelnd und schließe die Tür. Ich kann mich halb in der Glasscheibe erkennen, als ich hineinschaue. Ich sehe, wie Isaac seinen Mantel aufhängt und sein Lunchpaket in den hinteren Teil seines Spinds legt, als wolle er es verstecken. Er betritt den Raum und setzt sich im Schneidersitz hin, um seinem Lehrer zuzuhören.

Ich starre auf mein Spiegelbild. Ich habe dunkle Augenringe. Meine Haut sieht blass aus, und meine Haare sind zerzaust. Ich trage meinen dicken Mantel, der zerrissen ist, als ich letzte Woche über einen Stacheldrahtzaun geklettert bin, eine alte Umstandsjeans mit einem dehnbaren Bund, den ich über meinen schlaffen Bauch hochgezogen habe, und einen ausgeleierten grauen Pullover darüber. Meine Stiefeletten sind voller Erde und Kies, weil wir noch nicht dazu gekommen sind, den Eingangsbereich des Hauses zu pflastern, und es geregnet hat.

Ich trage Tom zum Auto zurück, setze ihn in seinen Sitz und mache ihn für die Weiterfahrt bereit. Sobald ich zurück bin, muss er gewickelt werden – seine Windel war prall gefüllt, als ich ihn in den Sitz geschnallt habe. Aber zuerst brauchen wir Brot, und ich muss zwei Pakete aufgeben, also fahren wir in Richtung des nächsten Orts. Nach ein paar Kilometern komme ich an der Mutter vorbei, die ich vorhin angelächelt habe; sie ist den ganzen Weg gejoggt, mit stylischen weißen Kopfhörern auf den Ohren und dem Handy um den Arm geschnallt. Sie läuft selbstbewusst und scheint ihr Leben im Griff zu haben, ist stark, fit und bereit, es mit der Welt aufzunehmen. Ich bin neidisch und den Tränen nahe. Wütend denke ich: »Wer hat schon Zeit zum Joggen, nachdem er seine Kinder zur Schule gebracht hat? Jeden einzelnen verdammten Tag?«

Es ist Dienstag, am Freitag steht uns eine Betriebsprüfung bevor, und ich habe Angst, nicht vorbereitet zu sein. Ich muss alle Unterlagen zusammenstellen und überprüfen, ob all unsere Aufzeichnungen in Ordnung sind: das Arzneibuch, der Gesundheitsplan für die Herde und die Liste der gestorbenen Tiere. Ich muss auch noch die Tabelle mit den Viehbewegungen vom letzten Jahr aktualisieren. Ich weiß, dass heute Nachmittag noch zwei Leute vorbeischauen, um James zu treffen, und ich muss mich beeilen, um wieder rechtzeitig zurück zu sein und den ganzen Haushalt zu erledigen, bevor ich die Kinder wieder abhole, um mir dann zu überlegen, was es zum Abendessen gibt, und das alles mit einem Baby im Schlepptau. Ich werfe einen Blick zurück auf die joggende Mutter. Sie hat mich nicht gesehen, weil sie sich auf ihre Geschwindigkeit oder etwas anderes konzentriert hat. Sie sieht entschlossen aus, aber nicht getrieben. Sie dreht ihre Runde durch diesen und den nächsten Ort, bevor sie zu ihrem Auto zurückläuft, was etwa neun oder zehn Kilometern entsprechen dürfte. Ich bin noch nie in meinem Leben auch nur einen einzigen Kilometer gejoggt – ich mache immer laut Scherze, dass mein Körper wohl einen Schock bekommen würde, wenn ich anfangen würde zu joggen. Ich weiß, dass ich durchaus schnell laufen kann, wenn Schafe ausbrechen und ich hinter ihnen hermuss, um sie zur Umkehr zu bewegen. Aber ich würde es nie als etwas Angenehmes betrachten, gezielt laufen zu gehen. An manchen Tagen schaffe ich es nicht einmal, mir die Haare zu bürsten, geschweige denn, allein spazieren zu gehen.

Als ich von den Besorgungen zurückkomme, wechsle ich Tom die Windel und setze mich hin, um ihn zu füttern. Ich schaue auf mein Handy. Scrolle durch eine Reihe von Fotos, die eine Freundin von ihrem Wochenendausflug gepostet hat. Sie ist in einem Restaurant, dann in einem Spa, dann bei einem Drink am Pool. Ich scrolle weiter: Eine andere Freundin feiert ihren Geburtstag mit einem Kuchen, den ihre Kinder für sie gebacken haben. Eine weitere Freundin hält auf einem Foto eine Medaille hoch und steht stolz mit ihrem Fahrrad da, nachdem sie für einen guten Zweck von einer Küste zur anderen gefahren ist. Und dann ist da noch eine Freundin, die ihren neuen Haarschnitt zur Schau stellt. Ich scrolle, klicke auf »Gefällt mir« und scrolle weiter.

Ich schaue mir das Wetter draußen an. Das Fenster ist mit winzigen Regentropfen übersät. Sie schließen sich zu größeren Tropfen zusammen und perlen die Scheiben hinunter. Tom sitzt auf meinem Schoß, und ich streichle ihm sanft über den Rücken, während ich meine Brust wieder in den BH packe, die saugfähige Einlage so zurechtschiebe, dass sie weniger kratzt, und den BH-Verschluss mit Finger und Daumen schließe. Die Esche vor dem Haus wiegt sich im Wind, ihr unterster Ast schwingt auf und ab, als würde er gleich abbrechen. James wird bald zum Mittagessen zurück sein, und ich habe noch nicht einmal das Frühstück abgeräumt. Ich setze Tom in seinen Wippstuhl. Er sieht mir zu, wie ich im Wohnzimmer meine Runden drehe. Es ist immer unordentlich hier. Müslischachteln stehen auf der Arbeitsplatte. Isaacs Lego-Kreationen, die ich nicht anrühren darf. Ungelesene Zeitungen und ungeöffnete Post stapeln sich. Teddys auf dem Boden. Ich öffne den Geschirrspüler, der voll mit sauberem Geschirr ist und ausgeräumt werden muss. Ich denke an die Mutter zurück, die ich vor zwei Stunden beim Joggen sah, und verspüre plötzlich das Bedürfnis, draußen im Regen zu sein, zu rennen und zu rennen, irgendwohin, wegzurennen, weit weg von hier, nur ich und die Straße und der Regen.

Zwei Wochen später, beim Muttertagsgottesdienst in der Schule, knuddeln die anderen Mütter in der Kirche abwechselnd den kleinen Tom, während die Kinder Lieder singen und Papierblumen an ihre Mütter und Großmütter verteilen. Ich trage einen frisch gewaschenen Pullover und einen schicken Mantel, Jeans und Stiefel, und der Kinderwagen glänzt wie neu. Für alle anderen sieht es so aus, als hätte ich alles im Griff. Ich unterhalte mich mit der Mutter, die jeden Tag joggen geht. Während sie Tom anlächelt und seine Zehen kitzelt, sagt sie mir, wie glücklich ich mich schätzen könnte, vier Kinder zu haben, und fügt hinzu: »Ich weiß nicht, wie du das machst.« Ich lächle, weil ich weiß, dass sie meine Antwort nicht wirklich hören will. Sie gibt mir einen Flyer zu dem Marathon, für den sie trainiert; ich lese beim Überfliegen, dass sie Geld für eine Wohltätigkeitsorganisation sammelt, die Eltern nach dem Verlust ihres Kindes unterstützt. Sie nimmt an dem Marathon teil, um ihrem Baby zu gedenken, das bei der Geburt gestorben ist. Mir schnürt es die Kehle zu, und mir wird ganz schlecht; ich schäme mich dafür, dass ich sie an diesem Tag im Regen so verteufelt habe.

Um mich herum sind alle möglichen Mütter, und wir alle

haben unser Päckchen zu tragen. Wenn wir nicht einen Tag, einen Monat oder ein Jahr in den Schuhen der anderen gelaufen sind, wie sollen wir dann jemals wissen, womit jede von uns zu kämpfen hat?

ABEND

Blitzschnell kommen die gackernden Hühner zu mir gelaufen, sobald sie mich mit einer Pfanne in der Hand sehen. Ich schabe mit einem Löffel den vom Abendessen übrig gebliebenen Reis ins Gras, und sie scharen sich pickend um meine Füße. Zurück im Haus wische ich den Tisch ab, räume die letzten beiden Gläser in die Geschirrspülmaschine, leere dann den Wasserkrug und spüle ihn aus. Ich bücke mich, hole ein Tab aus dem Schrank unter der Spüle und stecke es in die Maschine. Mein Rücken tut weh. Die Kinder haben beim Abräumen des Essens schön mitgeholfen, doch auf dem Boden liegen immer noch Spielsachen, Stiefel und Mäntel türmen sich zu einem Haufen, Papiere stapeln sich, und jedes noch auf der Arbeitsfläche herumkullernde Ei ist zu viel für mich.

James sitzt mit den Jungs auf dem Boden und spielt ein Drachenspiel. Sie haben einen Turm aus Bauklötzchen gebaut, und Tom lässt eine Armada von aus Holz geschnitzten Igeln auf sein notdürftiges Floß klettern, um der Drachenburg zu entkommen. Es ist gleich halb acht.

»Komm schon, Tom, es ist Schlafenszeit. Willst du nach oben gehen und dich verstecken, und ich komme dann, um dich zu suchen?«

»Nein! Ich will noch spielen«, protestiert er.

James erhebt sich langsam vom Boden und sagt, dass er das Zubettbringen heute übernimmt, er wird die Müdigkeit in meiner Stimme wahrgenommen haben. Es ist jedes Mal ein Kampf, Tom nach oben zu bekommen und mit ihm auszuhandeln, dass jetzt nicht mehr gespielt wird, sondern Schlafenszeit ist. Er versteckt sich gern hinter seiner Zimmertür, und ich muss dann immer ganz überrascht tun, wenn ich ihn finde. Seit Kurzem zieht er sich selbstständig aus und will sich auch selbst die Zähne putzen. Ich bin über diese Entwicklung froh, und zugleich macht sie mich auch ein bisschen traurig. Die Zeiten, in denen ich ein kleines Kind in einen Schlafanzug zwängen musste, sind fast vorbei. Er wird bald eigenständig ins Bett gehen und nicht mehr mit 10 000 Küssen zugedeckt werden müssen. Doch im Moment findet er es noch ganz toll, wenn es Zeit für eine Geschichte ist, und kuschelt sich in meinen Arm, wenn ich ihm abends vorlese. Bevor ich das Licht ausmache, möchte er immer noch eine weitere Geschichte hören. Er weiß, dass ich nachgeben werde, denn er ist ja mein Baby. Aber heute Abend bin ich froh über meine Auszeit. »Hab ich dich!«, sage ich zu Tom und jage hinter ihm her, als er bei meinem Versuch, ihn zu kitzeln, davonläuft. »Er gehört dir!«, rufe ich James zu und nehme eine achtlos beiseitegestellte Kaffeetasse von der Anrichte im Flur mit. »Ich gehe spazieren. Es ist ein schöner Abend, ich werde nicht lange weg sein«, sage ich und gebe James beim Runtergehen einen Kuss auf die Wange. »Sei brav zu deinem Dad … Ich komme später und decke dich noch zu«, rufe ich Tom zu und stelle die Tasse in der Küche ab.

Ich setze mir die Kopfhörer auf und streife mir die Haare aus dem Nacken. Ich spüre, dass sich da am Hinterkopf etwas verknotet hat, aber ich kann mir jetzt nicht noch eine Bürste holen und meine Haare entwirren. Ich muss sie bald schneiden lassen, sie sind zu lang geworden. Ich hole mein Handy hervor, klicke mein Hörbuch an der Stelle an, an der ich zuletzt aufgehört habe, und stecke es zurück in die Tasche. Floss liegt neben meinen Füßen und wedelt mit dem Schwanz, als ich in die Gummistiefel schlüpfe. Als ich aus dem Haus gehe und die Tür sachte hinter mir zuziehe, fällt mein Blick durch das Fenster auf unser alltägliches Chaos. Und ich kann sehen, dass niemand so richtig bemerkt, dass ich weg bin.

Floss hüpft wie ein Welpe mit aufgerichtetem Schwanz über das Feld vor mir her, als wäre sie den ganzen Tag nicht draußen gewesen, was natürlich nicht stimmt. Als Senior ist sie ziemlich umgänglich. Ihr einziges Manko ist, dass sie die Lieferwagenfahrer anbellt und nach ihnen schnappt, wenn sie in ihren Warnwesten auftauchen, also muss ich vorsichtig sein. Ich mag ihre Gesellschaft auf meinen Spaziergängen. Nachdem unser geliebter Bramble im Alter von 13 Jahren gestorben ist, hatte ich einige Jahre keinen Hund, mit dem ich spazieren gehen konnte oder der mit im Haus war, und habe sein freundliches Wesen sehr vermisst. Tom war in dieser Zeit gerade erst auf die Welt gekommen, und ich hätte mir nicht vorstellen können, neben all meinen anderen Aufgaben auch noch einen Welpen zu erziehen. Oft lasse ich meinen Blick zum Bach vor dem Haus schweifen, wo Bramble begraben liegt, und muss daran denken, wie sie immer die Steine im Wasser umgegraben und es dabei gespritzt hat, und wie ich sie verflucht habe, wenn sie mit ihren nassen, schlammigen Pfoten ins Haus kam und mir die Hand abschleckte beim Streicheln, als wollte sie sich bei mir dafür entschuldigen. Sie war eine großartige Freundin.

Ich öffne das Gatter, damit Floss durchschlüpfen kann und nicht über den Gitterrost steigen muss. Wir biegen rechts ab und laufen die ruhige Straße entlang, die in den Ort führt. Ich drücke auf meinem Handy auf Pause und schaue mich um. Ich habe einen guten Blick auf die Vorderseite des Hauses und den Bach, der sich den Hügel hinunterschlängelt. Letzte Woche, als eine Schülergruppe unseren Hof besucht hat, habe ich auf einem Felsen in der Mitte des Bachs einen Fischotter entdeckt und die Gruppe darauf aufmerksam gemacht. »In den Teichen und Bächen muss es ziemlich viele Frösche und Fische geben; von ihnen ernähren sich die Otter«, erklärte ich ihnen. Das dornige Gestrüpp aus Bäumen und Sträuchern, das wir vor fast zehn Jahren gepflanzt haben, wird jetzt immer dichter. In ihnen ist ein Bienenstock versteckt, von dem ich gerade noch das helle Blau seines Deckels erkennen kann. James brachte die Schulkinder mit einem albernen Arbeiterbienentanz zum Lachen, während er ihnen erzählte, wie weit Bienen auf die Suche nach Pollen und Nektar gehen. Ich habe ihm erklärt, dass die Arbeiterbienen alle weiblich sind und die ganze harte Arbeit allein machen. Die männlichen Bienen schwirren nur im Bienenstock herum, machen Lärm, paaren sich mit der Königin und berauschen sich an dem süßen Nektar. Da mussten die Kinder wieder lachen. Vor zwei Jahren haben wir den Bach renaturiert – er wurde in seinem ursprünglichen, natürlichen Verlauf durch die Auen wiederhergestellt, um die Artenvielfalt zu erhöhen und Überschwemmungen flussabwärts zu verringern –, und wenn ich ihn mir jetzt so anschaue, kann ich ein Paar Austernfischer im Kiesbett picken sehen; vielleicht bauen sie gerade ein Nest. Draußen ist es noch immer warm. Ich habe meinen Pullover um die Taille gebunden und genieße das Gefühl einer leichten Brise auf meinen Armen.

Das Gras auf der Heuwiese wird allmählich länger. Wir haben die Schafe und Lämmer vor zwei Wochen heruntergenommen. Wenn ich den Schülern und Lehrern erkläre, dass diese Wiese ein seltener Lebensraum ist, schauen sie mich ungläubig an. Sie sehen nur eine »Wiese« voller Gras, bis ich ihnen darlege, dass hier 110 verschiedene Arten von Blumen und Gräsern wachsen – wir wissen das so genau, weil wir einen Botaniker sie haben untersuchen lassen. Und auf unserem Hof haben wir 30 Hektar davon – das sind fast drei Prozent aller noch existierenden Hochlandwiesen in Großbritannien. Früher traf dies auf alle Felder zu, doch heute sind sie längst nicht mehr so reichhaltig, sie sind zu grünen Kunstböden geworden. Auf den meisten Wiesen im Land wachsen nur noch ein oder zwei Grassorten. Dann frage ich die Kinder, ob sie, wenn sie ein Schaf oder eine Kuh wären, jeden Tag nur eine Sache fressen wollen würden oder ob sie nicht lieber etwas Abwechslung hätten. Ich erzähle ihnen, dass die

Tiere genauso wie wir gesünder sind, wenn sie eine Mischung zu fressen bekommen. Und dass Nahrung für sie auch wie Medizin ist: Wenn ihr Körper etwas braucht, suchen sie gezielt nach bestimmten Weiden, Kräutern, Gräsern und Blüten. Die unterschiedlichen Pflanzenarten sind für eine ganze Reihe an Insekten und Vögeln wichtig. Auf diese einfache Art und Weise versuchen wir, den Kindern eine andere Sichtweise auf die Landwirtschaft zu vermitteln. Es geht nicht um ›Landwirtschaft oder Natur‹, sondern ›Landwirtschaft *und* Natur zusammen‹.

Wenn wir Schulkinder auf dem Hof haben, ist es mir wichtig, dass sie lernen, dass ihre Rolle (und die ihrer Eltern) als Verbraucher für all das entscheidend ist. Ernährung beginnt und endet nicht mit dem in Plastik verpackten Zeug im Supermarkt und ausgefallenen Rezepten auf Instagram. Ernährung nimmt ihren Anfang unter der Erde, in den Pflanzen, die wir anbauen, und den Tieren, die wir züchten, um sie zu essen. Und sie endet in unserem Körper, wo sie unsere Gesundheit und unser Wohlbefinden beeinflusst.

Wir graben mit den Kindern zusammen den Boden um und suchen nach Würmern, und erklären ihnen, dass ein gesunder Boden wie ein mächtiger Schokoladenkuchen aussehen und voller Leben sein sollte – mit darin wimmelnden Würmern. Nicht trocken, staubig und leblos. Wir sprechen darüber, dass der Boden die Quelle allen Lebens ist. Wir machen ihnen klar, dass wir ohne guten Boden keine Lebensmittel anbauen und ohne gute Lebensmittel nicht gut leben können. Wir sprechen über die Rolle, die Kühe, Schweine und Schafe in unserer Landwirtschaft spielen, und darüber, warum wir hier auf diesem hügeligen, für den Ackerbau ungeeigneten Stück Land die altmodischen Rassen der Belted-Galloway-Rinder und Herdwick-Schafe halten. Dass diese Tiere die langen, feuchten Winter im Lake District gut überstehen und dieses weniger fruchtbare Land in unglaublich gesundes Essen verwandeln. Die Kinder schnappen angeekelt nach Luft, wenn wir die Kuhfladen aufheben und über die Bedeutung von Mist sprechen, doch dann schauen sie neugierig nach den erstaunlich glänzenden schwarzen Mistkäfern. Wir sprechen über die simple Funktion, die der »goldene Huf« bei der natürlichen Düngemethode spielt, und warum wir von künstlichen Düngemitteln und Chemikalien auf unseren Feldern wegkommen müssen, da sie dem Boden schaden und die darin vorkommenden Lebewesen töten.

Manchen Schulgruppen erklären wir vereinfacht, wie wir beim Weiden vorgehen. Wir bringen unsere Rinder und Schafe immer gruppenweise auf die Wiesen und lassen das Gras viel länger wachsen als früher. Die Erkenntnis, dass die Verzweigung der Wurzeln im Boden mit dem Höhenwachstum der Pflanzen einhergeht, hat mein Verständnis für die Weideökologie grundlegend verändert. Wenn wir das Gras zu schnell mähen, entwickelt es auch keine tiefen Wurzeln. Wollen wir einen gesunden Boden mit tiefen, weit verzweigten Wurzeln haben, die die Erde auflockern und mit Kohlenstoff anreichern, müssen wir die Gräser und Pflanzen viel länger wachsen lassen. Daher geben wir den Feldern zwischen den Weideperioden genügend Zeit, um sich zu regenerieren. Wenn die Schafe und Rinder dann auf ihnen grasen, werden sie für kurze Zeit zusammengetrieben, bevor sie weiterziehen können. Dadurch werden die Wiesen niedergetrampelt, und der Boden wird mit dem Dung versorgt, der wahre Wunder wirkt. Der zerstampfte Grund verrottet, nährt den Boden und legt sich im Winter wie eine wärmende Decke darüber. Unser Boden kann nun viel mehr Wasser speichern, was auch Überschwemmungen entgegenwirkt. Das bedeutet einen gleich dreifachen Gewinn: für das Land, die Tiere und für uns.

Wir zeigen den Schulkindern auch die vielen Hecken, die wir angepflanzt haben, oder pflanzen mit ihnen zusammen noch mehr davon, und wir erklären ihnen, warum sie so wichtig sind.

Sie bilden eine natürliche Passage für Wildtiere und bieten Vögeln, Schmetterlingen, Igeln, Mäusen, Fledermäusen und Motten Nahrung und Schutz. Manche Kinder sind erstaunt, dass wir hier regelmäßig Füchse, Eichhörnchen, Dachse, Eulen und Rehe sehen. Sie denken oft, dass diese Tiere nicht viel mit ihrem Leben zu tun haben, aber wir erklären ihnen, dass sie alle Teil eines riesigen Ökosystems auf der Erde sind und jeder Einzelne von uns dafür verantwortlich ist, dieses zu bewahren.

Es lässt sich recht einfach erklären, wie es dazu kommen konnte, dass wir die Verbindung zur Natur verloren haben und uns das Wissen über diese Vorgänge abhandengekommen ist. Als Kind habe ich das alles nicht richtig verstanden; niemand hat mir die Natur so nahegebracht, wie ich es bei James beobachte, wenn er mit den Kindern loszieht. Es liegt in unserer Verantwortung, wieder mehr über sie zu erfahren und achtsamer zu leben.

Wenn ich mir jetzt unseren Hof anschaue, bin ich stolz. Es ist wirklich ganz erstaunlich, was wir bewirkt haben, auch wenn das alles mit einer Menge harter Arbeit und Bürokratie verbunden war, doch wir leisten etwas für das Fleckchen Erde, auf dem wir leben. Über James' ehrgeizige Zukunftsvisionen muss ich immer wieder lachen. Ihm schwebt vor, unser Land zur Hälfte mit Wald zu bedecken, auf dessen Lichtungen stattliche Rinder und Schafe weiden, mit Feuchtbiotopen an jeder Ecke. Ich stelle mir vor, wie unsere Kinder die Arbeit hier in irgendeiner Weise fortsetzen werden. Ich möchte, dass wir das Leben, das wir uns so mühevoll aufgebaut haben, in vollen Zügen genießen. Wir müssen noch eine Mauer und einen Gemüsegarten fertigstellen, und ich hätte gern noch einen kleinen Vorbau am Eingang, wo die ganzen Stiefel und Mäntel untergebracht werden können. Dann ist unser Bauernhaus so gut wie fertig. Es war eine lange Reise, aber jetzt ist es an der Zeit, nicht mehr nur ans Überleben zu denken, daran, durch die Tage zu kommen.

Wir gehen jetzt liebevoller miteinander um, weil wir uns

selbst besser verstehen. Wir sind am glücklichsten, wenn wir zusammen sind, sei es beim Aufräumen der Küche oder dem Ausmisten des Schaftstalls, beim Spielen mit den Kindern, bei der Arbeit draußen auf dem Hof oder drinnen über dem Papierkram. Wir kennen unsere Grenzen besser. Wir haben zu viele Jahre damit verbracht, uns selbst und den anderen über diese Grenzen hinauszutreiben. Im See zu baden, ist genauso wichtig wie die Heuernte – für ein gutes Leben muss man sich für beides Zeit nehmen.

Floss hat geduldig gewartet, während ich die Aussicht genieße, aber sie will weiter. Wir laufen die Straße hinauf und biegen rechts in den alten Feldweg ein, der hinter unserem Haus verläuft. Sie hüpft über abgestürzte Äste und pirscht am Zaun entlang, als sie die Schafe auf der benachbarten Weide erspäht. Die Mutterschafe sind mit ihren Lämmern beschäftigt und bemerken sie kaum. Sie hält inne, um an einer Stelle zu schnuppern, an der ein Dachs seine Duftnote hinterlassen hat, und trabt dann weiter vor mir her. Die Sonne geht gerade unter und wird bald in der Ferne hinter dem Blencathra verschwinden, doch noch taucht sie das Tal in ihr goldenes Licht. Es ist die magischste Zeit des Tages. Ein Brachvogel ruft am Himmel über mir nach seinem Partner. Gemeinsam fliegen sie zurück zu ihrem nächtlichen Schlafplatz am Hang. Ihre Gesänge klingen für mich immer so, als würden sie sich gegenseitig zurufen: »Hier bin ich, es ist alles in Ordnung, komm und flieg mit mir mit.« Es ist einer der schönsten Laute auf Erden.

Meine Füße nehmen den Weg, den schon Hunderte Hirten vor mir genommen haben, die ihre Herden zu den Fjälls und wieder zurück trieben. Vor 20 Minuten war ich noch in die tägliche Hausarbeit vertieft. Früher habe ich immer geglaubt, an einem Tag wenig geschafft zu haben, wenn er nur aus Waschen, Aufräumen, Zur-Schule-Bringen, Kochen und ein oder zwei Stunden Arbeit auf dem Hof bestand.

Die Sonne ist jetzt hinter dem Berg. Ich ziehe meinen Pullover über und bleibe noch mal kurz stehen, bevor ich heimgehe. Ich empfinde eine vollkommene Gelassenheit, fühle mich eins mit diesem Ort, den ich mein Zuhause nennen darf. Ich liebe das Leben, mit all seinen Höhen und Tiefen, das ich hier in dieser Familie lebe, der Familie, die James und ich gegründet haben.

Die Tage, an denen wir alle sechs hier in diesem Bauernhaus vereint sind, sind ungemein kostbar. Es sind die besten Tage meines Lebens.

Die Arbeiten, die im Haus anfallen, erscheinen immer ziemlich banal, sind etwas, das man gern aufschiebt, aber was ist ein Leben ohne Arbeit? Es ist leer und bedeutungslos. Dinge wie Kochen, Putzen und Einkaufen, um für meine Familie da zu sein, sind für mich sinnvoll und wichtig. Sorgearbeit ist in unserer Gesellschaft allzu oft unsichtbar, sie wird in dieser verrückten

»Seht her, wer ich bin«-Welt, in der wir leben, ignoriert. Das Individuum wird gefeiert, aber nicht die Familie oder Gemeinschaft. Doch niemand schafft es ganz allein. Ich kenne viele erfolgreiche Menschen, aber sie sind immer umgeben von ein paar treuen Seelen, die ihnen die Stange halten und im Hintergrund wirken, damit das überhaupt alles möglich wird. Ich weiß, dass die kleinen Dinge im Haushalt wichtig sind und es schon immer waren – das hat mir meine Mutter beigebracht. Als ich erfuhr, dass *mundane*, das englische Wort für »banal« und »alltäglich«, seine Wurzeln in dem lateinischen Wort *mundanus*, »weltlich« und »irdisch«, hat, habe ich alles mit anderen Augen gesehen. Für meine Familie zu sorgen, war für mich immer und ist bis heute die wichtigste Arbeit der Welt.

HILFREICHE LISTEN

GRUNDNAHRUNGSMITTEL

HALTBARES FÜR DIE VORRATSKAMMER

Mehl: Weizenmehl Type 405, Type 1050 und Vollkornmehl sowie Backpulver

Zucker: Rohrzucker, Feiner Zucker, Kokosblütenzucker oder ggf. Soft Sugar (Light Brown und Dark Brown)

Brot: Naan, Wraps, Aufbackbrötchen und Schnittbrot

Gläser mit hochwertigen Kochsoßen: Butter Chicken Curry, Soße süß-sauer oder Tomate-Basilikum

Currygewürze: Korma, Tikka Masala und grüne oder rote Thaicurry-Paste

Kokosmilch in der Dose

Dosentomaten (gestückelt oder ganz, Passata)

Thunfisch in der Dose (im eigenen Saft)

Mais in der Dose

Bohnen: Dosen mit gebackenen Bohnen in Tomatensoße, Dosen oder Gläser mit Kidneybohnen, Borlotti-Bohnen, Grünen Bohnen und Kichererbsen

Gekochte Linsen: rote oder grüne Linsen, verzehrfertig verpackt

Getrocknete Linsen/Couscous

Nudeln: Ei- oder Reisnudeln oder Packungen mit Nudeln, die direkt in den Wok kommen (ich habe immer eine Auswahl an Spaghetti, Linguine, Tagliatelle, Makkaroni, Penne, Fusilli und Rigatoni im Haus)

Reis: Basmati, Risottoreis, Milchreis und Wildreis

Haferflocken

Zartbitterschokolade (in meiner Speisekammer sind mehrere Blöcke versteckt)

Sirup: Zuckersirup und Ahornsirup

Obstkonserven: Birnen, Ananas und Pfirsiche

Abgepackte Geleefrüchte/Fruchtgummi

Aufstriche: Marmelade, Schokoladencreme und Erdnussbutter

Gewürze: ggf. original britische Minzsoße, Meerrettich, Preiselbeeren, Chutney und verschiedene eingemachte Relishes

Essig: ggf. Malzessig, Rot- oder Weißweinessig und Balsamico

Öle: Oliven- und Erdnussöl

Bio-Brühwürfel: Huhn, Rind und Gemüse

HALTBARES FÜR DEN KÜHLSCHRANK

Butter: gesalzen und ungesalzen

Sahne: Doppelrahm und Crème fraîche (Vollfettstufe)

Käse: eine Auswahl an Parmesan, Cheddar und eine Sorte wie etwa Wensleydale oder Red Leicester

Joghurt: Natur oder nach griechischer Art

Fleisch: aufgetaute, vorportionierte Stücke, Schmalz, Pancetta/Speckwürfel, Lamm- oder Rinderhack, Hähnchenbrust oder -schenkel und gekochter Schinken, Rind- oder Putenfleisch

Obst und Gemüse: Kartoffeln, Süßkartoffeln, Karotten, Zwiebeln, Knoblauch, saisonales Obst und Gemüse

FÜR DAS GEFRIERFACH

Gefrorene Erbsen
Gefrorene grüne Bohnen
Pommes frites (in Rinderfett frittiert)
Fleisch: Hühner-, Lamm-, Schweine- und Rindfleischstücke, Würstchen, Burger, Steaks, gewürfelter Schmorbraten und Hackfleisch
Fischstäbchen
Garnelen
Brot
Pizza/Knoblauchbrot
Teig: Packungen mit Mürbe- und Blätterteig
Beeren: Heidelbeeren, Himbeeren und Brombeeren
Eiscreme

GERICHTE, DIE UNS KEIN SCHLECHTES GEWISSEN MACHEN SOLLTEN

Die meisten meiner Gerichte sind schnell gemacht. Wenn ich nach Hause komme oder die Kinder abhole, weiß ich oft noch nicht, was wir essen werden. Hier sind ein paar Ideen, wie sich in kürzester Zeit etwas auf den Tisch bringen lässt. Das Wichtigste dabei ist, dass wir gemeinsam essen und uns nicht den Kopf zerbrechen müssen.

KALTES ABENDBROT

Wurst und Schinken, Hummus, Brot und Käse, dazu etwas rohes Gemüse wie Kirschtomaten, Karotten- und Gurkenstifte und ein paar gekochte Eier, in Scheiben geschnitten – daraus ergibt sich eine vollwertige Mahlzeit. Haben Sie kein schlechtes

Gewissen, wenn Sie nicht kochen. Bei uns nennen wir das »kalte Platte«. Sie umfasst verschiedene Produkte aus dem Kühlschrank, die ausgepackt und auf den Tisch gestellt werden, damit sich jeder das nehmen kann, was er am liebsten isst.

TOAST MIT ALLERLEI

Bei mir sind es meistens gebackene Bohnen und Rührei oder Spiegelei. Ich mag auch gern Pilze oder eine Tomate und etwas Speck.

SUPPE

Idealerweise schon vorgekocht und im Kühlschrank oder Gefrierfach aufbewahrt. Sie können aber auch ganz einfach eine Gemüsesuppe in einem Topf oder in der Mikrowelle in kürzester Zeit frisch zubereiten. Damit eine sättigende Mahlzeit daraus wird, eine schmackhafte Brühe verwenden und mit Zutaten wie Kürbiskernen, Speck oder gerösteten Zwiebeln oder kleinen Hühner- oder Lachsstückchen verfeinern. Falls gewünscht, Brot mit Wurst oder Käse dazu reichen.

FISCHSTÄBCHEN-BRÖTCHEN

Sie können ganz simpel sein und einfach aus einem Brötchen mit ein paar Fischstäbchen bestehen, oder sie lassen sich etwas aufpeppen, indem Sie die Brötchen toasten und zusätzlich mit Mayonnaise oder Remoulade und Salatblättern belegen.

PIZZA

In einer einfachen Pizza Margherita finden sich alle Nahrungsmittelgruppen vereint: stärkehaltige Kohlenhydrate, Gemüsesoße, eiweißhaltiger Belag aus Milchprodukten. Am besten die Pizza selbst machen. Die Böden können in einer größeren Menge zubereitet und portionsweise zwei Tage lang im Kühlschrank oder in Backpapier eingewickelt im Gefrierfach aufbewahrt werden – vor dem Aufbacken einfach wieder ausrollen und in die Länge ziehen. Die Soße kann man ebenfalls gut selbst herstellen, indem man eine Portion stückige Tomaten, ein paar Knoblauchzehen und eine gehackte Zwiebel mit Olivenöl anbrät und mit Kräutern würzt. Mit dem Pürierstab zu einer Soße verarbeiten (oder gleich ein Glas Tomatenpassata verwenden) und mit schmackhaftem Mozzarella oder einem anderen geriebenen Käse bestreuen. Die Pizza nach Belieben belegen, aber nicht überladen, sonst wird sie matschig. Ansonsten die qualitativ hochwertigste Fertigpizza kaufen, die Sie sich leisten können. Auf die Zutatenliste auf der Packung achten – sie sollte einfach und möglichst frei von Zusatzstoffen und Konservierungsmitteln sein.

BACON

Mit ein bisschen Speck lassen sich die meisten Gerichte verfeinern. Die Auswahl des richtigen Specks beginnt damit, dass man weiß, unter welchen Bedingungen das Schwein gehalten und womit es gefüttert wurde. Das Fleisch von Schweinen aus Freilandhaltung, die langsam gemästet und nach Bio-Richtlinien aufgezogen wurden, hat einen intensiveren, fleischigeren Geschmack. Ihr Fleisch ist reich an Nährstoffen. Schon wenig davon macht einen großen Unterschied.

Das Fleisch von Schweinen, die in Ställen mit sehr wenig Bewegungsfreiheit aufgezogen und mit Getreide gefüttert wurden, damit sie schnell zunehmen, ist in den Supermarktregalen natürlich zu einem niedrigeren Preis erhältlich als das oben genannte, aber man bekommt entsprechend auch das, was man bezahlt. Diese Sorte Fleisch ist ein minderwertiges Produkt, meist wässrig und fad. Und im Zeitalter der Globalisierung sollte stets darauf geachtet werden, dass die Tiere nicht unter grausamen Bedingungen aufgezogen wurden und die Transportwege nicht zu lang sind. Man sollte stets Produkte aus regionaler Herkunft wählen und das Teuerste, das man sich leisten kann.

Speck lässt sich auf verschiedene Art und Weise verwenden. Wir mögen ihn gern in dicke Scheiben geschnitten, in einer beschichteten Pfanne angebraten und mit einem Ei auf Toastbrot oder einem Brötchen. Ich verwende auch regelmäßig Pancetta, gewürfelten Bauchspeck, für Nudelsoßen, Hühnerpasteten, Bolognese, Rindereintöpfen oder als Beilage zu Salaten oder Suppen. Pancetta oder etwas gebratener Speck macht eine Schüssel mit gekochten Früh- oder Babykartoffeln oder gedünstetem Lauch zu einer wahren Köstlichkeit: einfach darüberstreuen und mit dem Fett aus der Pfanne beträufeln. Die Kinder mögen auch gern die Variante als amerikanisches Frühstück: Pfannkuchen mit knusprigem, durchwachsenem Speck.

GERÄUCHERT VS. UNGERÄUCHERT

Der im Supermarkt meistens erhältliche Speck wird in eine künstliche Salzlösung eingelegt oder mit einem Zusatzstoff mit Raucharoma versehen. Wenn ich Speck einkaufe, bevorzuge ich ihn ungeräuchert, weil ich dann weiß, dass das Produkt nur mit Pökelsalz, Zucker oder Gewürzen konserviert wurde. (Brauner Zucker oder Ahornsirup ergeben zusammen mit dem Salz eine gute Mischung, um die Bauchschwarte zu marinieren.) Bevor das Stück aufgeschnitten wird, muss der Speck eine Woche oder länger ruhen. Traditionelle Methoden wie das Räuchern über Holzspänen finden noch immer Anwendung. Es braucht nur ein wenig Zeit und Mühe, um an qualitativ hochwertige Produkte zu kommen.

KREATIVE IDEEN FÜRS PAUSENBROT

Um etwas Abwechslung zum herkömmlichen Sandwich zu bekommen, kann man verschiedene Brotsorten ausprobieren: Wraps, Ciabatta, Focaccia, Sauerteigbrot, selbst gebackene Baguettes, Malzbrötchen und Roggenbrot sind eine Alternative zu den hochverarbeiteten Broten, die im Supermarkt erhältlich sind.

EIN PAAR IDEEN FÜR EINE INTERESSANTE MITTAGSPAUSE

Getoastetes Sauerteigbrot, mit rohem Knoblauch eingerieben und mit frischen Tomaten, nativem Olivenöl, Salz und Pfeffer serviert

Weiche Brötchen mit Eiermayonnaise und zerkleinertem Eisbergsalat, Kirschtomaten, Weintrauben und Paprika

Bauernlaib mit Schinken, Senf, Tomaten und Gurken oder Roastbeef, Meerrettich und Salat

Roggenbrot mit Rührei oder in Scheiben geschnittenen gekochten Eiern und Räucherlachs

Ofenfrische Baguettes mit Minutensteaks, Champignons und Zwiebeln

Ciabatta mit Pulled Pork und Barbecue- oder Apfelsoße

Wraps gefüllt mit knusprigem Hähnchenfleisch, Paprika-Mayonnaise und gehobeltem Krautsalat oder Falafel, Hummus und rohen Karottenstiften

Fladenbrot mit schongegartem Lammfleisch, Salat, Tzatziki und Granatapfelkernen

Toastscheiben mit Speck, Brie und Preiselbeersoße

Baguettes oder Brötchen gefüllt mit Cumberland-Würstchen und Rote-Zwiebel-Relish

Malzbrot mit in Scheiben geschnittenem kalten Brathähnchen mit Mango-Chutney, Mayonnaise und Kopfsalat

Der ultimative Weihnachtssandwich: Weizenbrötchen mit übrig gebliebenem Truthahnbraten, bestrichen mit der Füllung und Preiselbeersoße, dazu ein einfacher Krautsalat und salzige Chips

EINFACHE STUDENTENKÜCHE

Studentenessen muss nicht nur aus Nudeln oder Nudelsuppe bestehen. Es gibt so viele Dinge, die sich einfach zubereiten lassen und die nur ein wenig Planung und ein paar Einkäufe erfordern. Einfache Mahlzeiten müssen nicht teuer sein, allerdings sollte bei der Kostenrechnung berücksichtigt werden, dass es sich lohnt, in nährstoffreiche Nahrungsmittel zu investieren, die satt machen und verhindern, dass es einem danach noch danach gelüstet, sich einen verarbeiteten Snack zu kaufen.

ABENDESSEN AUS DEM OFEN

Hähnchenschenkel oder -keulen, Süßkartoffelstücke und beliebiges anderes Gemüse – Paprika, Kürbis, Zwiebel, Tomate – in eine feuerfeste Form geben. Mit Kräutern bestreuen, mit Olivenöl beträufeln und gut mit Salz und Pfeffer würzen. Bei 200 °C 30 Minuten lang rösten, bis das Huhn durch ist. Was an Gemüse übrig bleibt, lässt sich prima mit Nudeln und Tomatenpassata mischen oder zu einer Suppe verarbeiten.

SUPPE

Eine gehackte Zwiebel und einige Gemüsesorten in Olivenöl dünsten, damit sie ihr Aroma entfalten, bevor die Brühe hinzugegeben wird, anschließend gut würzen. Wenn eine sämige Suppe gewünscht wird, pürieren und noch Milch oder Sahne und eine Dose Tomaten hinzugeben, damit es eine sättigende Mahlzeit wird.

KÄSE-MAKKARONI MIT PANCETTA UND LAUCH

Eine helle Grundsoße zubereiten (siehe S. 342, ohne den Hühnerbrühwürfel), etwas geriebenen Käse und abgetropfte Makkaroni hinzugeben. In der Zwischenzeit 5–8 Minuten den Lauch in der Mikrowelle mit einem Stück Butter und einem Schuss Wasser dünsten, damit er schön grün bleibt. Die Nudeln und die Soße mit dem Pancetta und dem Lauch verrühren, mit Semmelbröseln oder geriebenem Käse bestreuen und das Ganze im Ofen fertiggrillen.

IN DER PFANNE GEBRATENE NUDELN UND GESCHWENKTES GEMÜSE

Mit in Scheiben geschnittener Hühnerbrust, in Scheiben geschnittenem Minutensteak oder Garnelen und beliebigen Gewürzen (Sojasoße, Knoblauch, Zitronengras, Ingwer) servieren.

WURSTEINTOPF ODER GNOCCHI MIT WÜRSTCHEN

Zuerst die Würstchen kochen, in Scheiben schneiden und mit einer Tomaten-Gemüße-Soße verrühren, nach Belieben eine Packung vorgekochte Linsen in Tomatensaft hinzufügen, dann eine Packung Gnocchi (nach Packungsanweisung gekocht) einrühren oder zu dem Eintopf servieren.

SCHNELLE BOLOGNESE

Das Hackfleisch mit Zwiebeln und Knoblauch anbraten. Gut würzen, gestückelte Tomaten oder Passata hinzugeben und 30–40 Minuten köcheln lassen. Durch die Zugabe einiger gehackter Paprikaschoten ein Chili con Carne daraus machen, mit Chilipulver und Kreuzkümmel würzen, bevor die Tomaten hinzugegeben werden, und zehn Minuten vor Ende der Garzeit noch eine Dose roter Kidneybohnen untermischen.

PELLKARTOFFELN MIT VERSCHIEDENEN FÜLLUNGEN UND BEILAGEN

Mit Käse und Apfel, Thunfisch-Mayonnaise, Gebackenen Bohnen, gekochten Linsen und Speck, Bolognese-Resten, Hühnercurry oder Wursteintopf.

SCHNELLES CURRY MIT HUHN ODER GEMÜSE

Das Huhn oder Gemüse in der Pfanne anbraten, bis es gar ist, 2 EL Currypaste hinzufügen und 2 Minuten lang brutzeln, damit sich die Aromen entfalten, dann eine Dose Kokosmilch hinzugeben, das Ganze zum Köcheln bringen und am Schluss noch etwas Grünzeug wie Spinat oder Grünkohl hinzufügen und 2 Minuten lang aufkochen.

SALATE

Zerkleinerte Salatblätter mit Käse, Hühnchen, Thunfisch oder Garnelen, gewürfeltem Gemüse, gekochten Eiern und einem leckeren Dressing.

EINFACHES STROGANOFF

1 oder 2 Stücke Steak oder ein in Scheiben geschnittenes Schweinekotelett mit Zwiebeln, Knoblauch und Pilzen, etwas Dijon-Senf, Weißwein oder Hühnerbrühe und einem Becher Schlagrahm in der Pfanne schwenken. Mit Nudeln oder Reis servieren.

EINFACHES RISOTTO

Risottoreis (nach Packungsanweisung) in Zwiebeln, Knoblauch und Brühe und in beliebigen Geschmacksrichtungen – mit gefrorenen Garnelen und Erbsen, Pilzen und Huhn, Lauch und Pancetta oder Butternusskürbis und gerösteten Pinienkernen.

Liebe Studenten, vergesst nicht, was für eine köstliche Mahlzeit ein Stück Fisch, Lamm- oder Schweinefleisch mit ein paar gekochten, pürierten oder gebratenen Kartoffeln und etwas gedünstetem Gemüse sein kann. Bei der Ernährung sollte es nicht darum gehen, ob das Gericht für Instagram taugt oder einem neuesten Rezepttrend entspricht – sondern darum, etwas Gesundes zu sich zu nehmen und gut für sich zu sorgen.

LIEBLINGSKOCHBÜCHER

Ich schaue gern Kochbücher durch, um mir Anregungen für Gerichte zu holen und wie man diese präsentieren kann, aber das meiste koche ich aus dem Bauch heraus: Qualitativ hochwertiges Fleisch bildet die Ausgangslage meiner Gerichte; dazu kaufe ich entweder frische, saisonale Zutaten oder greife auf das zurück, was ich noch in der Tiefkühltruhe habe. Ich möchte nichts kochen, wofür ich alle möglichen Zutaten benötige, daher vermeide ich es, strikt nach Anleitung zu kochen. Ich habe Kochen gelernt, indem ich experimentiert, zugeschaut, nachgeahmt und die in den Rezepten vorgegebenen Zutaten den Vorlieben meiner Familie entsprechend durch Alternativen ersetzt habe.

Grundtechniken wie Braten, Sautieren, Frittieren, Kochen, Schmoren und Backen habe ich mir mit der Zeit angeeignet. Weitere, spezielle Techniken habe ich gelernt, indem ich mir im Fernsehen Kochsendungen angeschaut oder Bücher gelesen habe. Ich verzichte bewusst auf Bilder von meinen Kreationen, weil das Essen in Wirklichkeit nie so aussieht wie auf den inszenierten Fotoaufnahmen.

Leith's Cookery Bible von Prue Leith und Caroline Waldegrave
Salt, Fat, Acid, Heat von Samin Nosrat (dt. Ausgabe: *Salz, Fett, Säure, Hitze. Die vier Elemente guten Kochens*)
How to Eat von Nigella Lawson
Midnight Chicken (dt. Ausgabe: *Die Geschichte beginnt mit dem Huhn. Rezepte für die es sich zu leben lohnt*) und *The Year of Miracles* von Ella Risbridger
At Elizabeth David's Table, zusammengestellt von Jill Norman
Delia's Frugal Food von Delia Smith

NAHRHAFTE GERICHTE, DIE DER SELBSTFÜRSORGE DIENEN

Dickes Toastbrot, Rührei, Räucherlachs

Geröstete Butter-Kartoffeln mit Gebackenen Bohnen und dickem, hochwertigem Schinken

Kartoffelpüree mit Butter und Sahne und Würstchen an Zwiebelsoße und Erbsen

Butter-Chicken-Curry mit Reis und Naan

Suppe mit Schinkelwürfel (siehe S. 323)

Hühnerbrühe mit Nudeln und Gemüse

GERICHTE, WENN ICH IM ÜBERLEBENSMODUS BIN

Wenn ich keine Zeit zum Kochen habe, komme ich mit Toast mit Marmelade und einem gekochten Ei, einer Scheibe dickem Schwarzbrot mit Erdnussbutter und einem Apfel oder einer Schale Müsli über die Runden. In stressigen Phasen setze ich auf einfache Mahlzeiten, die ich aus Dingen zusammenstelle, die ich immer im Gefrierschrank habe, wie Würstchen, Burger, Speck, Hähnchen und Rinderhack.

Rind-, Lamm- oder Schweinefleisch oder Würstchen oder Speck – einfach alles, was schnell und ohne viel Aufwand zu Brot passt

Mittagessen mit Delikatessen: Pasteten, Schottische Eier, Schinken und Roastbeef und Fertigsalate mit Brot

Geschummelte Bolognese: Rinderhackfleisch mit einer fertigen Tomatensoße zu Nudeln

Geschummeltes Curry: Eine Fertigsoße nach persönlicher Vorliebe auswählen (wir mögen Butter Chicken), das Hühnerfleisch in der Pfanne braten, die Soße dazugeben und mit Reis servieren.

Dosensuppen

Gebackene Bohnen auf Toast

EINFACHES FÜR DIE KLEINEN

Käse und Cracker

Grissini und Dips: Hummus, Frischkäse oder ein Dip nach Art einer Räucherlachs-Pastete (geräucherter Lachs mit Frischkäse und Zitronensaft vermengt)

Rohe Gemüsestifte – Karotte, Gurke und Sellerie – und Kirschtomaten

Gekochte Spiralnudeln

Toastbrot mit Käse

Baguette mit Butter

Gekochte Eier, halbiert

Jede Art von Brot und ein Belag, den das Kind mag: Schinken, Roastbeef, Huhn, Thunfisch, Lachs, Käse oder Eiermayonnaise

Kalte Würstchen, aufgeschnitten

Selbst gemachte, in einem Fläschchen warmgehaltene Suppe

Joghurt

Obst: Heidelbeeren, Himbeeren, Erdbeeren und halbierte Weintrauben und kleine Orangen oder eine Banane

Selbst gemachte Kuchen wie Muffins, Teegebäck, Kekse und Pfannkuchen

HINWEIS ZUM KAUF VON KUCHEN

Die meisten gekauften Kuchen enthalten eine Menge Konservierungsstoffe und Backtriebmittel. Eine lange Haltbarkeitsdauer deutet ebenfalls darauf hin, dass der Kuchen voller unbekannter Zusätze ist. Schauen Sie sich nach einer Bäckerei um, die den Kuchen vor Ort herstellt und ihn frisch anbietet.

ZUSÄTZLICHE REZEPTE

LEMON-DRIZZLE-CAKE

Zutaten:
100 g ungesalzene Butter (bei Zimmertemperatur aufgeweicht)
100 g Feiner Zucker
2 Eier
225 g selbsttreibendes Mehl oder Mehl mit 3 TL Backpulver vermischt
1 Zitrone, Schale und Saft (den Saft für den Belag aufheben)
2 EL Milch
1 EL Zucker für die Glasur (oder 3–4 EL Puderzucker)

Vorbereitungszeit: 15 Minuten
Backzeit: 30 Minuten
Ergibt 1 Kastenkuchen

Zubereitung:

1. Den Backofen auf 180 °C/Umluft bzw. Gas Stufe 3 vorheizen. Eine beschichtete Kastenbackform einfetten und mit Backpapier auslegen.
2. Butter und Zucker in einer Küchenmaschine oder mit der Hand zu einer lockeren, cremigen Masse vermengen – es kann etwa 5 Minuten dauern, bis sich der Zucker verbunden hat.
3. Die Eier und 1 EL des Mehls hinzufügen und gut unterrühren.
4. Das restliche Mehl hinzugeben und mit einem Metalllöffel vorsichtig unterheben, damit die Masse locker bleibt.
5. Zitronenschale und Milch unterrühren. Es ergibt sich ein recht fester Teig. Den Teig in die vorbereitete Backform füllen und die Oberseite leicht glatt streichen.
6. 30 Minuten backen, bis der Kuchen goldgelb ist und ein Bratspieß oder Cocktailstick sich ohne Rückstände in den Kuchen einführen und wieder herausziehen lässt. In der Form abkühlen lassen, während die Glasur zubereitet wird.
7. In einem kleinen Topf den Zitronensaft und den Zucker erhitzen, bis sich der Zucker aufgelöst hat.

8. Lässt sich ein Holzstäbchen reibungslos entfernen, den warmen Kuchen mit der heißen Glasur übergießen. Alternativ den Zitronensaft mit 3–4 EL Puderzucker mischen und über den Kuchen träufeln, um eine flüssige Glasur zu erzeugen.

Hinweis: Beim Backen lohnt es sich immer, die Zutaten zu verdoppeln und zwei Kuchen zu machen, einen zum Essen und einen zum Verschenken oder Einfrieren für eine andere Gelegenheit.

LEBKUCHEN MIT INGWER*

Zutaten:
225 g Butter
225 g Soft Dark Brown Sugar oder Kokosblütenzucker
200 g Zuckersirup
340 g Mehl
2 TL gemahlener Ingwer
1 EL gemahlener Zimt
280 ml Vollmilch
2 TL Backpulver
2 Eier, verquirlt
Vorbereitungszeit: 20 Minuten
Backzeit: 1 Stunde

Zubereitung:

1. Den Ofen auf 180 °C/Umluft bzw. Gas Stufe 3 vorheizen. Eine tiefe, 20 × 30 cm große feuerfeste Form einfetten.
2. Butter, Zucker und Sirup in einem Topf zum Schmelzen bringen, ohne dass es brodelt. Abkühlen lassen.
3. Das Mehl mit dem Ingwer und dem Zimt in eine große Schüssel sieben.
4. Die Milch in einem anderen Topf oder 30 Sekunden lang in der Mikrowelle erwärmen und das Backpulver einrühren.

* Im Englischen »Gingerbread«.

5. Die abgekühlte Mischung aus dem ersten Topf mit dem Mehl und den Gewürzen auf niedriger Stufe verrühren, dann die verquirlten Eier und die warme Milch hinzufügen, bis ein lockerer Teig entsteht. Die festsitzenden Bestandteile dabei immer wieder vom Schüsselboden kratzen und untermengen.
6. Auf mittlerer Schiene im Ofen 1 Stunde lang backen und nach etwa 40 Minuten mit Folie oder Backpapier abdecken.
7. Der Kuchen ist fertig, wenn sich ein Spieß sauber aus dem Teig ziehen lässt. Abkühlen lassen, stürzen und in Quadrate schneiden.

Hinweis: Lebkuchen bekommen eine klebrige Oberfläche, wenn sie ein paar Tage in der Dose liegen und durchziehen. Er lässt sich auch gut einfrieren, daher mache ich oft zwei Lagen auf einmal.

KAFFEEKUCHEN

Zutaten:
Für den Kuchen:
170 g ungesalzene Butter (auf Raumtemperatur)
170 g Soft Light Brown Sugar oder Kokosblütenzucker
3 Eier
170 g selbsttreibendes Mehl oder Mehl mit 2 gehäuften TL Backpulver vermischt
2 EL starker Kaffee (ich löse insgesamt 6 TL Instantkaffee in 5 oder 6 EL kochendem Wasser für den Kuchen, die Füllung und die Glasur auf)

Für die Buttercremefüllung:
50 g weiche, ungesalzene Butter
100 g gesiebter Puderzucker
1 EL starker Kaffee
1 EL Vollmilch

Für die Kaffee-Karamell-Glasur:
170 g Puderzucker
25 g ungesalzene Butter

50 g Soft Brown Sugar
oder Kokosblütenzucker
2 EL Sahne
2 EL starker Kaffee
Walnusshälften zum Verzieren (bei Bedarf)

Vorbereitungszeit:
45 Minuten
Backzeit: 20–25 Minuten
Für 8 Personen

Zubereitung:

1. Den Ofen auf 180 °C/Umluft bzw. Gas Stufe 3 vorheizen. 2 beschichtete Backformen mit einem Durchmesser von 20 cm einfetten. Für die Zubereitung des Kuchenteigs die Butter und den Zucker in einer großen Rührschüssel oder im Mixer zu einer cremigen, glatten Masse verrühren.
2. Ein Ei nach dem anderen zusammen mit etwas Mehl unterheben, damit die Masse nicht gerinnt, dann das restliche Mehl dazugeben.
3. Den starken Kaffee einrühren, bis sich alles gut vermischt. Den Kuchenteig mit einem Spatel aus der Schüssel in die beiden mit Backpapier ausgelegten Kuchenformen schaben und in der Mitte eindrücken, damit der Teig im Ofen gleichmäßig aufgeht.
4. Auf mittlerer Schiene im Ofen 25–30 Minuten backen, aber nach 20 Minuten bereits kurz überprüfen. Die Kuchenplatten sind fertig, wenn sich ein Spieß in die Mitte des Kuchens einführen lässt (ich verwende eine Stricknadel) und bei der Entnahme sauber bleibt, ohne dass noch rohe Kuchenmasse daran haftet. Und wenn der Teig eine goldgelbe Farbe angenommen hat und einen elastischen Eindruck macht. 10 Minuten lang in der Form abkühlen lassen.
5. Für die Zubereitung der Füllung zuerst die weiche Butter verquirlen und anschließend den Puderzucker hinzugeben, sonst bilden sich beim Verrühren Klümpchen. Ich verwende hierfür einen elektrischen Schneebesen.
6. Kaffee und Milch hinzufügen und gründlich verrühren, bis sich

eine glatte Masse bildet. Abdecken und im Kühlschrank fest werden lassen.

7. Wenn Kuchenboden und -decke vollständig abgekühlt sind, die erste Platte auf den Teller geben und vorsichtig mit der abgekühlten Buttercreme bestreichen. Dann die zweite Teigplatte auflegen.
8. Für die Glasur den Puderzucker in eine hitzebeständige Schüssel geben.
9. Alle anderen Zutaten (Butter, Zucker, Sahne und Kaffee) in einen Topf geben und unter ständiger Beobachtung erhitzen, bis die Masse zu kochen beginnt und aufsteigt. Den Topf vom Herd nehmen und die heiße Mischung zum Puderzucker geben. Das Gemisch mit einem Schneebesen gut aufschlagen, bis es glatt und streichfähig wie Karamell ist. Diese Glasur lässt sich leicht verdoppeln und hält sich gut abgedeckt im Kühlschrank oder Gefrierfach, um damit einen weiteren Kuchen zu bestreichen.
10. Den noch warmen Kuchen mit der Karamellglasur überziehen und mit einem Metallspachtel bis zum Kuchenrand verstreichen. Sollte die Glasur zu hart geworden sein, kurz in der Mikrowelle oder in einem Topf anwärmen, bis sie wieder streichfähig ist. Zum Schluss den Kuchen nach Belieben mit ein paar Walnusshälften verzieren.

DROPSCONES

Zutaten:
110 g selbsttreibendes Mehl oder Mehl mit 1 ½ TL Backpulver vermischt
Eine Prise Salz
15 g ungesalzene Butter, und noch etwas dazu zum Braten
50 g Feiner Zucker
1 großes Ei
4 EL Milch
Butter und Marmelade zum Servieren

Vorbereitungszeit:
15 Minuten
Backzeit: 15 Minuten (für mehrere Durchläufe)

Ergibt 6 große oder
10 kleine Scones

Zubereitung:

1. Das Mehl in eine Schüssel sieben und das Salz hinzufügen.
2. Die Butter mit den Fingerspitzen in das Mehl kneten. (Bei doppelter Menge würde ich eine Küchenmaschine verwenden.)
3. Den Zucker in die Schüssel geben und umrühren.
4. Das Ei und die Milch in einer anderen Schüssel verquirlen, dann zum Mehl gießen und gut verrühren, bis ein glatter, zähflüssiger Teig entsteht.
5. Ein kleines Stück Butter in einer Pfanne erhitzen und schwenken, bis der Boden bedeckt ist. Vorsichtig einen Esslöffel des Sconeteigs in die heiße Pfanne geben und dabei mit dem Finger oder einem anderen Löffel den Teig vom Löffel abschaben. Zwischen den Scones genügend Platz in der Pfanne lassen, da diese sich während des Erhitzens über den Boden ausdehnen.
6. Abwarten, bis sich in den Scones kleine Bläschen bilden – was nach etwa 3 Minuten der Fall sein sollte –, dann wenden und die Temperatur der Herdplatte so regulieren, dass nichts anbrennt.
7. Zum Servieren auf einen Teller geben. Am besten warm mit Butter und Marmelade bestrichen verzehren.

SCONES

Zutaten:
340 g selbsttreibendes Mehl oder Mehl mit 4 gehäuften TL Backpulver vermischt
¼ TL feines Meersalz
75 g ungesalzene Butter
3 EL Feiner Zucker
100 g Sultaninen
175 ml Milch

¼ einer Zitrone
½ TL Vanilleessenz
1 Ei, verquirlt, zum Glasieren (oder zusätzliche Milch)

Vorbereitungszeit: 30 Minuten
Kochzeit: 10 Minuten
Ergibt 6 große Scones

Zubereitung:

1. Den Backofen auf 190 °C/Umluft bzw. Gas Stufe 3–4 vorheizen. Ein Backblech zum Aufwärmen in den Ofen schieben.
2. In einer großen Schüssel Mehl, Salz und Butter zu einer krümeligen Masse vermischen, dann den Zucker und die Sultaninen einrühren.
3. Die Milch in einem Topf oder in der Mikrowelle 30 Sekunden lang erwärmen, dann den Saft der Zitrone und die Vanille einrühren.
4. Die feuchten Zutaten zu den trocknen geben – anfänglich mit einer Gabel oder einem Messer, damit die Finger nicht zu klebrig werden – und zu einem Teig vermengen. Die Hände zur Hilfe nehmen, sobald der Teig eine grobe Kugel bildet. Nicht zu stark durchkneten.
5. Den Teig auf einer bemehlten Arbeitsfläche leicht andrücken oder ausrollen, sodass er etwa 4 cm hoch ist. Mit einer Ausstechform (meine hat einen Durchmesser von 7 cm) 6 Scones ausstechen.
6. Die Teigreste nach dem Ausstechen der ersten Scones zusammenkneten, ausrollen und weitere Scones ausstechen, bis der Teig aufgebraucht ist.
7. Die Scones mit verquirltem Ei (oder Milch) bestreichen und auf das vorgewärmte Backblech geben.
8. 8–10 Minuten backen, bis sie aufgegangen und goldbraun sind. Auskühlen lassen.

ORIGINELLE KNABBEREIEN

RÄUCHERLACHS-DREIECKE

Qualitativ hochwertiges dunkles Schnittbrot mit weicher Butter oder Frischkäse bestreichen und mit dünnen Scheiben Räucherlachs belegen. Die Kruste abschneiden und in Dreiecke zerteilen, mit schwarzem Pfeffer bestreuen und mit Zitronenspalten servieren.

HUMMUS MIT PARMASCHINKEN

Ein Baguette in dünne Scheiben schneiden und toasten, oder Crostini verwenden. Mit Hummus bestreichen und mit gerollten Parmaschinkenscheiben belegen.
Um ein Hummus schnell selbst zuzubereiten (ergibt 340 g), 1 Dose mit Kichererbsen (400 g, abgetropft und gewaschen) mit ½ Knoblauchzehe, 2 EL Olivenöl, dem Saft einer halben großen Zitrone, 2 EL Tahinpaste und 1 EL Wasser pürieren. Großzügig mit Salz und Pfeffer würzen und bei Bedarf mit noch etwas Wasser verdünnen. Mit zusätzlichem Zitronensaft, Salz und Tahinpaste abschmecken.

PARMASCHINKEN MIT SPARGEL ODER MELONE

Spargelstangen dämpfen oder ankochen, abkühlen lassen und mit Parmaschinken umwickeln. Alternativ können Sie auch Melonenstücke in den dünnen Schinken wickeln.

CROSTINI

Auf einem Backblech dünne Baguette- oder Ciabatta-Scheiben – 3–4 pro Person – anordnen, großzügig mit Olivenöl beträufeln und im Ofen bei 190 °C/Umluft bzw. Gas Stufe 3–4 für 5–10 Minuten rösten, dabei einmal wenden. Abkühlen lassen und mit dem Hummus oder einer der folgenden Pasteten servieren.

HÜHNERLEBERPASTETE

Ergibt 700 g: 1 kleiner Laib oder 6 Portionen in der Auflaufform

Zutaten:
450 g Hühnerleber, ohne Haut (die Leber im Vorfeld in Milch einweichen, dann lässt sich die Haut leichter abziehen)
200 g geschmolzene Butter
50 ml Doppelrahm
1 EL Brandy

Zubereitung:

1. Die Hühnerleber in etwas geschmolzener Butter 2–3 Minuten anbraten und ruhen lassen.
2. In einen Mixer geben und glatt pürieren.
3. Die restliche geschmolzene Butter und den Rahm hinzufügen und mit Salz und Pfeffer abschmecken. Erneut pürieren, bis eine glatte Masse entsteht.
4. Den Brandy hinzugeben und kurz durchmischen, danach die Masse in mehrere kleine Auflaufförmchen oder eine mit Frischhaltefolie ausgekleidete Kastenform (mit einem Fassungsvermögen von 700 g) abfüllen. Die Form oder die Kasserolle auf die Küchenplatte klopfen, um eventuelle Luftblasen zu entfernen.
5. Im Kühlschrank abkühlen lassen, am besten über Nacht.
6. Auf Toast mit halbierten Kirschtomaten, geschnittenen Gewürzgurken oder in Rotweinessig marinierten Zwiebeln servieren.

RÄUCHERLACHS-PASTETE

Ergibt 200 g

Zutaten:
150 g Räucherlachs (abgepackt)
2 EL Crème fraîche (Vollfettstufe)
2 EL Frischkäse

Saft von ½ Zitrone
1 TL frisch geriebener Meerrettich oder 1 EL Sahne-Meerrettich aus dem Glas (bei Bedarf)
Kapern, Petersilie oder Dill zum Dekorieren

Zubereitung:

1. Alle Zutaten außer die gewählten Beläge in eine Küchenmaschine zu einer gröberen Masse vermengen – nicht ganz pürieren.
2. Zum Abschmecken in eine Schüssel schaben und eine Prise schwarzen Pfeffer hinzugeben. Zurückhaltend salzen, da geräucherter Lachs bereits recht salzig ist.
3. In einem Schüsselchen anrichten und mit ein paar Kapern, fein gehackter frischer Petersilie oder Dill garnieren.

OSMANISCHE EIER (SCHARF)

Zutaten:
1 mittelgroße Zwiebel, in feine Scheiben geschnitten
1 EL Öl
1–2 grüne Chilischoten, fein gehackt, oder nach Belieben
¼ TL Chiliflocken
¼ TL Chilipulver
¼ TL Salz
1 kleine Tomate, gewürfelt
3 Eier, aufgeschlagen
30 g Koriander, gehackt
Naan, Chapati oder Fladenbrot zum Servieren
Joghurt zum Servieren

Vorbereitungszeit: 15 Minuten
Kochzeit: 20 Minuten
Für 1–2 Personen

Zubereitung:

1. Die Zwiebel in Öl 10 Minuten lang glasig dünsten.
2. Die gehackte Chili, die Gewürze, das Salz und die Tomate hinzufügen und 2–3 Minuten köcheln lassen.

3. Die Eier hinzugeben und eine Minute lang ruhen lassen, dann mit einem Spatel vorsichtig umrühren, bis sie gar sind.
4. Den Koriander unterrühren und erwärmen.
5. Mit warmem Naan, Chapati oder Fladenbrot und Joghurt servieren.

ŁUKASZ' SHAKSHUKA

Zutaten:
1 Zwiebel, in feine Scheiben geschnitten
2 Knoblauchzehen, gehackt
3 Paprikaschoten (rot, grün oder gelb) halbiert, entkernt und in dünne Scheiben geschnitten
½ Zucchini, fein gewürfelt
6 frische Tomaten, gehackt, oder 400 g gestückelte Tomaten oder Passata aus der Dose
½ TL Zucker
1 TL scharfes Paprikapulver
4 Eier
Koriander oder Petersilie zum Servieren
Vorbereitungszeit: 20 Minuten
Kochzeit: 40 Minuten
Für 2 Personen

Zubereitung:
1. Den Ofen auf 200 °C/Umluft bzw. Gas Stufe 4 vorheizen. Etwas Olivenöl in einer beschichteten Pfanne erhitzen.
2. Zwiebel und Knoblauch 2–3 Minuten anbraten und Paprika und Zucchini hinzufügen. Weitere 15 Minuten kochen, dabei vorsichtig umrühren, bis das Gemüse gar ist.
3. Die Tomaten, etwas Salz und Pfeffer, Zucker und Paprika hinzugeben.
4. Weitere 10 Minuten bei niedriger Hitze und mit geschlossenem Deckel kochen.
5. Am Pfannenrand eine kleine Vertiefung machen und das Ei hineinschlagen.

6. Den Vorgang für alle 4 Eier wiederholen und dann die Pfanne zugedeckt für 7–9 Minuten in den Ofen stellen, bis die Eier gar sind.
7. Mit frischen Kräutern bestreuen und servieren.

DANKSAGUNG

Im Jahr 2020 hielt das Leben, wie wir es kannten, wegen Covid inne. Für mich war es das erste Mal, dass ich über die Welt um mich herum so richtig nachdenken konnte. Ich hörte auf, ständig irgendetwas hinterherzujagen und ausschließlich im »Tun« zu sein. Stattdessen habe ich das Leben, das wir uns auf dem Hof aufgebaut haben, sehr bewusst wahrgenommen. Ich hatte Zeit, darüber nachzudenken, woher ich gekommen bin und warum ich getan habe, was ich getan habe. Zum ersten Mal seit langer Zeit habe ich mich auf mich selbst konzentriert und das Schreiben als Möglichkeit genutzt, meine Gedanken und Vorstellungen auszudrücken.

Es war eine intensive Erfahrung, ein so persönliches Memoir zu schreiben. Ich bin auf eine Reise gegangen, von der ich nie gedacht hätte, dass ich sie machen würde. Anfänglich schrieb ich einzelne Szenen – Rückblicke auf meine Kindheit, wie ich Mum und Dad beim Einkochen von Marmelade zugeschaut habe, oder wie ich lernte, Gerichte aus Sachen zu kochen, die wir in unserer Speisekammer vorrätig hatten. Ich teilte das Geschriebene mit James, und er war begeistert. Er ermutigte mich dazu, das Ganze fortzusetzen, und war derjenige, der mich angefeuert hat, mir einen Resonanzraum gab und mein erster Leser war. Ohne seinen festen Glauben an mich hätte ich das nicht geschafft. Mich selbst zu Papier zu bringen, war ein völlig unkoordinierter Vorgang. Meine Zeilen waren zunächst noch sehr unausgereift, doch es machte Spaß. Es war unglaublich aufschlussreich, und es war richtig harte Arbeit, aber letztendlich sind wir dadurch stärker geworden. Wir haben einen Bewusstseinswandel durchlaufen, nicht nur in Bezug auf uns selbst, sondern auch in Bezug auf den anderen.

Ich danke dir, James. Ich liebe dich und liebe unser gemeinsames Leben.

Hofbetriebe, Familien und Bücher brauchen immer ein ganzes Dorf an Menschen, die sie unterstützen. Ich habe das Glück, so ein ganzes Dorf zu haben.

Ich danke meinem Agenten, Jim Gill, für all die Gespräche, die wir über Würstchen im Schlafrock geführt haben. Ich danke ihm für die Sorgfalt und Genauigkeit, und dafür, dass er meine Projektskizze gleich an die richtigen Lektoren gebracht hat. Und Danke an das gesamte Team von United Agents, die die ganze Arbeit hinter den Kulissen erledigen, damit das überhaupt alles möglich wird.

Danke an die Lektoren und Lektorinnen, die von Anfang an Interesse an meinen Texten gezeigt haben: Chloe Currens, Helen Conford, Ione Walder, Lindsey Evans, Liz Gough, Lisa Highton, Armandeep Singh, Adam Humphrey und Vicky Eribo. Ihre wohlwollenden Worte haben mich durch die zweijährige Arbeit an diesem Buch stets begleitet.

Ich bin Louisa Joyner, meiner Lektorin, so dankbar, dass sie mein Buch unter Vertrag genommen hat. Danke dafür, dass sie mich in meinen ersten Textproben so wahrgenommen hat, wie ich bin, und ich die Freiheit hatte, das Buch zu schreiben, das ich in mir trug. Ich danke ihr dafür, dass sie mir dabei geholfen hat, etwas daraus zu machen, worauf ich heute sehr stolz bin. Danke an Eleanor Crow für ihre Liebe zum Detail bei den wundervollen Illustrationen, die meine Worte zum Leben erwecken. Ihr Bild von Bramble rührt mich immer wieder zu Tränen. Vielen Dank an Kate Ward, die dafür gesorgt hat, dass es so schön auf die Seite passt. Es war toll, euch unseren Hof zu zeigen, auf den Weiden zu stehen und eure Reaktionen zu sehen. Danke an Silvia Crompton für ihre ausgezeichnete redaktionelle Betreuung und ihre netten Worte zu meinem Text. Rosie Ramsden, danke für das Abwiegen und Abmessen aller Zutaten und Nachkochen der Rezepte in diesem Buch. Das hat mir die Angst genommen, meine Kreationen mit anderen zu teilen. Und ein riesiges Dankeschön an Mary Cannam und das Team von Faber, die mit so viel Umsicht an diesem Buch mitgewirkt haben. Es war eine Freude, mit euch allen zusammenzuarbeiten.

Seit ich begonnen habe, auf Instagram einen Einblick in den Alltag auf unserem Hof zu geben, habe ich jede Menge Liebe, Unterstützung und Zuspruch erhalten. Ich habe Gespräche mit Fremden geführt, die sich wie Freunde anfühlen – sie wissen, wer gemeint ist. Dafür bin ich wirklich dankbar.

Ich danke Claire Jeannerat dafür, dass sie mich durch einige ziemlich lange Tage begleitet und mich dazu angeregt hat, etwas Eigenes zu machen. Meine Reise in die Schweiz, wo ich dich 2019 besucht habe, und all unsere Gespräche haben dazu beigetragen, dass ich dieses Buch geschrieben habe. Danke an Maggie Learmonth, die meine kreative weise Eule ist, die immer ein offenes Ohr hat und mir kurzfristig einen ruhigen Ort zum Schreiben zur Verfügung gestellt hat, als nichts mehr ging. Nick Offerman, Maria Offerman, Maria Benjamin, Łukasz und Joanna Długowska, Sarah Langford, Sophie Gregory and Lindi Phillips – danke für eure Freundschaft und eure unermüdliche Unterstützung und euren Zuspruch. Vielen Dank an Elizabeth Wainwright, dafür, eine so anteilnehmende und liebe Person zu sein und meinen ersten Entwurf mit so aufmerksamen Augen Korrektur zu lesen. Danke an Susan Ursell, eine farmer's wife, mit der ich in der Anfangsphase dieses Buchs am Küchentisch zusammensaß und alles mit ihr geteilt habe. Ich werde mich immer an ihre Tränen erinnern, die mir bewusst gemacht haben, wie ungesehen sich viele von uns fühlen. Danke an Nicola Estill, Julie Bowman, Helen Gardiner und Angela Barton, meine besten und ältesten Freundinnen. Es ist einfach klasse, dass wir immer gleich da weitermachen können, wo wir aufgehört haben, und ich weiß, dass ihr immer für mich da seid.

Vielen Dank an Heather Glennon, Libby Mason und Michelle Brunskill: Ihr wart in verschiedenen Phasen die Helden meines Alltags, habt euch um die Kinder gekümmert, das Haus geputzt und den Papierkram erledigt. Und ohne sie hätte ich das sowieso nicht geschafft: Jill Rebanks, die vor mir die »Farmer's Wife« war – danke, dass du immer mitangepackt hast und ruhig und verständnisvoll warst, wenn es hektisch zuging.

Vielen Dank an Mum und Dad, Stuart und Alison. Ich weiß, dass das alles sehr persönlich ist und wir dazu neigen, vieles für uns zu behalten, aber manchmal ist es doch wichtig, Dinge preiszugeben. Ich danke euch für alles.

Meine ursprüngliche Idee für dieses Buch war es, meine Lebensgeschichte zu erzählen und ein paar Rezepte als eine Art Vermächtnis für meine Kinder zusammenzutragen. Molly, Bea, Isaac und Tom, ich danke euch, dass ihr mich über viele Monate hinweg beim Schreiben dieses Buchs unterstützt habt. Ihr alle habt mir geholfen, wo immer es nötig war. Und musstet vielleicht ein paar Butter Chicken zu viel über euch ergehen lassen.

Eure Mutter zu sein, ist meine größte Leistung und erfüllt mich mit Stolz. Ich liebe euch.

Und dann ist da noch meine eigene Mutter: Danke, dass du du selbst bist. Du hast mir den Weg gezeigt, du hast immer alles für deine Familie gegeben, wie du es nur konntest, und bist trotzdem die geblieben, die du bist. Dafür liebe ich dich so sehr.

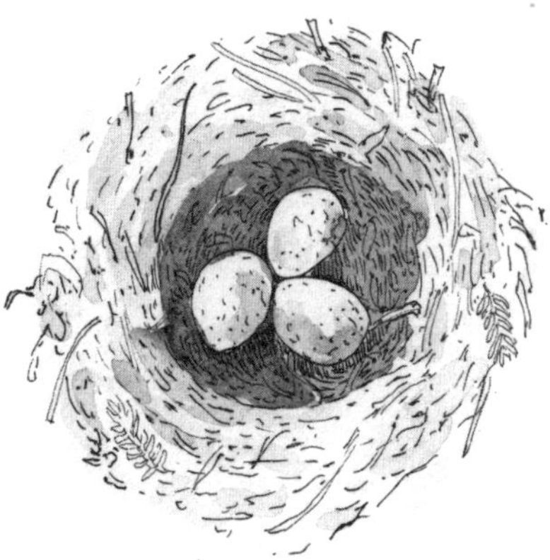